KB093822

별을 읽는 시간

위대한 과학자
10인이 들려주는
일곱 가지 우주

게르트루데 킬 글 · 김완균 옮김

비룡소

위대한 발견과 인간의 호기심,
새로운 세계상과 움직이는 지구,
사물을 바라보는 새로운 방식과 행성의 궤도,
마법의 망원경, 지연되는 빛, 중력의 신비,
그리고 윌리엄이 세상에서 가장 끔찍할 것이라고 예상한
일주일 동안 이모할머니가 들려주는
많은 것들에 관하여

차례

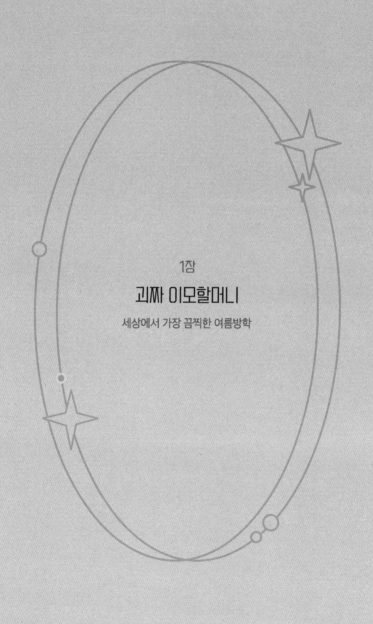

1장

괴짜 이모할머니

세상에서 가장 끔찍한 여름방학

윌리엄의 이모할머니 군보르는 맛있는 팬케이크를 구워주지 않는다. 그림을 그리거나, 소풍에 따라와 가장 친한 친구가 누구인지 묻지도 않는다. 또 축구를 하거나 나무에 오르는 것을 좋아하는지 묻지도 않는다. 그런 사람이 절대 아니다. 이모할머니는 아이들을 좋아하지 않았다. 솔직히 말해, 이모할머니가 좋아하는 사람이 단 한 명이라도 있기나 한 건지 윌리엄은 확신할 수 없었다.

그게 뭐 어떠냐고 생각할지도 모르겠다. 하지만 문제는 그리 간단하지 않다. 윌리엄에게는 안타깝게도 이모할머니 말고는 다른 친척이 없었기 때문이다.

윌리엄네 가족이 이모, 삼촌, 할아버지, 할머니, 사촌 등이 있는 대가족이었다면, 뭐 괴팍한 이모할머니가 한 명쯤 있다고 해서 그리 아쉬울 건 없었을 것이다. 하지만 이모할머니 말고는 다른 일가친척이 전혀 없다면? 그리고 아버지는 의사이고, 멀리 떨어진 에티오피아에서 일하고 있다면? 게다가 엄마가 3학년을 앞둔 여름방학의 일주일 동안 연수를 받으러 집을 떠나있어야 한다면? 그래서 이 덴마크에 돌봐줄 어른이라고는 단 하나, 괴팍한 이모할머니밖에 없다면? 그렇다면 이는 누가 봐도 심각한 문제임이 분명했다.

"잘됐다! 이모할머니가 너를 돌봐주시겠대. 아주 기꺼이 말이야!"

엄마가 전화를 끊자마자, 윌리엄을 향해 끔찍한 미소를 지어 보였다. 엄마의 마지막 말만큼은 새빨간 거짓말이었다. 그 사실은 엄마도 잘 알고 있었다. 윌리엄은 엄마가 이모할머니랑 통화하는 소리를 곁에서 들었고, 윌리엄이 자기 집에서 일주일 내내 머물러야 한다는 사실을 그리 달가워하지 않았다는 걸 뻔히 눈치챌 수 있었다.

이윽고 윌리엄은 한 손으로는 엄마 손을 잡고 다른 한 손에는 배낭을 든 채, 이모할머니의 작고 우스꽝스러운 집 앞에 서있었다. 그러면서 이렇게 두 손이 가득 차있는데도 어떻게 텅 빈 것처럼 느껴질 수 있는지 의아한 생각이 들었다.

엄마는 초인종을 눌렀고, 초조한 듯 발을 동동 굴렀다. 그리고 연신 시계를 들여다보았다.

"설마 우리가 온다는 걸 잊으신 건 아니겠지?"

엄마는 혼잣말하듯 중얼거렸고, 윌리엄은 두 눈을 감고 가만히 생각했다.

'모쪼록 그랬기를…….'

하지만 이모할머니는 당연히 그 사실을 잊지 않고 있었다. 단지, 문을 열어주는 데 백 년이라는 시간이 걸렸을 뿐이다.

"아, 너희들 왔구나!"

이모할머니가 부루퉁한 목소리로 말하며, 두툼한 안경알 너머로 윌리엄과 엄마를 훑어보았다. 이모할머니는 머리카락을 편하게 머리 위로 질끈 동여매고 있었지만, 하얗게 센 흰머리들은 마치 곱슬곱슬한 털로 만들어진 구름처럼 사방으로 삐져나와 있었다. 옷은 체크무늬 바지를 입고 있었는데, 허리춤은 조금 헐렁해 보였고, 바짓단은 조금 짧아 보였으며, 블라우스 단추는 잘못 채워져 있었다. 이모할머니는 아무 말도 없이 다시 집으로 들어갔고, 윌리엄과 엄마는 그런 이모할머니를 따라 집 안으로 들어섰다.

정확히 말하자면, 군보르 이모할머니는 윌리엄의 엄마의 이모였다. 그러니까 윌리엄의 외할머니의 언니였다. 윌리엄은 일찍 돌아가신 외할머니를 실제로 본 적이 없었고, 그래서 엄마는 윌리엄이 이모할머니를 알고 지내는 것이 엄청나게 중요하다고 생각했다. 엄마는 늘 말하곤 했다.

"이모할머니는 네 하나뿐인 친척이란다!"

월리엄은 그렇게 말하는 엄마를 도무지 이해할 수 없었다. 볼 때마다 늘 부루퉁하니 짜증이 나있고, 사람 만나는 걸 귀찮아하는 친척이 뭐가 그렇게 중요하단 걸까? 엄마는 그런 월리엄을 이해시키려 애썼다.

"사실, 이모할머니는 정말 다정하신 분이야. 단지 나이가 들면서 약간 변덕스러워지신 것뿐이지."

'뭐라고요?'

집 안으로 들어서는 순간, 월리엄은 갑자기 여름이 다 지나간 것 같다는 생각이 들었다. 아직 7월이었고 도시 전체는 밝은 햇살로 가득했지만, 집 안은 온통 우중충했다. 현관 복도의 벽들은 시커먼 나무판자로 덧대어져 있었고, 계단을 포함한 바닥 전체에는 뭐라 콕 집어 말할 수 없는 애매한 색의 두툼한 양탄자가 깔려있었다. 뭐라도 제대로 보기 위해서 월리엄은 눈을 잔뜩 부릅떠야만 했다.

"가방은 위에 있는 방에다 갖다 놓으렴."

엄마와 이모할머니가 부엌에서 이야기하는 사이, 월리엄은 배낭을 들고 이 층으로 올라갔다. 그곳 또한 어둡기는 마찬가지였다. 계단 전체에는 아래층에서 보았던 것과 똑같은 양탄자가 깔려있었고, 사방 벽에는 초록색 무늬가 들어간 벽지가 발려있었다. 윌리엄은 이제껏 이 층에 올라와 본 적이 없었다. 그래서 세 개의 문 중에 어느 것이 방으로 들어가는 문인지 알지 못했다.

윌리엄이 열어본 첫 번째 문은 화장실 문이었다. 좋았어! 그리고 두 번째 문은 커다란 공간으로 이어졌는데, 그곳에는 천장 바로 아래까지 책장과 상자들이 잔뜩 쌓여있었다. 결코 제대로 된 방이라 할 수 없었다. 이제 하나의 문만이 남아있었다. 윌리엄은 세 번째 문을 열었다.

그곳 또한 솔직히 말하자면 결코 잠을 잘만한 방이라 말할 수 있는 상태가 아니었다. 방이라기보다는 차라리, 잡동사니를 놓아두는 헛간이나 창고라고 부르는 게 더 적절할 것 같았다. 그곳에도 천장에 닿을 듯한 높다란 책장들이 늘어서 있었고, 책장마다 오래되어 누렇게 바랜 서류와 책, 상자들이 산더미같이 쌓여있었다.

윌리엄이 여기서 잠을 자야 한다는 것을 알려주는 유일한 물건은 어느 책장 앞에 놓여있던 오래된 접이식 침대였다. 침대에는 윌리엄을 위해 준비해 둔 침대 시트, 베개, 체크무늬 누비이불이 하나씩 놓여있었고, 그 위로는 한때는 빨간색이었겠지만 이제는 닳고 닳아 너덜너덜해진 전등갓 아래에 전구 하나가 매달려있었다.

윌리엄은 침대에 배낭을 던져놓고는, 색이 바랜 녹색 커튼을 활짝 열어젖혔다. 창을 통해 햇빛이 쏟아져 들어왔다. 평소에는 어두컴컴하던 작은 방 안으로 들어온 환한 빛이 왠지 낯설고 어색하게만 느껴졌다.

윌리엄은 주변의 정원들을 내려다보았다. 그는 마치 다른 세계를 바라보고 있는 듯한 느낌을 받았다. 다가갈 수 없는 세상인 그곳에는 일광욕하는 사람들이 있었고, 고기를 굽는 사람들이 있었으며, 트램펄린 위에서 뛰어노는 아이들이 있었다.

바로 옆집의 정원에서도 여자아이 하나가 공중제비를 돌고 훌라후프를 돌리며 즐겁게 놀고 있었다. 그 세계는 윌리엄이 서 있는 우울한 작은 방에서 아주 가까웠지만, 한없이 멀리 떨어져 있었다. 여자아이는 허공을 가르며 빙글빙글 돌았고, 그 아이의 검은 머리카락은 구름처럼 나풀거렸다. 그러다 여자아이는 갑자기 넘어졌고, 깔깔대며 웃음을 터뜨렸다. 그러고는 마치 아무 일도 없었다는 듯, 하던 놀이를 계속했다. 윌리엄은 그 모습을 그저 바라보고만 있는 게 정말이지 견디기 힘들었다.

윌리엄은 숨을 깊이 들이마셨다. 그러고는 기침하기 시작했다. 그곳에 먼지가 꽤 많았다. 그는 방 안을 훑어보다, 전기 콘센트를 하나 발견했다.

"최소한 아이패드를 켤 수 있는 전기는 들어오는군."

윌리엄이 중얼거렸다. 평소 그는 혼잣말을 하는 편이 아니었다. 하지만 이제부터는 그러는 게 더 나을 것 같다는 생각이 들었다. 말할 상대가 전혀 없었기 때문이다.

"윌리엄!"

엄마가 아래층 복도에서 소리쳤다.

"엄마는 이제 가봐야 해. 얼른 내려와서 작별 인사 해야지?"

윌리엄은 계단을 달려 내려가 엄마 품에 안겼다.

"기운 내고."

엄마가 속삭였다.

"일주일은 금방 지나가. 그나저나 우리 아들이 보고 싶어서 어떡하지?"

그렇게 말을 하며 엄마는 윌리엄을 조금 더 힘껏 껴안았다. 윌리엄의 눈에는 한순간 눈물이 맺혔다.

"잘 지내고 있어야 해."

"나는 보통 점심은 간단히 먹고, 저녁에는 제대로 요리를 해 먹는다. 배고프니?"

이모할머니가 물었다.

"예."

"흠."

이모할머니는 살짝 인상을 찌푸렸다.

"저기 상자 속에 빵이 있다. 버터와 소금에 절인 청어는 냉장고에 있고."

"그런데요……."

윌리엄이 말을 꺼냈다. 하지만 이모할머니는 어느새 부엌에서 사라지고 없었다.

"저는 글루텐(일부 곡물 단백질에 들어있는 성분)을 소화시키지 못해요."

그는 혼잣말로 계속해서 설명했다. 앞으로 일주일 동안 자기 자신과 아주 좋은 친구가 될 게 분명해 보였다.

윌리엄은 주위를 둘러보았다. 부엌은 복도나 이 층처럼 그렇게 어둡지는 않았다. 찬상과 서랍 또한 짙은 색의 나무로 만든 것이긴 했지만, 정원으로 통하는 문에 난 작은 창으로 밝은 빛이 부엌 안으로 비쳐 들어왔다.

윌리엄은 문을 등지고 돌아섰다. 이제 자신에게서 사라진 여름방학의 모든 즐거움을 다시 떠올리고 싶지 않았다.

한편에 놓인 연한 회색 탁자에는 엄마가 싸준 먹거리가 든 가방이 놓여있었다. 그 안에는 참깨 잼, 병아리콩 후무스, 무화과 소스, 그리고 글루텐이 없는 빵이 들어있었다. 그는 그것들을 꺼내고는 냉장고 문을 열었다.

흠, 소금에 절인 청어. 저 안에는 글루텐이 들어있을까? 그는 엄마가 평소 하던 것처럼 포장지를 돌려보며, 첨가물 목록을 찾아 낯선 단어들을 하나하나 점검했다. 밀가루와는 아무 관계도 없었다. 그렇다면 소금에 절인 청어는 먹어도 괜찮았다. 병뚜껑을 열자, 시큼한 비린내가 코를 찔렀다. 그는 물컵 하나를 찾았다. 물론 마실 거라곤 물밖에 없었다. 그는 식탁에 앉아서 글루텐이 들어있지 않은 청어 빵을 먹었다.

윌리엄은 오후 내내 아이패드를 하며 보냈다. 그는 얼마 전 마인크래프트에서 떠있는 섬을 건설하는 법에 관한 영상을 보았고, 오늘은 그 방법을 시험해 보기에 적당한 시간인 것 같았다. 저녁이 되자 이모할머니가 생선 스테이크와 삶은 감자를 요리해 주었다. 저녁 식사를 마친 후, 이모할머니는 윌리엄을 지금 막 처음 보기라도 했다는 듯 빤히 쳐다보았다.

"학교에 다니지?"

윌리엄은 이모할머니의 물음이 자기에게 하는 것인지 아닌지 헷갈렸다. 그렇지만 고개를 끄덕였다.

"몇 학년이니?"

이모할머니가 다시 물었다.

"여름방학이 끝나면 3학년이 돼요."

윌리엄이 대답했다.

"물리는 배우고?"

"아뇨. 그게 뭔데요?"

"전기나 중력 같은 것들에 대해 배우는 학문이지. 자연법칙이나 태양계 같은 것들 말이다. 그럼 화학은 배우고?"

윌리엄은 고개를 저었다.

"과학을 말하는 건가요? 그건 아마 학년이 더 올라가야 배우게 될 거예요."

"하지만 물리나 화학은 진짜 기초가 되는 지식이란다."

윌리엄은 수업 시간에 이미 태양계와 우주를 주제로 다룬 적이 있다고 덧붙이려 했다. 하지만 이모할머니에게는 그런 것들을 말하는 게 왠지 쉽지 않게 느껴졌다. 다른 어른들과 이야기하는 건 훨씬 편했다. 예를 들어 친구인 에이일의 아빠에게라면 아무렇지도 않게 말했을 것이다. "태양계에 대해서는 벌써 배웠어요." 하고 말하면서 아마도 수업 시간에 배운 것과 그중 무엇이 흥미로웠는지 자연스레 함께 이야기를 나눴을 것이다. 또는 우주선이나 화성에 산다는 가상의 생명체에 관해서 이야기할 수도 있었다.

하지만 이모할머니한테는 그렇지가 않았다. 윌리엄은 아무 말도 하지 않았고, 이모할머니는 그저 고개만 절레절레 저으며 접시를 정돈했다.

"그릇의 물기를 닦는 수건은 저기 있다."

이모할머니가 말했고, 두 사람은 그렇게 조용히 설거지를 했다. 그러다 윌리엄이 유리컵 하나를 바닥에 떨어뜨렸다. 날카로운 소리와 함께 유리컵은 산산조각이 나며 사방으로 흩어졌다.

그 순간, 두 사람은 지금까지보다 더 조용해졌다. 윌리엄은 숨조차 제대로 쉬지 못한 채, 이모할머니를 힐끔 쳐다보았다. 이모할머니는 한참 동안 아무 말도 하지 않았다. 그저, 바닥에 흩어진 유리 조각만 내려다볼 뿐이었다.

마침내 이모할머니가 입을 열었다.

"적어도, 우리는 이제 중력이 여전히 존재한다는 사실만큼은 확인한 것 같구나. 굳이 학교에서 그런 걸 배우지 않았다 하더라도 말이다. 참, 빗자루는 벽장 속에 있다."

이모할머니는 그렇게 말하고는, 깨진 유리 조각의 뒤처리를 윌리엄에게 맡긴 채 부엌에서 나갔다.

"어린이가 깨진 유리 조각을 쓸게 해서는 안 돼요. 너무 위험하거든요."

윌리엄은 그렇게 혼잣말하고는 깨진 유리 조각을 쓸어 담아 쓰레기통에 버렸다.

"안녕, 칫솔."

잠시 후, 윌리엄은 욕실에 서서 칫솔한테 인사했다.

그리고 방에 들어와서도 말했다.

"안녕, 아이패드. 힘내! 일주일은 아주 금방 지나가."

윌리엄은 한숨을 내쉬었다. 어쨌거나 이제 하루가 지나가고 있었다. 아이패드에는 엄마가 보내온 굿나잇 인사가 떠있었다.

"엄마는 잘 도착했어. 벌써 네가 보고 싶구나. 잘 자고."

윌리엄은 배낭에서 오래된 잠옷을 꺼냈다. 처음에는 「퍼피구조대」의 주인공 강아지 캐릭터가 그려진 잠옷을 가지고 가지 않겠다고 한사코 우겼다. 그러나 빨래를 해놓은 것은 그 옷뿐이었다. 게다가 윌리엄이 그 잠옷을 입은 모습을 볼 사람은 어차피 아무도 없을 테니 아무래도 상관없었다.

윌리엄은 잠옷으로 갈아입는 대신, 침대에 걸터앉아 주위를 둘러보았다. 피곤해진 눈에 손글씨로 된 꼬리표들이 붙어있는 신발 상자들이 들어왔다. 그 손글씨들은 읽을 수가 없었다. 이제껏 한 번도 들어본 적이 없는 단어들이 적힌 책들도 보였다. 그 단어들은 심지어 제대로 발음하기조차 어려운 것들이었다.

하지만! 책장 맨 아래 칸에는 마치 어린이를 위한 동화책처럼 보이는 책들이 담긴 상자 하나가 있었다. 윌리엄은 여기 그런 책이 있으리라고는 미처 예상하지 못했다.

윌리엄은 침대에서 벌떡 일어나 상자를 끄집어냈다. 첫 번째 책은 한스 크리스티안 안데르센의 동화책이었다. 그 밖에도 노래책 한 권과 『피터 팬』, 『곰돌이 푸』, 『이상한 나라의 앨리스』가 들어있었다. 그리고 『말괄량이 삐삐』, 『프랑켄슈타인』, 『은하수를 여행하는 히치하이커를 위한 안내서』, 『80일간의 세계 일주』도 있었다. 또, 『나니아 연대기』도 있었다.

마지막 책은 특히나 흥미롭고 신비롭게 다가왔고, 윌리엄은 침대에 누워 그 책을 읽기 시작했다. 그 책은 전쟁통에 시골로 보내져 어느 기이한 늙은 교수의 집에서 살다가 운 좋게도 옷장 속에서 비밀의 문 하나를 발견하고, 그 문을 통해 어느 멋진 마법의 세계로 들어가게 되는 네 명의 아이들에 관한 이야기였다.

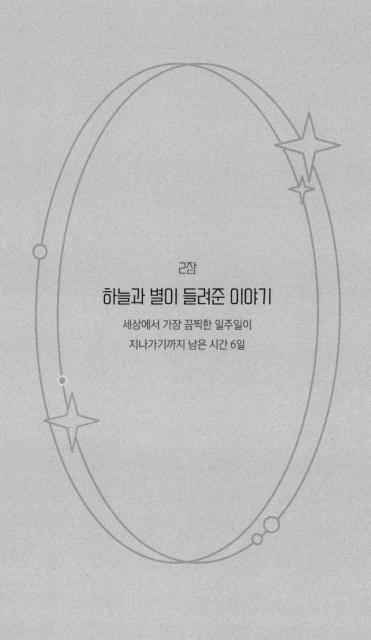

2장

하늘과 별이 들려준 이야기

세상에서 가장 끔찍한 일주일이
지나가기까지 남은 시간 6일

다음 날 아침, 윌리엄은 잠에서 깨어났다. 그는 마법의 옷장에 관한 책을 베개처럼 베고 있었고, 잠옷이 아니라 어제 낮에 입었던 옷을 여전히 입고 있었다. 언제 잠이 들었는지는 전혀 기억나지 않았다.

윌리엄은 눈을 비비며 그 책을 바라보았다. 그러고는 이모할머니의 집에서 마법의 옷장을 찾아 나서기로 마음먹었다. 그런데 배에서 꼬르륵 소리가 났고, 일단은 아침부터 먹는 게 좋겠다는 사실을 깨달았다.

"안녕히 주무셨어요."

윌리엄이 부엌으로 들어서며 인사했다. 이모할머니는 싱크대 앞에 서서 둥그런 바닥에 목이 길고 좁은 기이한 유리 용기에 물을 붓고 있었다.

"너도 잘 잤고?"

이모할머니는 고개도 들지 않은 채 대꾸했다. 그러면서 기이하게 생긴 유리 용기를 벽 선반에 고정된 일종의 나선형 금속

위에 올려놓았다. 그리고 가늘고 구부러진 유리관이 삐죽 나와 있는 코르크 마개로 유리 용기를 막은 다음, 커피 필터를 꺼냈다. 커피 필터는 유리관 끝 바로 아래에 있는 작은 깔때기로 들어갔다. 그런 다음 이모할머니가 버튼을 누르자 귀청이 떨어질 것만 같은 큰 소리가 났다.

"그게 뭐예요?"

윌리엄은 시끄러운 소음을 뚫고 소리쳐 물었다. 그러나 아무런 대답도 듣지 못했다. 이윽고 소음이 멈췄다. 벽에 있는 그릇에서 작은 숟가락 하나가 튀어나와 깔때기에 커피 가루를 부었다. 얼마 지나지 않아 유리 용기의 물이 끓기 시작했다. 물이 부글부글 끓어오르면서 가느다란 관을 통해 깔때기 속으로 방울방울 떨어졌고, 필터를 통과해 식탁 아래에 있는 보온병으로 흘러 들어갔다.

그사이 윌리엄은 문간에 서서 졸린 눈을 비비며, 왜 이 이상한 장치가 좀 더 일찍 눈에 띄지 않았는지 의아해했다. 보온병이 가득 차자 이모할머니는 뚜껑을 돌려 닫고는 탁자에 올려놓았다. 그런 다음, 컵과 오트밀을 가져왔다.

"저게 뭐예요?"

윌리엄은 신기하게 생긴 기계를 가리키며 다시 한번 물었다.

"뭐라고?"

이모할머니가 멍하니 고개를 들었다.

"아, 저기 저거? 열역학을 활용한 커피 그라인더와 드리퍼를 합쳐놓은 거야."

이모할머니의 설명을 가만히 듣고 있던 윌리엄이 물었다.

"그러니까 일종의 커피 메이커인 건가요?"

"간단히 말하면 그런 셈이지."

이모할머니가 중얼거리듯 대답하고는 오트밀을 떠먹었다.

"저런 커피 메이커는 본 적이 없어요."

윌리엄은 집에서 가져온 글루텐이 함유되지 않은 아침 식사용 시리얼을 들고 식탁에 앉으며 말했다.

"그랬구나."

대답은 그게 전부였다. 그러고는 이모할머니가 다시금 자신만의 생각 속으로 빠져들자 윌리엄은 대화를 나눠보려던 시도를 포기했다.

아침 식사를 마친 후 이모할머니는 부엌 옆에 있는 자기 방으로 사라졌고, 윌리엄은 하루 종일 이모할머니의 얼굴조차 보기 힘들었다. 이모할머니는 점심을 먹기 위해 잠깐 다시 나타났지만, 아침 식사 때와 마찬가지로 거의 한마디도 하지 않았다.

"그렇다면 난 내 맘대로 마법의 옷장을 찾아볼 거야."

윌리엄이 자기 자신한테 중얼거리듯 말했다.

윌리엄은 처음에 이모할머니의 물건을 뒤죽박죽 엉망으로 만들지 않기 위해 무척이나 신경 쓰며 조심했다. 하지만 여기저기를 들쑤시지 않고 마법의 옷장을 찾는다는 것은 말처럼 쉬운 일이 아니었다. 그리고 찾는 시간이 길어질수록 윌리엄의 호기심은 남의 집에 와있으니 조심 또 조심해야 한다는 심리적 압박감을 넘어서기 시작했다.

그러나 행운은 결코 그의 편이 아니었다. 서랍장은 하나같이 책과 서류, 돌과 기구 또는 이상한 모형이나 장치들이 들어있는 상자로 가득 차있었다. 이모할머니의 따분한 집보다 좀 더 흥미진진한 세계로 안내하는 마법의 문은 어디에도 없었다.

비로소 윌리엄은 잠을 잤던 이 층 방 옆의 잡동사니를 넣어두는 헛간 같은 방에서 아주 오래된 보물 상자처럼 보이는 무언가를 발견했다. 그 순간 일말의 희망이 가슴속에서 솟아났다. 그는 아주 튼튼해 보이는 상자 위로 올라가, 선반에 놓여있던 보물 상자를 끄집어 내렸다. 그 나무 상자의 모서리에는 조각과 금빛 쇠장식이 붙어있었고, 자물쇠에는 열쇠가 꽂혀있었다.

하지만 책장과 마찬가지로 그 상자 안에도 그저 온갖 종이와 문서만 가득 들어있었다. 잔뜩 실망한 채, 윌리엄은 그것들을 하나씩 살펴보았다. 한스라는 사람이 보낸 편지와 올라우스 뢰메르라는 사람에 관한 내용이 적힌 문서들이었다.

갑자기 기이한 소리가 들려왔고, 윌리엄은 얼른 그 상자를 제자리에 올려놓았다. 아래에서 들려오는 묵직한 쿵! 소리는 커피 메이커가 내뱉던 것보다 훨씬 컸다.

윌리엄이 재빨리 계단을 달려 내려갔지만, 소리는 이미 사라져 들리지 않았다. 그 대신 잔뜩 헝클어진 잿빛 머리에 단추가 잘못 채워진 셔츠를 입은 이모할머니가 복도 한가운데에 서서 눈을 깜박거리고 있었다. 마치 그곳이 조금은 느긋하게 멀거니 서있기에 세상에서 가장 적당한 곳이기나 한 것 같았다.

"왜? 무슨 일 있어?"

이모할머니는 건성으로 물으며, 조금은 헐렁해 보이는 바지를 추켜올렸다.

"이모할머니도 들었어요?"

윌리엄이 물었다.

"뭘?"

"쿵 하는 소리요."

윌리엄이 대답했다.

"나는 아무 소리도 못 들었는데."

"정말요? 진짜 시끄러운 소리였는데."

"응, 못 들었어."

이모할머니가 무뚝뚝하니 짧게 대꾸했다.

"어딘가에서 도로 공사를 하고 있는지도 모르겠구나. 너무 신경 쓰지 말거라. 그런 소음에는 금세 익숙해지니까."

윌리엄은 부엌으로 들어가 열린 냉장고 문 뒤로 사라지는 이모할머니를 바라보았다. 이모할머니는 귀가 먹은 게 분명했다.

윌리엄은 복도를 둘러보았다. 계단 아래에는 작은 손님용 화장실이 있었고, 그 옆에는 마법의 옷장일지도 모르는 붙박이장이 있었다. 윌리엄은 부엌을 들여다보았다. 때마침 이모할머니는 통조림통에 담긴 것을 냄비에 붓느라 정신이 없었다. 윌리엄은 조심스레 붙박이장 문을 열었다.

그러나 그 문 뒤에도 마법과 관계된 것이라곤 아무것도 없었다. 오히려 가장 마법 같지 않은 것들이 들어있었다. 오래된 신발과 구두 골이 수북이 쌓여있는 선반 외에는 아무것도 없었기 때문이다. 실망한 윌리엄은 다시 붙박이장 문을 닫았다.

저녁 식사 시간이 되었다. 이전과 마찬가지로, 그 시간도 조용히 지나갔다. 이번에도 이모할머니는 설거지를 마치자마자 사라졌고, 윌리엄은 거실에서 마법의 옷장 찾기를 계속했다.

윌리엄은 예전에 엄마랑 이 집 거실에 앉아 차를 마셨던 단한 번의 기억을 떠올렸다. 그 밖의 경우에 윌리엄과 엄마는 늘부엌에 앉아있었기 때문이었다.

윌리엄은 실눈을 뜨고 주위를 둘러보았다. 창문에는 커튼이 달려있어 바깥 풍경이 전혀 보이지 않았고, 그로 인해 거실은 그 집 안의 다른 곳과 마찬가지로 어두컴컴했다.

낡은 소파가 하나 있었는데, 사탕을 먹으며 편안히 앉아 텔레비전을 보고 있을 만한 소파는 결코 아니었다. 등받이가 너무 반듯하고 뻣뻣하게 고정되어서 똑바로 앉을 수밖에 없었기 때문이었다.

거실 한가운데에는 커다란 책상이 있었는데, 그 위에는 지구본과 다른 물건들 사이에 책이 한 무더기 쌓여있었고, 벽에는 선반들이 나란히 달려있었다. 그리고 그곳에도 크고 오래된 장롱이 하나 있었다.

"오래된 장롱, 안녕?"

윌리엄은 장롱을 보자마자 큰 소리로 인사했다.

"너는 내가 찾고 있는 마법의 옷장과 똑같이 생겼구나!"

하지만 뒤쪽 벽에 비밀의 문이 숨어있는지 알아내기란 쉽지 않았다. 예상했다시피, 장롱 속도 다른 곳과 마찬가지로 이상한 물건들로 가득 차있었기 때문이다. 한편에는 플라스크가 들어있는 상자가 하나 있었고, 다른 한편에는 긴 팔이 달린 지구 모형처럼 보이는 일종의 램프가 있었는데, 그 팔의 끝부분에는 작은 달이 달려있었다. 그리고 줄이 하나뿐인 기타도 있었다.

윌리엄은 이 모든 기이한 것들 뒤에 숨어있는 무언가를 알아내려고 잠시 노력했다. 하지만 아무 소용도 없었다. 그는 장롱에서 마분지 상자 하나를 꺼냈다. 상자는 무거웠고, 안에 담겨있는 내용물에서 달그락거리는 소리가 들렸다. 종이 같은 게 들어있는 건 분명 아니었다. 안에 무엇이 있는지 들여다볼 만한 가치가 있지 않을까? 윌리엄은 상자 뚜껑을 열었다. 작은 꾸러미들이 들어있는 게 보였다. 꾸러미들은 저마다 천 조각과 오래된 신문지로 싸여있었다. 윌리엄은 그중 하나를 풀었다.

그 안에는 납작하고 둥그런 유리 렌즈가 하나 들어있었다. 그 유리 렌즈는 언젠가 엄마가 자신도 어렸을 때 갖고 놀았다며 윌리엄에게 사주었던 '호안석'이라는 천연석을 좀 더 크게 부풀려 놓은 것 같은 모양이었다. 윌리엄은 어린 시절 자신이 그런 것을 가지고 놀았다는 사실이 대단하다고 생각했다.

윌리엄은 더 많은 유리 렌즈를 풀어보았다. 그것들은 모두 다 둥그런 원형이었지만, 크기와 두께는 저마다 다 달랐다. 일부는 가운데가 볼록하게 두꺼웠고, 다른 일부는 안쪽으로 오목하게 구부러져 가운데가 가장 얇았다.

윌리엄이 유리 렌즈를 들어 올리자, 창백한 빛의 반점이 방 안에 드리워졌다. 두툼한 유리 렌즈를 통해 보이는 커튼은 형체가 흐릿했다. 윌리엄은 그 유리 렌즈로 손을 들여다보았다. 그러자 그의 피부와 그 위에 난 작은 솜털들이 아주 선명하게 보였다.

돋보기 렌즈였다!

윌리엄은 얇은 유리 렌즈를 집어서 조금 전과 똑같이 해보았다. 이번에는 그의 손이 어렴풋해 보였고, 그 대신 커튼은 아주 선명하게 보였다. 신기하고 재미있었다. 윌리엄은 두툼한 렌즈와 얇은 렌즈를 동시에 눈앞에 갖다 대면 어떤 일이 일어나는지 시험해 보려 했다. 그 순간 누군가가 다급히 소리쳤다.

"조심하거라!"

그 소리에 깜짝 놀라, 윌리엄은 하마터면 들고 있던 렌즈들을 바닥에 떨어뜨릴 뻔했다.

"네가 지금 무엇을 만지고 있는지 알기나 하니?"

이모할머니가 버럭 화를 내며, 윌리엄의 손에서 유리 렌즈들을 빼앗아 갔다.

"아니요."

윌리엄이 잔뜩 기가 죽은 목소리로 대답했다.

"그것들은 아주 오래된 망원경 렌즈야. 아주 섬세해서 부서지기 쉬운 데다, 다른 어떤 것과도 바꿀 수 없는 귀한 것들이지."

"그러면 그렇게 귀한 물건을 부서지기 쉬운 상자에 담아 아무 데나 놓아두어서는 안 되는 거 아니에요?"

윌리엄의 입에서 그런 말이 저도 모르게 툭 튀어나왔다. 윌리엄조차 자신이 그런 말을 했다는 사실에 깜짝 놀랐다. 그러나 그 순간 그는 그만 폭발하고 말았다. 마치 누군가가 밸브를 열어주기만을 내내 기다리고 있었다는 듯, 뺨에서 후끈한 열기가 솟구쳤다.

"그 렌즈들은 원래 있던 곳에 아무 문제 없이 놓여있었다."

이모할머니가 톡 쏘듯이 대꾸하고는 계속해서 말했다.

"제멋대로인데다 아무것도 모르는 어느 사내아이가 자기하고 아무 상관 없는 물건들을 함부로 뒤적이기 전까지는 말이다."

그러자 윌리엄의 두 뺨에 어렸던 열기가 이제 몸 전체로 빠르게 퍼져나갔고, 관자놀이에서 분노가 치밀어 올랐다.

"그걸 제가 어떻게 알 수 있겠어요?"

윌리엄의 목소리는 지나치리만큼 컸다. 그 자신도 그런 사실을 느꼈지만, 그럼에도 그는 계속해서 불만을 터뜨렸다.

"게다가 어린이를 하루 종일 혼자 내버려두는 것은 절대 옳지 않아요. 말도 걸어주지 않고 말이에요."

윌리엄은 계속해서 더 말하고 싶었지만, 자신의 목소리가 갈라지는 것을 느꼈다. 그래서 말을 멈추고는, 바닥만 내려다보며 천둥 번개 같은 호된 꾸지람이 떨어지기만을 기다렸다.

그런데 윌리엄에게 이제껏 경험한 것 중 가장 이상한 천둥 번개가 떨어졌다.

"사람들이 일찍이 우주 전체가 지구를 중심으로 돌고 있다고 생각했던 것도 사실 전혀 놀라운 일이 아니야. 아이들 모두는 여전히 세상 모든 것이 자기들을 중심으로 돌아간다고 상상하고 있으니까 말이다."

윌리엄은 이모할머니의 그 말이 무슨 뜻인지 알지 못했지만, 그럼에도 모욕이라도 당한 듯 기분이 언짢았다.

"그게 무슨 말이에요?"

윌리엄은 그렇게 물으며 다시 한번 당돌한 표정을 지었다.

"그러니까 아이들은 자기 자신에게만 정신이 팔려, 자기들만이 우주에서 가장 중요한 존재라고 생각한다는 말이야. 물론, 어른들도 대부분은 마찬가지지. 다른 사람들이 자기를 떠받들어 주기를 바라고, 새끼손가락만 까딱해도 박수갈채가 쏟아지기를 원해. 그러나 우주는 무한하게 크고, 하찮고 어리석은 문제를 가진 우리 미미한 인간들에게는 아무런 관심도 없어. 우리 따위는 아무래도 상관없다고."

이모할머니의 눈빛은 흔들림이 없었고, 이모할머니의 말은 윌리엄을 사소하고 매우 외롭다고 느끼게 만들었다.

"우리는…… 우리 인간 따위는 아무래도 상관없다고요?"

윌리엄은 혼잣말하듯 중얼거렸다.

이모할머니는 그렇게 말하는 윌리엄을 바라보았다. 그러고는 고개를 저으며 말했다.

"아니, 아니, 아니."

이모할머니는 더는 그리 화가 난 것처럼 보이지 않았다.

"당연히 우리 인간은 아무것도 아닌 존재가 아니란다. 우리들 하나하나의 삶은 저마다 다 중요하지. 그래서 네 아빠는 의사가 되어 전 세계를 다니면서 알지도 못하는 사람들을 돕는 것이고. 그렇지 않니?"

이모할머니는 인상을 찌푸린 채, 잠시 말이 없었다. 그러다 이어서 말했다.

"그것은…… 그러니까 상대적인 거야. 우주는 무한히 크고, 그에 비하면 우리의 지구는 극히 미미할 정도로 작고 보잘것없어. 그런데도 사람들은 여전히 모든 것이 단지 자신을 중심으로 돌아가야만 한다고 생각하지."

이모할머니는 코끝으로 흘러내린 안경테 너머로 윌리엄을 쳐다보았다.

"그러니 우리 인간들이 태양과 우주 전체가 우리가 사는 작은 지구 주위를 돈다고 자기중심적으로 생각한 것은 놀라운 일이 아닌 거지. 단지 그렇지 않을 수도 있다는 생각 자체도 너무나 끔찍하게 생각했어. 그래서 지구가 우주의 중심이 아닐지도 모른다고 주장했던 사람들을 감옥에 가두기까지 했단다."

"감옥에요? 왜요?"

이모할머니가 눈을 가늘게 뜨고는 윌리엄을 바라보았다.

"그런 말을 했다는 이유로 사람들이 감옥에 갇혔던 건 물론 아주 오래전 일이지. 그 당시에는 신이 우주를 둥그런 공 모양으로 창조했다고 믿었어. 마치 양파처럼 서로 짜맞춰져 있고, 점점 더 작아지고 투명해지는 구체들로 이루어진 여러 층의 폐쇄적인 시스템으로 말이야. 당시 사람들은 우주가 실제로 얼마나 큰지 상상조차 못했어.

사람들은 별들이 가장 바깥쪽 구체에 작고 빛나는 단추처럼 달라붙어 있다고 생각했어. 그에 따르면, 행성과 태양과 달은 모두가 자기만의 투명한 천구에서 층을 이룬 채, 우주의 움직이지 않는 중심인 지구 둘레를 돌고 있었지."

"그걸 사람들이 정말로 믿었다고요?"

윌리엄이 이모할머니의 말을 가로막고 나섰다. 그는 수업 시간에 지구는 다른 행성과 마찬가지로 본래 하나의 별인 태양을 중심으로 공전하는 행성이라고 배웠다. 그리고 종이로 태양계를 직접 만들어보기도 했다.

이모할머니가 대답했다.

"그랬단다. 그리고 너를 가만히 보고 있자면, 사람들이 그 당시에 그렇게 생각한 것이 그렇게 놀랄 만한 일도 아니라는 걸 이해하게 돼. 아이들은 본질적으로 자기중심적이란다. 모든 것을 단지 자신의 관점에서만 바라보고, 세상이 언제나 그들 자신을 중심으로 돌아간다고 믿는 거야. 하기야 그런 생각이 가장 편안하고 확실하긴 하지. 지구가 우주의 중심이라고 믿었던 옛날 사람들도 마찬가지였어. 그래서 다른 무언가를 말하는 사람들의 입을 막기 위해서는 무슨 짓이든 다 했지. 이미 말했듯이 그들을 감옥에 가두기까지 했고 말이다."

윌리엄은 이모할머니가 여전히 화가 나있는지 아닌지 판단이 서질 않았다. 하지만 마침내 이모할머니의 관심을 끌게 된 지금, 마치 아무 일도 없었던 것처럼 굴기로 마음먹었다. 윌리엄이 물었다.

"하지만 당시 사람들은 무엇 때문에 지구가 태양의 둘레를 돈다는 사실을 몰랐을까요? 너무나 뻔한 사실인데 말이에요."

"정말로 그럴까?"

이모할머니가 눈썹을 치켜올리며 되물었다.

"네. 왜냐하면…… 매일 아침 해가 뜨고, 매일 저녁 해가 지는 것을 볼 수 있기 때문이지요. 그렇지 않은가요? 또, 지구가 자전하기 때문이기도 하고요. 게다가 지구가 태양의 둘레를 돌기 때문에 봄, 여름, 가을, 겨울이 번갈아 찾아오잖아요."

"대답 잘했다!"

이모할머니가 뼈마디가 앙상한 손으로 빠르게 세 번 박수를 쳤다.

"그런데 그걸 어떻게 알았니?"

"그건…… 학교에서 배웠어요."

"그렇구나. 사람들은 뭔가를 배우고 있지. 하지만 만일 아무도 설명해 주지 않는다면? 그러면 우리는 그 모든 것을 어떻게 알 수 있을까?"

"방금 말씀드린 대로, 볼 수 있으니까요."

"너는 그 모든 걸 다 볼 수 있는 거야?"

윌리엄은 잠시 생각했다.

"그렇지 않은가요?"

"그렇다면 너는 단지 매일 아침 해가 뜨고, 또 여름이 가면 겨울이 찾아오는 것을 보는 것만으로도 지구가 하나의 우주먼지 덩어리이며, 다른 일곱 개의 우주먼지 덩어리와 함께 수십억 개의 다른 태양계가 은하계를 형성하는 거대한 텅 빈 공간에서, 다시 말해 끝없이 확장하고 있는 우주에서 엄청나게 거대하고 밝은 빛을 내는 불덩어리 둘레를 무시무시한 속도로 회전하고 있다는 사실을 알아낼 수 있다는 거야?"

윌리엄은 멍하니 이모할머니를 바라보았다.

"아니요. 그럴 수는 없을 거예요."

윌리엄이 대답했다.

"그래, 맞아."

이모할머니는 망원경 렌즈를 다시 포장하기 시작했다. 뇌우는 이제 지나갔다. 하지만 윌리엄은 이내 후회하고 말 일을 하고 말았다. 또 하나의 질문을 던졌던 것이다.

윌리엄은 곧 소변이 마렵다는 것을 느꼈다. 그러나 그는 함께 있는 것조차 피하는 듯싶었던 이모할머니와 이제껏 제대로 된 대화를 나눈 적이 없었다. 그래서 자기가 던진 단순한 질문 하나가 이제 이어지게 될 일장 연설을 끄집어낼 것이라고는 상상조차 할 수 없었다. 그것도 하필이면, 누가 됐든 붙잡고 그토록 이야기를 나누고 싶어 했던 그가 화장실에 가기 위해 단 몇 분이나마 혼자 있고 싶어졌을 때 말이다.

윌리엄이 이모할머니에게 던진 질문은 정말이지 단순했다.

"그럼 우리는 그런 것들을 어떻게 아는 건데요?"

"무엇을 말이냐?"

이모할머니가 돌아서서 눈을 치켜뜨고 윌리엄을 바라보았다.

윌리엄이 중얼거리듯 말했다.

"지구가 태양의 주위를 돈다는 사실하고, 또 이모할머니가 방금 저에게 말한 다른 것들요."

"아하! 좋은 질문이로구나!"

이모할머니는 여전히 오래된 망원경 렌즈를 손에 든 채, 윌리엄을 흥미롭다는 듯 바라보았다. 윌리엄은 두 발을 미적거렸다. 화장실이 점점 더 급해졌기 때문이다.

"네 질문에 대답을 하자면……."

이모할머니는 뭔가 생각하듯 멍하니 앞쪽을 쳐다보며 계속해서 말했다.

"우리는 시간을 거슬러 올라가야 한다. 우주를 하나의 공 모양이라고 간주했던 시대보다 훨씬 더 멀리까지 말이다. 사실, 아주 자세히 들여다본다면 그런 것들을 알 수 있다는 네 말이 완전히 틀린 말은 아니지. 그러나 상황이 그렇게 간단하지만은 않단다."

이모할머니는 거실 안을 서성이기 시작했다.

"오늘날 우리는 우주의 수많은 수수께끼를 푸는 데 큰 도움을 주는 인공위성과 거대한 망원경을 가지고 있지. 그러나 그 같은 도구들은 단지 언제나 하늘을 응시하며, 지식을 모으고, 또 그들이 수집한 자료를 후손들과 공유했던 사람들이 있었기 때문에 가능했던 것들이야. 물론 망원경과 인공위성이 없어도 하늘은 우주에 대해 엄청나게 많은 것들을 우리에게 알려줄 수 있어. 우리의 삶에 대해서도 말이야."

이모할머니는 잠시 하던 말을 멈추고는, 들고 있던 렌즈 중 하나를 통해 윌리엄을 바라보았다.

"물론 우리가 정말로 잘 살펴보는 경우에만 그렇기는 하지만 말이다. 어쨌거나 사람들은 다행히도 늘 세상을 이해하고 해독하려고 노력해 왔단다.”

“세상을 해독한다고요? 그게 무슨 뜻이에요?”

윌리엄이 이모할머니의 말을 가로막고 물었다. 그러면서 그는 또다시 자신의 호기심을 후회했고, 점점 더 급해지는 소변을 참느라 두 다리를 조금 더 오므려야 했다.

“해독한다는 말 말이냐?”

이모할머니는 그렇게 되물으면서 그토록 소중하다는 망원경 렌즈 중 하나로 헝클어진 잿빛 머리를 긁적였다. 그러고는 윌리엄을 빤히 쳐다보았다.

“어느 낯선 곳에 가게 되면 맨 먼저 무엇을 하게 될까?”

“음…… ‘안녕하세요.’ 하고 인사부터 해요.”

윌리엄이 대답했다.

“아니, 내 말은 그게 아니고. 그러니까 한 번도 가본 적이 없는 곳, 예를 들어 숲속이나 캠핑장에 가게 되었을 때 무엇을 하냐고 묻는 거야. 어떻게 예의 바르게 행동할 거냐가 아니고 말이다.”

윌리엄은 어딘가 낯선 곳에 가있다는 상상을 해보려고 했다. 그가 전에 한 번도 가본 적이 없는 장소는 이모할머니의 집 꼭대기층이었다.

“먼저 주위를 둘러본다?”

"그렇지! 바로 그거야. 너는 궁금해하며 주위를 둘러볼 거야. 그런데 왜 그러는 건지 아니?"

윌리엄은 그런 점에 대해 이제껏 생각해 본 적이 없었다.

"왜냐하면…… 그렇게 해서 화장실이 어디 있는지 알 수 있으니까요."

이모할머니는 의외의 대답이라는 듯 눈을 치켜떴다.

"흠, 하긴 그것도 물론 중요하지."

이모할머니는 다시금 거실을 왔다 갔다 하며 귀중한 오래된 유리 렌즈를 흔들어대기 시작했다. 윌리엄은 그러다 렌즈가 떨어지기라도 할까 봐 불안했다. 이모할머니가 다시 말했다.

"호기심의 목적은 주변 환경에 익숙해져, 필요한 물건이 어디에 있는지 알아내는 것이란다. 최초의 인간들에게는 정착하기 전에 야영지를 주의 깊게 살펴보는 것이 생존을 위해 아주 중요한 일이었지. 그들은 자신들이 앉아있는 바위 아래에 뱀이 숨어있지는 않은지, 잠을 자게 될 동굴에 검치호랑이가 숨어있지는 않은지 살펴봐야 했어. 또 먹을 것과 마실 물이 충분한지도 확인해야 했으며, 길을 찾는 데 도움이 될 만한 바위와 나무 및 다른 물건들에 주의를 기울여야 했고.

그래서 우리는 낯선 곳에 가게 되면 주위를 꼼꼼히 살피는 거란다. 우리의 호기심은 그러니까 우리가 살아남는 데 도움을 주는 거야. 아니면 화장실을 찾도록 도와주기도 하고 말이다. 어쨌거나 우리가 주변 환경에 대해 많이 알면 알수록 그만큼 더 잘 대처할 수 있는 것이지. 그와 마찬가지로, 주의 깊고 세심한 사람들은 하늘을 이용하면 올바른 길을 찾거나 주변 상황에 익숙해지는 데 도움이 될 수도 있다는 사실을 깨달았단다.”

윌리엄의 머릿속에는 하늘에서 반짝이는 커다란 화장실 표지판과 화장실로 가는 길이 어디인지 알려주는 밝은 별 화살표가 떠올랐다. 그러는 동안에도 이모할머니는 거침없이 설명을 이어갔다.

“옛날 사람들은 컴퓨터나 시계, 달력, GPS 또는 시간이나 위치를 알려줄 수 있는 그 어떤 것도 가지고 있지 않았단다. 거리 표지판도 없었고, 가로등도 없었지. 불을 밝혀줄 조명도 전혀 없었고.

반면에 하늘에 대한 관심을 다른 데로 돌릴 만한 것도 전혀 없었어. 그리고 산, 나무, 호수 등이 자연에서 다시 알아볼 수 있는 패턴을 형성하는 것처럼, 하늘에서는 별들이 고정된 패턴을 형성하여 동서남북이 어디에 있는지 알려주었지. 그렇게 해서 별들은 사람들이 길을 찾도록 항상 도와주었어. 지상에 있는 패턴들은 나무가 쓰러지거나 호수가 마르면서 끊임없이 변할 수 있지만, 하늘의 별자리는 절대로 그 모양이 변하지 않아.

그것만이 아니란다. 하늘은 시간을 확인하는 데도 기여했어.”

"하늘을 보고 어떻게 시간을 알 수 있어요?"

윌리엄이 다시 물었다. 그리고 그 순간, 그는 다시금 땅을 칠 만큼 후회했다. 호기심으로 인해 소변이 더더욱 급해졌기 때문이다. 과연 얼마나 더 버틸 수 있을까?

"음, 시간을 나누는 가장 쉬운 방법은 아마도 낮과 밤의 도움을 받는 것이겠지. 낮에는 태양이 반원을 그리며 하늘을 가로질러 움직여. 겨울이 되면 낮이 짧아지고 여름에는 다시 길어지고. 이제 네가 직접 찾아낸 산딸기와 호두를 먹고 산다면……."

이모할머니는 그렇게 말을 하면서 마치 먹을 것을 찾기라도 하듯 가구 뒤와 거실 테이블 아래를 살펴보기 시작했다. 그러고는 소파 쿠션에 털썩 주저앉았고, 방 안에는 작은 먼지구름이 뽀얗게 일어났다.

"언제 밝아지고 언제 어두워지는지 아는 것은 매우 중요하단다. 배가 고프고 나서야 불을 켜거나 슈퍼마켓에 갈 수는 없잖니? 결국 우리의 삶은 하루 중의 시간과 계절을 알고, 또 다음에 올 시간이나 계절을 미리 예측할 수 있는가에 달려있는 거야.

사람들은 태양, 달, 행성, 별과 같은 모든 천체가 고정된 패턴을 따른다는 것을 발견했고, 이러한 패턴이 미래를 준비하는 데 도움이 될 수 있다는 사실을 깨달았어."

이모할머니는 다시 소파에서 일어나 망원경 렌즈로 머리 위의 허공에다 보이지 않는 원을 그렸다.

"밤이면 달이 떴어. 달은 때로는 사냥할 수 있을 정도로 밝게 빛났지. 때로는 완전히 사라져 보이지 않았고. 사람들은 초승달이 점점 커져 둥근 보름달이 되었다가 마침내 다시 작아져 그믐달이 되는 것을 관찰했어. 그리고 그런 현상이 늘 29일 내지 약한 달의 간격을 두고 반복된다는 사실도 알아냈고. 사실, '달'이라는 말은 바로 그 같은 변화에서 비롯된 것이야."

윌리엄은 그런 사실에 대해 생각해 본 적이 없었지만, 그렇다고 달에서 좀 더 머뭇거릴 여유는 없었다. 이모할머니의 이야기가 계속해서 이어졌기 때문이다.

"낮에 해가 뜨고 지는 것과 마찬가지로 밤에는 별이 뜨고 지시. 그리고 계절에 따라 다른 별자리들을 볼 수 있어. 어느 순간, 사람들은 열매가 익어 나무에서 떨어질 때가 되면 하늘에 항상 같은 별자리가 떠있다는 것을 깨달았어."

이모할머니는 망원경 렌즈를 허공으로 들어 올렸다가는 마치 잘 익은 사과처럼 떨어뜨렸다. 순간, 윌리엄은 놀라 기겁을 했다. 그러나 이모할머니는 태연히 렌즈를 다시 손으로 잡으며 물었다.

"혹시 별들이 과일이 익어 떨어지는 것과 관계가 있는 걸까?"

"그래요?"

윌리엄이 믿을 수 없다는 듯 되물었다.

"물론 아니지. 그리고 태양과 별은 지구 둘레를 도는 게 아니라 지구가 그들과 관련하여 움직이고 있는 거야. 그러나 초기의 인간들에게는 자신들이 본 것을 이해하도록 도와줄 수 있는 가장 간단한 도구조차 없었어. 예를 들어 문자 같은 것 말이다."

"문자라고요? 그건 또 왜……."

윌리엄은 하던 질문을 멈추었다. 더 이상 소변을 참기가 어려웠기 때문이다. 그는 발을 동동 굴렀다. 하지만 이모할머니는 어느새 윌리엄의 질문을 받아 대답하고 있었다.

"문자는 아직 발명되지 않았어. 그래서 사람들은 그들이 알고 있는 것을 글로 남길 수 없었고, 다음 세대는 앞 세대가 알아낸 것들을 기반으로 삼을 수가 없었지. 그 대신, 무언가를 기억하고 싶다면 이야기와 노래로 담아내야 했어. 물론 그런 상황은 사물이 실제로 어떻게 연관되어 있는지 이해하는 것을 매우 어렵게 만들었지. 그러나 인간은 다른 동물들이 하지 않는 일을 한단다. 즉, 의문을 품고 궁금해하는 거야. 당시에도 사람들은 질문을 던지는 걸 멈출 수가 없었어. 그래서 물었지. 저기 저 위의 이상한 불빛은 뭘까? 그들은 왜 변하는 걸까? 무엇을 의미할까? 그리고 왜 거기에 있는 걸까?

어떤 것들은 설명하기가 쉬웠어. 예를 들어 구름은 비를 의미했지. 태양은 따뜻함과 빛을 의미했고. 하지만 다른 많은 것들은 이해하기가 쉽지 않았어. 해와 달과 별은 왜 움직이는 걸까? 그리고 왜 갑자기 천둥 번개가 치는 거지?"

이모할머니는 거실 안을 왔다 갔다 하며 물었고, 그러고는 자기가 던진 질문에 스스로 대답했다.

"하늘에는 땅 위의 생명을 다스리는 신들이 살고 있다고 생각하고, 뇌우가 그런 신들이 분노를 표현하는 것이라고 상상하는 것은 당연하고도 쉬운 일이지. 사람들은 그 밖에도 아주 재미있는 설명을 찾아냈어. 지구가 한가운데에 자리하고 있는 둥그런 공 모양의 우주보다도 더 믿기지 않는 설명들을 말이야. 사람들이 옛날에는 지구가 원반처럼 평평하고, 가장자리로 가면 죽은 자의 영역으로 떨어진다고 믿었다는 말을 들어본 적이 있지?"

윌리엄은 고개를 끄덕였다. 한편으로는 화장실에 갈 수 있도록 이모할머니가 이제 그만 이야기를 끝냈으면 좋겠다고 생각했다. 하지만 다른 한편으로는 소변이 마려워 집중하기가 쉽지 않았음에도 불구하고 별을 연구하던 옛날 사람들과 하늘에 관한 신비로운 이야기에 대해 더 많이 듣고 싶은 마음도 굴뚝같았다.

윌리엄은 어차피 이모할머니의 이야기를 막을 방법을 몰랐고, 그래서 아무 말도 하지 않았다. 그 대신, 바지에 오줌을 싸지 않기만을 바라면서 발만 동동 굴렸다.

"주위를 둘러보면, 지구는 사실 동그란 공처럼 보이지 않아."

이모할머니는 계속해서 말했다.

"너무 커서, 보통은 지구의 표면이 둥글다는 사실을 눈치채기란 거의 불가능하지. 그리고 사람들은 이미 말했듯이 도와줄 도구가 부족했기 때문에 대부분의 것들을 그저 나름대로 짜맞춰서 이해해야만 했어. 하지만 우리 인간에게는 가장 근사한 설명을 지어내는 탁월한 능력이 있단다.

그래서 어떤 사람들은 땅이야말로 하늘을 낳은 거대한 여성이라고 믿었고, 어떤 사람들은 땅이 신들의 사악한 조상의 뼈로 만들어졌다고 믿었지. 그의 피는 바다이고, 그의 머리뼈는 하늘이라고 말이야. 또 누군가는 신들이 땅을 창조한 뒤, 그것을 나무와 동물과 돌로 변형시켰다고 확신했어. 그리고 또 어떤 사람들은 지구가 여러 마리의 코끼리 등에 얹혀있다고 주장했는데, 그 코끼리들은 거대한 거북이의 등에 올라타고 있었고, 그 거북이는 자기 꼬리를 물고 있는 거대한 뱀 위에 있다고 믿었지."

"우아!"

윌리엄의 입에서 절로 탄성이 새어 나왔다.

"진짜 그렇지? 그러나 이 모든 이야기에는 한 가지 공통점이 있단다. 바로 지구가 우주의 중심이라는 것이지. 물론 그건 사실이 아니었지만 말이다. 다행히도 사람들은 길을 찾기 위해 하늘을 주의 깊게 관찰하는 것이 얼마나 중요한지 이미 이해하고 있었어. 그렇게 해서 우리는 시간이 지남에 따라 세상을 점점 더 잘 이해하게 되었고 말이다.

사람들은 자연 속에서 찾은 것을 수집하는 대신, 언제 곡식이 가장 잘 자라는지를 배워 농사를 지었어. 또, 어느 한곳에 정착해 도시를 건설했지. 그러고는 자신들이 관측한 내용을 기록으로 남기기 시작했고.”

이모할머니는 잠시 하던 말을 멈추고 가만히 윌리엄을 바라보았다.

“그런데 관측이 뭔지는 알고 있니?”

윌리엄은 고개를 저었다.

“흠. 무언가를 관측한다는 것은 자연현상, 특히 천체나 기상의 상태와 변화 따위를 관찰하여 측정한다는 뜻이야. 그러니까 무언가를 눈을 떼지 않고 유심히 지켜보는 거지. 그러고는 눈에 보이는 모든 것을 일일이 기록해, 다른 사람들이 관찰한 내용과 서로 비교할 수 있도록 하는 거야.”

“아하! 그렇군요. 이제 알겠어요.”

“그래서 사람들은 하늘을 자세히 관측하고, 자신들이 본 것을 기록하기 시작했어. 처음에는 달이 바뀌는 모습을 관찰하기 위해 먹고 남은 동물의 뼈에다 작은 금을 긋는 것에 불과했어. 그게 뭐였는지 아니?"

"아니요?"

"바로 달력을 만드는 첫걸음이었단다. 인류 최초의 숫자와 문자이기도 하고 말이다. 그게 어떤 의미였는지 아니?"

"뭐요? 숫자와 문자요?"

"응."

"그냥 숫자와 글자 아닌가요?"

윌리엄은 그렇게 대답하면서도 이모할머니가 질문을 던진 본래 의도는 아마도 그게 아닐 거라는 느낌이 어렴풋이 들었다. 그리고 그런 그의 생각은 정확했다.

"숫자와 문자는 과학의 역사에서 가장 중요한 발명품이란다. 나아가, 인류 역사상 가장 중요한 발명품이지! 모든 것을 사라지게 만드는 시간의 파괴성을 극복할 수 있는 가장 효과적인 방법이기도 하고 말이다. 왜냐하면 글을 쓸 수 있다는 것은 나중에는 더 이상 떠올리지 못하게 될 것들을 기억할 수 있게끔 도와주기 때문이야.

누군가가 자신이 경험한 것을 기록으로 남긴다면, 다른 누군가는 그 사람의 경험을 기반으로 삼아 또 다른 무언가를 이뤄낼 수가 있는 거야. 그 사람이 죽거나 잊히고 한참이 지나서까지도 말이다. 그 밖에도 물론 시간의 흐름을 추적하거나 달력을 관리하는 일 따위를 좀 더 쉽게 할 수 있지."

윌리엄은 금방이라도 새어 나올 것만 같은 오줌을 참으며 이모할머니의 말에 귀를 기울이느라 식은땀이 날 지경이었다.

"그리고 그렇게 해서 오늘날 우리가 천문학이라고 부르는 것이 시작되었단다."

이모할머니의 설명은 계속해서 이어졌다.

"천문학은 천체와 우주에 관한 학문이야. 그러니까 우주에 존재하는 모든 것을 다루는 학문이지. 영어로는 '애스트로노미Astronomy'라고 하는데, 이 말은 본래 별을 뜻하는 고대 그리스어 '아스트론Astron'에서 유래한 것이지. 따라서 천문학자란 별에 대해 환히 꿰뚫고 있는 사람을 말하는 거야. 결국, 천문학이 숫자와 문자를 발명하는 데 큰 도움이 되었다고 말할 수 있는 거란다."

이모할머니는 끊임없이 서성이던 발걸음을 잠시 멈추고 윌리엄을 물끄러미 바라보았다.

"사람들은 점점 더 똑똑해지고 능숙해졌단다. 그래서 자신들에게 도움이 될 수 있는 도구를 개발했지."

이모할머니는 다시금 작은 거실 안을 서성이기 시작하면서 말을 이어갔다.

"지금으로부터 약 5천 년 전, 수메르인이라고 불리는 사람들이 오늘날의 이라크 영토인 유프라테스강과 티그리스강 사이의 지역에 정착했어. 그러고는 도시를 건설하고 제대로 된 문자를 개발했어. 그뿐만 아니라, 수학도 발달시켰지."

"수학이라고요? 우리가 학교에서 배우는 것 말인가요?"

"그래, 맞다! 도시들은 서로 교역을 시작했고, 어떻게든 자신들의 상품을 정확히 파악하고 있어야 했어. 또한 수메르인들은 점점 더 큰 건물을 지었고, 누가 얼마만큼 땅을 소유하고 있는지 분명히 하기 위해 토지를 측량하기를 원했어. 그래서 기하학이라고 부르는 수학의 특정 분야를 고안해 냈지. 기하학이라는 말 들어본 적 있니?"

"아니요, 처음 들어요."

윌리엄은 다리를 비비 꼬며 대답했다.

"아하, 그렇구나. 기하학이라는 단어는 본래 땅을 측량하는 것을 의미한단다. 영어로는 '지오메트리Geometry'라고 하는데, '지오Geo'는 땅, '메트리Metry'는 측정한다는 의미의 고대 그리스어야. 아주 간단하지. 그러니까 기하학은 선과 원, 삼각형과 사각형 등의 도형이나 공간을 다루는 특별한 종류의 수학인 셈이야."

"오, 그거는 수학 시간에 해봤어요."

윌리엄이 신이 나 대답했다.

"그래, 기하학의 발명은 우주가 어떻게 구성되어 있는지 이해하는 데 있어 아주 중요한 역할을 했단다. 수메르인들은 기하학을 이용하여 땅을 측량했을 뿐만 아니라 하늘을 측정하고 미래를 예측했지. 별을 바라보던 천문학자들이 이상한 점을 발견했던 거야."

이모할머니는 하던 말을 잠시 멈추고 윌리엄을 가만히 바라보았다. 그 바람에 궁금증과 더불어 묘한 긴장감이 형성되었다.

"이미 말했다시피 별들은 대부분 하늘에서 언제나 변하지 않는 하나의 패턴을 형성한다. 그래서 이런 별들을 항성이라고도 부르지. 마치 그 별들이 끝없이 열린 하늘의 어느 한 지점에 항상 딱 달라붙어 있는 것처럼 보였거든."

이모할머니는 그렇게 말하며 유리 렌즈 중 하나를 머리 위로 들어 올렸다.

"그러다가 이 고정된 별자리들 사이를 가로지르는 것처럼 보이는 몇몇 별들이 발견되었어."

이모할머니는 천천히 다른 렌즈를 먼저 들어 올렸던 렌즈 옆으로 갖다 대며 말했다.

"천문학자들은 그런 별들을 '떠돌이별'이라고 불렀어. 이 별들이 실제로 무엇인지 혹시 짐작할 수 있겠니?"

윌리엄은 어깨를 으쓱하며 허벅지를 더 세게 조였다.

"모르겠는데요?"

"바로 행성이야. 망원경이 없으면, 행성은 지구에서 볼 때 여느 별과 마찬가지로 밝게 빛나는 점처럼 보이지. 행성을 뜻하는 영어 단어 '플래닛Planet'은 방황하거나 떠돈다는 의미를 가진 고대 그리스어란다.

수메르인들은 천체를 신이라고 믿었어. 그리고 그들의 상상 속에서 이 떠도는 별, 즉 행성은 인간의 삶과 관련해 특별한 의미를 지니고 있었지. 행성들이 별자리를 지나 이동함에 따라 인간 세상에 다양한 일이 일어난다고 생각했거든. 예를 들어 행성이 어느 특정한 위치에 있다면 풍년이 든다거나, 아니면 전쟁이 발발할 것이라고 말이야. 천체의 움직임을 보고 장차 일어날 일을 계산해 내는 이러한 형태의 천문학을 오늘날 우리는 점성술이라고 부른단다. 너도 신문 등에 실린 별점, 그러니까 별자리를 통해 보는 운세 같은 거 본 적 있지?"

윌리엄이 고개를 끄덕였다.

"네, 엄마가 가끔 읽어요. 재미 삼아서요. 엄마는 그게 다 쓸데없는 헛소리래요."

"그래, 맞다. 네 엄마는 똑똑한 사람이거든. 그렇지만 별이 빛나는 하늘을 이해하고 해독하려던 그 같은 끈질긴 시도는 오늘날 지식의 토대를 제공했단다. 당시만 해도 천문학과 점성술 사이에는 구분이 없었고, 우리는 결국 둘 모두에게 커다란 빚을 지고 있는 셈이지."

이모할머니가 계속해서 말했다.

"무엇보다도 수메르인이 사용했던 진법, 즉 숫자 체계인 60진법이 대표적인 예이지."

"어…… . 60 뭐라고요?"

"60진법 말이다. 60진법은 기본 숫자로 10이 아니라 60을 사용하기 때문에 그렇게 불리는 거야. 10진법은 우리한테 열 개의 손가락이 있다는 사실에서 비롯되어 일반적으로 수를 세는 데 사용하는 방식이지. 흠…… ."

이모할머니는 잠시 말을 멈추고 무언가를 생각하는 듯했다.

"우리가 60진법을 사용하게 된 것이 천문학 덕분이라고 말하는 것은 어쩌면 약간 과장된 것일지도 모르겠다. 60진법은 손가락으로 계산하는 것보다 더 똑똑한 방법을 갖고 있었던 수메르인들에게서 생겨났으니 말이다. 그러나 60진법과 일부 천문학적 현상 사이에는 몇 가지 일치하는 점이 있단다. 그리고 그 점이 아마도 고대의 천문학자들이 60진법이라는 숫자 체계가 독창적이고 탁월한 방식이라고 확신했던 이유일 거야. 무엇보다도 60이라는 숫자는 다른 많은 숫자로 나눌 수가 있거든. 정확히 말하자면 12로 나눌 수 있지. 60을 12로 나누면 얼마인지 한

번 말해볼래? 나눗셈은 벌써 배웠지?"

"조금 배웠어요."

윌리엄은 들릴 듯 말 듯 중얼거리며, 눈을 찡그렸다. 바짝 집중해야 했기 때문이다. 당장이라도 오줌을 쌀 것 같은 상황에서 나누기를 한다는 것은 어려웠다.

"그래, 알았다. 어쨌거나 60이라는 숫자 체계는 아주 적합해서, 오늘날에도 여전히 시간을 재는 데 이용되고 있어. 기하학에서도 마찬가지이고 말이다. 그런데 흥미롭게도 이 두 가지는 서로 밀접하게 관련되어 있단다. 시계는 볼 줄 알지?"

"그럼요!"

윌리엄이 온몸을 비틀고 두 다리에 잔뜩 힘을 주며 대답했다.

"그럼 시계가 둥글다는 것도 물론 알고 있겠구나?"

이모할머니는 둥근 렌즈 하나를 높이 들어 올렸고, 윌리엄은 또다시 고개를 끄덕였다.

"수메르인과 그 후손들은 원을 360개의 똑같은 크기로 나누자는 생각을 하게 되었어. 케이크 하나를 360개의 아주아주 가는 조각으로 자르는 것처럼 말이다. 사람들은 원의 각이 360도라고 말하지. 그리고 시계의 숫자판은 12조각으로 자른 케이크처럼 12시간으로 나뉜다."

"그럼 저는 차라리 시계 케이크 한 조각을 먹을래요."

윌리엄이 불쑥 말했다.

"뭐라고?"

이모할머니가 순간 당황해하며 되물었다.

"아! 시계 케이크 조각이 360개로 나눈 조각보다 크니까? 당연하지. 하지만 지금은 12와 360이라는 숫자에 주목해야 해. 60과 마찬가지로 이 두 숫자 또한 다른 많은 숫자로 나눌 수 있기 때문이지. 그리고 이 세 숫자는 모두 계속해서 반복된다. 시계 숫자판의 12시간은 다시금 60분으로 나뉘지. 1시간은 60분으로 이루어져 있으니까 말이다. 그리고 1분을 여섯 조각으로 자르면 전체 숫자판은 결국 360조각으로 나눠지는 거야. 그런데 360 하면…… 혹시 뭔가 생각나는 것 없니?"

질끈 눈을 감고 자꾸만 발을 꼼지락거리는 윌리엄을 바라보며 이모할머니가 물었다.

"너무 작은 케이크 조각?"

윌리엄이 대답하자 이모할머니는 한숨을 내쉬며 말했다.

"원의 각인 360도. 그리고 또, 1년은 365일이지. 어때? 두 숫자가 서로 아주 비슷하지 않니? 그런데 수메르인과 그 후손들에게는 아직 분침이나 그와 비슷한 장치가 달린 시계가 없었어. 그들은 해시계를 사용했거든. 그들이 사용했던 해시계의 그림자는 태양이 낮 동안에 반원을 그리며 하늘을 가로지르는 것과 같은 방식으로 땅에 반원을 그린단다. 그래서 수메르인들은 시간이 원을 그리며 움직인다고 상상했어. 하루가 지나가거나 한 해가 흘러가는 동안 모두 말이다.

태양은 태양 앞에 떠있는 별들과 비교해 날마다 조금씩 계속해서 움직인단다. 그건 지구가 1년에 걸쳐 한 번 태양의 둘레를 돌고 있기 때문이지. 공전 말이다. 그러나 당시의 별 관측가들은 그런 사실을 알지 못했고, 그들은 그 같은 이유와는 상관없이 태양이 차례로 지나가는 별자리는 1년 내내 지구 둘레를 원을 그리며 움직인다고 생각했어. 1년이 지나면 처음부터 다시 시작하고 말이다. 태양이 지나가는 영역을 우리는 황도대라고 부른단다. 황도대에 몇 개의 별자리가 있는지 아니?"

윌리엄은 고개를 저었다.

"모두 12개야! 그리고 고대의 천문학자들은 관측을 통해 1년이 지나는 동안에 약 12개의 보름달이 뜨고, 또 보름달이 떴다지고 다시 보름달이 뜨기까지는 약 30일이 걸린다는 것을 알고 있었어. 그럼 이 12달과 30일에서 무엇이 나오는지 아니?"

"아니요."

"둘을 곱하면 360이 되는 거야! 그러니까 1년의 주기와 하루의 주기는 시계 숫자판과 마찬가지로 각각 12개의 부분으로 나뉘는 거지. 오늘날의 시간개념에서 볼 수 있는 것과 똑같은 12

시간 말이다. 어때? 모든 게 착착 들어맞지 않아? 그러고 보면, 우주가 둥그런 공처럼 생겼을 거라는 생각 또한 어쩌면 이 같은 일치와 조화를 통해서만 비로소 가능했던 것일지도 모르겠다."

이모할머니는 이야기에 흠뻑 빠져있었고, 왔다 갔다 하며 말하고, 망원경 렌즈를 이리저리 흔들어대느라 약간 가쁜 숨을 몰아쉬었다.

"달과 태양은 모두 다 원형이고, 그렇다 보니 오랜 세월 동안 원이 우주의 가장 완벽한 모양이자 신들이 가장 좋아하는 형태라고 여겨온 것도 그리 놀라운 일은 아니란다."

이모할머니는 제자리에 가만히 멈춰 서서 숨을 돌리며, 뭔가 어떤 감동적인 반응을 기대하는 듯이 윌리엄을 유심히 바라보았다. 윌리엄은 이모할머니가 무슨 말을 듣고 싶어 하는지 확신이 서지 않았고, 그래서 그냥 한마디만 내뱉었다.

"우아!"

"정말 그런 거 같지? 그리고 또 수천 년이 지나갔고, 사람들은 세상의 신비를 알아내려고 끊임없이 노력했단다. 지구는 얼마나 큰 걸까? 수평선 끝까지 걸어가면 가장자리로 떨어지게 될까? 지구는 과연 무엇인가? 저 위 하늘에서는 어떤 일이 벌어지고 있을까? 별은 얼마나 멀리 떨어져 있는 걸까?

고대 이집트인, 아랍인, 그리스인들은 수메르인이 밝혀낸 지식을 기반으로 삼아 연구하고 또 연구했어. 그리고 고대 이집트, 아랍, 그리스의 지식이 풍부한 천문학자들은 천체의 위치를 계산해 내는 등 다른 많은 것을 알아냈지.

그들은 수학, 특히 기하학의 도움을 받아 지구가 평평하지 않고 둥글며, 어느 가장자리에 가더라도 결코 아래로 떨어지지 않는다는 사실을 밝혀냈어. 심지어 몇몇 사람들은 삼각형에 대한 지식을 사용하여 지구의 크기를 계산해 내기까지 했단다."

윌리엄은 머뭇거렸다. 삼각형을 이용해 지구의 크기를 알아낼 수 있다는 사실이 그에게는 좀처럼 이해되지 않았다. 하지만 이모할머니는 윌리엄이 못내 혼란스러워하고 있다는 것을 눈치채지 못했고, 계속해서 설명을 이어갔다.

"약 2000년 전쯤, 아리스토텔레스Aristoteles라는 이름의 고대 그리스 철학자가 지구를 중심으로 한 공 모양 우주에 관한 개념을 발전시켰어. 원이나 공이 하나의 완벽한 형태이고, 이제 지구가 공 모양이라면, 신들은 우주 또한 공 모양으로 창조했을 게 분명하다고 믿었던 거지.

아리스토텔레스의 그 같은 생각은 훗날 고대 그리스의 수학자이자 천문학자인 프톨레마이오스Ptolemaeos에 의해 다듬어졌고, 그 후 이어지는 1500년 동안 우리는 우주가 틀림없이 그런 모습일 거라고 나름 확신했단다."

이모할머니는 손에 쥔 두 개의 둥근 유리 렌즈를 잠시 살펴보더니 계속해서 말을 이어나갔다.

"단지 소수의 사람만이 그렇지 않을지도 모른다고 생각했지. 그러나 아무도 그런 사람들의 말을 진지하게 받아들이지 않았어. 지구가 우주의 중심이 아닐지도 모른다는 주장은 그다지 유쾌한 생각이 아니었고, 그런 사실을 계산해 증명하기도 쉽지 않았지. 오늘날 우리가 당연한 것으로 알고 있는 세계상을 처음으로 소개한 사람조차도 자신의 생각을 증명할 수는 없었으니까 말이다."

"그 세계상이라는 게 뭔데요?"

윌리엄은 그렇게 질문을 던지는 순간, 입술을 꽉 깨물었다. 너무 오래 참으면 오줌보가 터지는 것은 아닐까 걱정이 되었기 때문이다. 그러나 윌리엄은 이모할머니가 방금 말한 것을 정말로 이해하지 못했다.

"세계상 말이냐?"

이모할머니가 그렇게 되묻더니, 잠시 뭔가를 생각했다.

"세계상이란 어떤 그림을 뜻하는 게 아니란다. 세계에 대해 우리가 상상하고 있는 것들을 설명하는 데 사용되는 용어이지. 고대의 사람들은 우주를 지구가 중심인 공 모양이라고 상상했어. 그러다 폴란드의 천문학자인 니콜라우스 코페르니쿠스Nicolaus

Copernicus가 약 500년 전에 지구가 아니라 태양이 우주의 중심이라는 주장을 제시했고, 그래서 사람들은 그가 새로운 세계상을 도입했다고 말하곤 하지."

"니콜라우스 코페르, 뭐라고요?"

윌리엄이 물었다.

"니콜라우스 코페르니쿠스. 그러나 이미 말했듯이, 하나의 새로운 세계상을 그저 그렇게 간단히 도입하고, 수천 년 동안 지속되어 온 우주 질서에 대한 생각을 하루아침에 바꿀 수는 없는 법이지."

바로 그때, 윌리엄의 뒤편에서 깊고 묵직한 쇳소리가 들려왔다.

땡.

윌리엄은 깜짝 놀라 뒤를 돌아보았다. 두 개의 책장 사이에 끼어있는 크고 오래된 괘종시계가 눈에 들어왔다. 그 시계는 윌리엄보다 키가 더 컸고, 유리판 뒤 시계 숫자판 아래에서는 시계추가 똑딱똑딱 소리를 내며 일정한 속도로 좌우로 흔들리고 있었다. 뒤돌아보면, 윌리엄은 이모할머니와 이야기하고 있던 내내 뒤에서 들려오는 똑딱 소리를 들었던 게 분명했다. 시계가 다시 한번 땡 소리를 냈다. 그리고 그 소리는 계속해서 이어졌다.

시계는 모두 아홉 번 종을 쳤고, 윌리엄은 긴 시곗바늘이 12를 가리키고 짧은 바늘이 9를 가리키는 것을 보았다.

시계 종소리가 멈추고, 똑딱거리는 시계추 소리만 들리자 이모할머니가 말했다.

"자, 이제 어린이는 잠자리에 들어야 할 시간이 되었나 보다. 그렇지?"

"네."

윌리엄은 씩씩하게 대답하고는, 바지에 오줌을 싸지 않기 위해 잰걸음으로 계단을 올라갔다.

"안녕히 주무세요."

윌리엄은 그 와중에도 큰 소리로 인사했다. 하지만 이모할머니는 어느새 등을 돌린 채, 유리 렌즈가 들어있던 상자를 뒤적거리고 있었다.

휴! 윌리엄은 마침내 변기에 오줌을 누었고, 칫솔을 들고 욕실의 둥근 거울 앞에 섰다. 이모할머니가 들려주었던 말들이 여전히 윌리엄의 머릿속에서 맴돌았다. 이모할머니의 이야기를 주의 깊게 듣고 난 지금, 신비로운 원들이 정말로 곳곳에 존재하는 것처럼 여겨졌다. 거울, 둥근 망원경 렌즈, 태양, 지구, 시계, 그리고 원형 시계가 이미 수천 년 전에 수메르인에 의해 발명되었다는 사실은 정말이지 놀랄만한 이야기였다.

또, 니콜라우스 코페르니쿠스도 있었다. 새로운 세계상을 제시했던 인물. 태양이 지구 둘레를 도는 게 아니라 지구가 태양의 둘레를 돌고 있다는 사실을 다른 모든 사람들이 이해하기가 그렇게 어려웠다면, 그는 대체 어떻게 해서 그 사실을 알아낼 수 있었던 걸까?

우리의 태양계와 우주가 실제로 어떻게 생겼는지 우리는 어떻게 알 수 있었을까? 가장 궁금해했던 이 질문을 가지고 윌리엄은 이모할머니에게 말을 걸었다. 하지만 이모할머니는 정작 그에 대해서는 아직 제대로 된 답을 주지 않았다.

윌리엄이 오늘 이모할머니와의 대화를 통해 알게 된 것은 단지 그 대답이 무언가 사람들이 궁금해하는 것과 관련이 있으며, 별을 관찰하는 데 도움을 준다는 정도였다. 그리고 천문학은 숫자와 문자 같은 많은 것들을 발명했다는 사실이었다.

윌리엄은 이제 기껏해야 시작에 불과한 이야기를 들었을 뿐이라고 느꼈다.

하품이 절로 나왔다. 윌리엄은 더 이상 떠오르는 많은 생각들을 가려내고 정리할 수 없었다. 그는 둥그런 거울에 비친 동그란 눈을 바라보았다. 그리고 또다시 하품을 했다.

"잘 자, 거울아."

윌리엄이 졸음이 묻어나는 목소리로 중얼거렸다.

"칫솔, 너도 잘 자고."

작은 방 안에는 아이패드가 놓여있었다. 엄마에게서 메일 한 통이 와있었다.

"사랑하는 우리 아들, 잘 자렴."

이제 세상에서 가장 끔찍한 여름방학은 단 5일밖에 남아있지 않았다.

윌리엄은 그새 작아진 것만 같은 강아지 캐릭터 잠옷으로 갈아입고 침대 속으로 기어들었다. 이불 아래의 침대 시트는 시원하고 매끄럽게 느껴졌고, 졸린 몸을 포근하게 감싸주었다. 양털로 만든 이불을 위로 바짝 끌어당기자 이불깃이 턱을 스치며 살짝 간지럽혔다.

이불에서 오래된 냄새가 났다. 먼지도 약간 날렸다. 그리고 양 냄새도 나는 것 같았다. 사실, 이불에서 꽤 기분 좋은 냄새가 난다고 윌리엄은 생각했다. 그는 눈을 깜박거렸다. 그는 별나라의 초원에서 노니는 한 마리 작고 동그란 양이었다. 그리고 그는 잠이 들었다.

새로운 세계상, 둥근 지구와 태양계

지구는 둥글다

지구가 둥글다는 사실은 돛을 올리고 항구를 떠나는 범선을 볼 때 가장 쉽게 확인할 수 있다. 항구에서 바라보면, 배는 수평선에 닿자마자 마치 사라진 것처럼 보인다. 옛날 옛적, 사람들은 배가 지구의 가장자리를 넘어가는 순간 곧바로 지구 아래로 떨어지고 말 거라 생각했다. 하지만 사람들은 배가 항구로 들어올 때는 돛대가 먼저 보이고, 반대로 항구를 떠나갈 때는 돛대가 마지막으로 사라진다는 것 또한 눈으로 확인할 수 있었다. 그런 사실로 미루어, 고대 그리스인들은 이미 2000여 년 전에 지구가 평평하지 않고 둥글다는 사실을 깨달았다.

태양계

오늘날 우리는 태양계가 마치 접시처럼 평평하다는 것을 알고 있다. 접시 한가운데에는 맛있는 경단처럼 보이는 태양이 있고, 그 둘레를 따라 행성들이 공전하고 있다. 그리고 그런 행성 중 몇몇의 둘레를 다시금 위성들이 돌고 있으며, 지구에는 달이라고 부르는 위성이 하나 있다.

또한, 지구는 마치 팽이처럼 고정된 축을 중심으로 빙글빙글 자전하고 있다. 서있는 쪽이 태양을 등지고 돌아서면 밤이 되고, 태양과 마주하면 낮이 되는 것이다. 사람들은 보통 해가 뜨거나 진다고 말하지만, 사실 움직이는 것은 해가 아니라 자전축을 중심으로 회전하는 지구이다. 그리고 사계절에 따라 다른 별을 보게 된다면, 이는 별이 움직이기 때문이 아니라 지구가 태양의 둘레를 돌고 있기 때문이다.

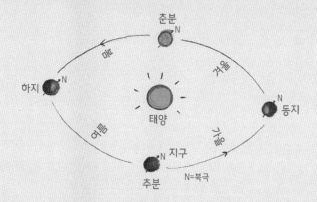

3장
지구가 움직이기 시작하다

세상에서 가장 끔찍한 일주일이
지나가기까지 남은 시간 5일

윌리엄은 전날 저녁 이모할머니가 들려주었던 이야기들로 인해 여전히 머릿속이 혼란스러웠다. 너무 많은 내용을 한꺼번에 듣다 보니 아예 기억조차 나지 않는 것들도 여럿 있었다. 그러나 그의 뇌리에서 지워지지 않는 한 가지가 있었다. 이름이 무엇인지는 정확히 기억나지 않았지만, 어쨌든 지구가 태양의 둘레를 돈다는 것을 발견했다는 사람이었다. 그런데 그는 다른 모든 똑똑한 천문학자들이 수천 년이 지나도록 알아내지 못했던 것을 대체 어떻게 해서 밝혀내게 되었을까?

이모할머니는 아침 식사를 마치자마자 곧바로 자리에서 일어나 사라졌다. 이상한 기계가 커피를 내리는 동안, 이모할머니는 버터와 설탕이 든 오트밀을 숟가락으로 떠먹었다. 그러고는 커피를 따른 잔을 들고는 방으로 들어가 버린 것이다.

윌리엄은 이모할머니에게 아무것도 물어볼 기회가 없었다. 대신, 자기 앞에 놓인 오트밀 위에 설탕 한 숟가락을 뿌렸다. 엄마와 아침 식사를 할 때는 설탕을 절대로 넣지 않았다. 기껏해야

건포도를 넣는 정도였다.

머릿속이 이런저런 생각들로 온통 가득 차있었지만, 윌리엄은 이내 심심하고 지루해졌다. 어제의 렌즈 사건이 있었기에, 그는 감히 다시 탐험을 떠날 엄두는 내지 못했다. 그래서 아이패드를 가지고 놀며 시간을 보냈다. 평소 같으면 기꺼이 푹 빠져버렸을 세계를 마인크래프트에 구축했지만, 정작 게임에 집중하지는 못했다. 엄마에게서 전화가 온 것 말고는 오전에 아무 일도 없었다. 엄마는 잘 지내고 있는지 물었다.

"예, 별일 없어요."

윌리엄은 대답했다. 달리 무슨 말을 할 수 있겠는가?

그러다 갑자기 어제의 그 이상한 소리가 또다시 들려왔다. 사방 벽이 흔들거리는 것처럼 느껴질 정도였다.

콰광쾅쾅쾅.

마치 건물 바닥 깊숙한 곳에서 거대한 심장이 뛰는 소리 같았다. 그리고 그 뒤를 이어 마치 강아지에게 피아노를 가르치는 것 같은 소리가 들려왔다. 그러나 그 소리는 결코 도로 공사를 할 때 나는 소리처럼 들리지 않았다. 도로 공사 작업자가 집 바로 아래에서 일하며 피아노를 치고 있는 게 아니라면 절대 그런 소리가 날 수는 없었다. 윌리엄은 방에서 뛰쳐나와 계단을 뛰어 내려갔다. 하지만 정체를 알 수 없는 소리는 처음 시작되었을 때와 마찬가지로 갑자기 멈췄다. 그 소리는 지하실에서 난 걸까?

월리엄은 주위를 둘러보았다. 지하실 같은 건 애당초 있지 않았다. 적어도 그는 문도, 구멍도, 지하실로 내려갈 수 있는 다른 어떤 것도 발견하지 못했다. 그가 본 것은 부엌에 있는 이모할머니뿐이었다.

"왜? 배가 고프니?"

이모할머니는 마치 강력하고도 기이한 소리를 전혀 듣지 못했다는 듯 태연하게 물었다.

"네, 벌써 배가 고프네요. 그런데 방금 그 소리 들으셨어요?"

이모할머니는 월리엄이 묻는 말도, 그 기이한 소리도 듣지 못한 것 같았다. 아무 대답도 하지 않은 채, 그저 냉장고 문을 열고는 벽처럼 그 사이에 서있었다.

"이런, 이런! 청어가 떨어졌네. 흠, 그럼 먹을만한 게 뭐가 있을까? 살라미 소시지도 괜찮겠구나."

이모할머니가 중얼거렸다.

쾅! 냉장고 문이 소리를 내며 다시 닫혔다.

"어, 왜 거기 그러고 서있는 거니?"

살라미 소시지를 손에 든 이모할머니가 놀라 물었다. 이모할머니는 월리엄에게 소시지를 건네주고는 찬장을 뒤지기 시작했다. 그러고는 빵을 가지고 왔고, 조리대에 양파를 올려놓고는 혼자 중얼중얼하며 얇게 썰었다. 이 집에서 혼잣말하는 사람은 분명 윌리엄 하나만이 아니었다.

이모할머니가 살라미 소시지와 생양파를 곁들인 통밀빵을 한 입 베어 물고서야 윌리엄은 비로소 이모할머니의 관심을 끌 수 있었다.

"조금 전까지 어디 계셨어요?"

"내가 어디 있었냐고?"

이모할머니는 입안에 든 빵을 우물거리며 어디 있었는지 생각하듯 이마를 찌푸렸다.

"네, 어디 계셨었냐고요. 그리고 꽝! 하고 났던 요란한 소리 못 들으셨어요?"

"소리? 무슨 소리?"

"조금 전에 났던 굉음요. 그리고 피아노 소리도 들렸잖아요."

"그래? 나는 아무 소리도 못 들었는데. 정신없이 바빴거든."

"뭐 하느라고요?"

"일하고 있었지."

"일은 이제 더 이상 안 하시는 줄 알았는데요?"

"단지 일하러 나가지 않을 뿐이지, 일하지 않는 것은 아니야."

"그렇군요. 그럼 무슨 일을 하시는 거예요?"

"여러 가지 많은 일을 하고 있지."

"구체적으로 어떤 일인데요?"

"말해줘도 너는 아마 이해하지 못할 거야."

윌리엄은 입을 비죽거렸다. 결국 그는 더 이상 아무 질문도 하지 않았다. 어제는 그처럼 말을 많이 하더니……. 그리고 조금 전만 해도 냉장고하고는 잘만 이야기하더니……. 어쨌거나 이모할머니는 분명 지금은 윌리엄에게 자신이 하는 일에 대해 이야기해줄 생각이 전혀 없는 것처럼 보였다.

윌리엄은 이모할머니에게 던지는 자신의 질문이 일종의 스위치와 같다는 생각이 들었다. 어떤 질문은 이모할머니를 화나게 했고, 또 어떤 질문은 이모할머니를 몇 시간이고 이야기하게 했다. 어떤 질문이 어떤 역할을 하는지 알아내야만 했다.

"잠깐만! 저 이상한 소리가 뭐지?"

이모할머니가 물었다.

윌리엄은 가만히 귀를 기울였다. 들렸다. 이제 윌리엄도 그 소리를 들을 수 있었다. 하지만 그 소리는 기묘한 굉음이나 강아지가 피아노 치는 소리가 아니었다. 훨씬 나지막했다. 그리고 다른 모든 소리는 듣지 못하던 이모할머니가 그런 소리를 알아차렸다는 게 윌리엄은 도무지 믿어지지 않았다. 그 소리는 윌리엄의 아이패드에서 나는 소리였다. 누군가 그에게 전화를 건 것이다.

"잠깐만요!"

그렇게 말하고는 윌리엄은 계단을 뛰어 올라갔다. 아빠였다. 수염이 가득한 아빠의 얼굴이 화면에 나타났다.

"안녕, 윌리엄!"

"안녕, 아빠!"

"그래, 어떻게 지내고 있니? 이번 주에는 이모할머니네 집에 있다며?"

"네, 맞아요. 저는 잘 지내고 있어요."

윌리엄은 아빠의 전화를 받을 때면 무척이나 반가웠다. 하지만 이야기를 나누다 보면 늘 조금은 이상한 느낌이 들기도 했다. 아빠의 얼굴을 보며 통화할 때면, 아빠가 실제로 얼마나 멀리 떨어져 있는지 문득문득 실감하곤 했다.

아빠와 통화를 하고 다시 내려와 보니, 이모할머니는 보이지 않았다. 위층에도 없었고, 거실이나 부엌에도 없었다. 윌리엄은 부엌 옆에 있는 이모할머니의 방문을 두드렸지만, 아무 대답도 들려오지 않았다. 비가 억수처럼 쏟아지고 있었기에 정원에 나가있을 리는 만무했다. 어쩌면 한낮의 달콤한 낮잠을 즐기고 있을지도 몰랐다. 노인들은 낮잠을 즐겨 자곤 하니까 말이다.

윌리엄은 혼자 앉아 먹던 빵을 마저 먹었다. 그리고 저녁 식사 시간이 되어서야 이모할머니는 다시 모습을 나타냈다.

윌리엄에게는 어떻게 하면 이모할머니가 다시금 이야기를 계속해서 들려주도록 만들지 생각해볼 만한 충분한 시간이 있었다. 그리고 이야기가 시작되기 전에 미리 화장실부터 다녀와야겠다는 생각도 했다. 그래서 비록 이모할머니가 그다지 말을 하고 싶어 하는 눈치는 아니었지만, 생선튀김 앞에 마주 앉자마자 윌리엄은 기회를 노리며 득달같이 덤벼들었다.

"이모할머니?"

윌리엄이 물었다.

"응? 왜?"

"옛날에 살았다는 그 천문학자는 태양이 중심에 있다는 사실을 대체 어떻게 해서 알게 되었나요?"

이모할머니가 가만히 윌리엄을 쳐다보았다.

"코페르니쿠스 말이냐? 그가 어떻게 그런 사실을 알았냐고?"

이모할머니는 윌리엄이 했던 질문을 그대로 되풀이했고, 그런 이모할머니의 시선은 어딘가 먼 곳을 향하고 있었다. 순간, 윌리엄은 이모할머니와의 연결이 다시 끊겼다고 생각했다.

"글쎄, 코페르니쿠스도 그런 사실을 직접적으로 알 수는 없었단다."

이모할머니는 여전히 허공을 응시하며 말했다.

"적어도 오늘날 우리가 떠올리는 과학이라는 의미에서는 아니었지. 아마도 그를 이끈 것은 과학이라기보다는 오히려 훌륭한 추측이었을지도 몰라. 어쩌면 단지 느낌에 불과했을 수도 있고. 그의 머릿속은 그가 보기에 더 아름답고 더 정확하다고 여겨질 만큼 모든 것이 서로 연결되어 있던 세계, 그리고 무엇보다도 좀 더 쉽게 계산해서 한 해의 달력을 만들 수 있는 세계에 대한 생각과 상상으로 가득 차있었지. 그런 달력이 있어야 부활절을 언제 축하할지 알 수 있거든."

"부활절요? 부활절이 우주와 무슨 관계가 있는 건데요?"

윌리엄이 끼어들어 물었다. 그렇게 질문을 던져놓고는, 윌리엄은 그 질문으로 자칫 이모할머니의 대화 차단 스위치를 누른 것은 아닐까 걱정했다. 하지만 다행히도 그렇지는 않았다.

이모할미니가 대답했나.

"원래는 아무 관계도 없지. 하지만 달리 보면 관계가 있을 수도 있단다. 바로 시간을 측정하는 것 때문에 말이다. 당시에 부활절은 아주 철저하게 준비해야 하는 가장 중요한 축제일 가운데 하나였어. 그런데 부활절은 날짜가 몇 월 며칠이라고 고정된 게 아니라, 춘분 직후의 첫 번째 보름달 뒤에 오는 첫 번째 일요일이라고 정해져 있단다. 그러니 사람들은 먼저 그때가 언제일지를 알아야 했고, 하늘은 바로 그 날짜를 계산하는 데 도움을 줄 수 있었던 거야.

코페르니쿠스의 새로운 세계상은 그가 뭔가 새로운 것을 발견했기 때문에 나온 것이 아니었어. 그리고 그가 그 아이디어의 도움을 받아 해결하고 싶었던 것은 아주아주 오래된 문제였지. 당시에는 우주가 완전한 원들로 이루어져 있다는 믿음이 널리 퍼져있었거든.

그러나 관측을 통해 알아낸 천체의 운동이 완전한 원의 형태라는 생각과 맞아떨어지기 위해서는 지구가 그 원의 중심에서 약간 빠져나와 있어야만 했어. 하지만 그렇게 되는 순간, 완전한 공 모양인 우주는 이제 더 이상 완벽하거나 조화로운 것이 아니게 되었지. 계산하기 쉽지도 않았고 말이야. 어제 우리가 떠돌이별에 관해 이야기했던 것 기억하니?"

윌리엄은 고개를 끄덕였다.

"행성 말이지요?"

"맞다! 어처구니없게도 몇몇 행성들은 때때로 뒤쪽으로 움직이는 것처럼 보였어. 그리고 그 같은 움직임은 당연히 천체가 균일한 원형 운동을 한다는 사람들의 믿음과 어울리지 않았지.

사람들은 이제 그에 대해 복잡한 설명을 생각해 냈고, 행성들이 어쩌면 지구 주위를 작은 원이나 나선형을 그리며 움직일지도 모른다는 가능성을 궁리해 냈어.

그러던 어느 날 천문학자인 코페르니쿠스가 태양과 지구의 위치를 서로 바꾸면, 즉 지구가 아닌 태양을 중심에 놓으면 훨씬 더 단순한 우주 모델을 얻을 수 있을 것이라고 제안하게 된 거야. 문제는 코페르니쿠스의 제안이 단순히 하나의 모델이나 계산 방법에 관한 것이 아니었다는 점이지. 그는 사람들이 세상에 대해 가지고 있던 생각 전체를 완전히 뒤집어 놓았던 거야."

이모할머니는 자리에서 일어나서 자기 잔과 윌리엄의 잔에 보온병에 담긴 커피를 따랐고, 그 모습을 보며 윌리엄은 아이들은 커피를 마시면 안 된다고 말할지 말지를 고민했다. 하지만 윌리엄은 결국 그 문제는 내버려두고, 대신 다음과 같이 물었다.

"그런데 그 사람은 어떻게 그런 생각을 하게 된 거예요? 다른 사람들은 아무도 그 사실을 깨닫지 못했는데 말이에요."

이모할머니는 커피 잔 너머로 윌리엄을 물끄러미 바라보았다.

"이리 와보거라."

이모할머니는 그렇게 말하며 거실로 들어갔다. 윌리엄은 그곳에서 무엇을 하려는 것인지도 모른 채, 이모할머니를 따라갔다.

이모할머니는 커피 잔을 내려놓고 책꽂이를 뒤적이다가 마침내 큰 책 한 권을 꺼내 윌리엄에게 건네주었다. 그 책은 아주 묵직했고, 그래서 윌리엄은 불편한 소파에 앉고 말았다. 책 표지에는 한 손에 꽃을 들고 있는 여자가 그려져 있었다.

"이 여자는 누구예요?"

윌리엄이 물었다.

"그 사람은 여자가 아니야. 남자야. 당시에는 일반적으로 여성이 천문학자가 되거나 책을 쓰는 것이 허용되지 않았어."

"왜요?"

"그러게. 참 좋은 질문이구나."

이모할머니가 안경을 살짝 밀어 올리며 말했다.

"그런데 이 사람 머리 스타일이 왜 꼭 여자 같은 거예요? 그리고 이 꽃은요?"

"아, 그건 페이지보이라고 하는 스타일이야. 흔히 바가지머리라고도 하는데, 원래는 남성의 머리 스타일이었지. 수백 년 동안 유행했었어. 그리고 그 꽃은 의술을 상징하는 거야. 그 사람은 천문학자일 뿐만 아니라 의사이기도 했거든. 그 사람이 바로 니콜라우스 코페르니쿠스란다. 그는 바로 네가 무릎 위에 올려놓고 있는 그 책을 썼고, 우리의 세계관, 즉 세상을 바라보는 방식을 바꿔놓았지."

윌리엄은 페이지보이 머리를 한 천문학자를 바라보았다. 그러다가는 표지에 적혀있는 낯선 글자를 읽어보려 했다.

"데 레-보-루……"

"데 레볼루치오니부스 오르비움 첼레스티움De Revolutionibus orbium coelestium."

곁에 있던 이모할머니가 도와주었다.

"라틴어인데, '천체의 회전에 관하여'라는 의미로 그 책의 제목이야. 그 책에서 그는 지구도 다른 모든 행성과 마찬가지로 태양의 둘레를 돌고 있다고 설명하고 있어. 당시 가톨릭교회는 그 책의 일부 구절이 신의 말씀과 모순된다고 생각했고, 그래서 오랫동안 많은 부분을 읽지 못하게 했단다."

이모할머니는 커피 한 모금을 마시고 생각에 잠겼다. 윌리엄은 무릎 위에 놓인 책을 꼼꼼히 살펴보며, 손으로 조심스럽게 표지를 훑었다. 이윽고 이모할머니가 목을 가다듬고 다시 말하기 시작했다.

"그럼에도 불구하고 코페르니쿠스가 그런 대담한 생각을 추구했다는 것은 아마도 그가 세상에 관해 새로운 아이디어가 등장하고 오래된 아이디어에 대한 의문이 점점 더 많이 제기되던 시대에 살았기 때문일 것이야."

이모할머니는 무언가를 생각하듯 연신 고개를 끄덕이며, 커피잔을 든 채로 서성이기 시작했다. 그러고는 계속해서 설명했다.

"코페르니쿠스는 1473년에 폴란드에서 태어났어. 지금으로부터 500여 년 전에 말이야. 당시 사람들의 왕성한 지식욕은 오랫동안 가난하고 낙후된 지역으로 남아있던 남부 유럽에 커다란 번영을 가져다주었지. 이탈리아와 스페인에서는 상인들이 아랍과 동아시아, 인도와 무역을 했어. 그들은 상선을 타고 세계 곳곳으로 향했고, 항해를 통해 엄청나게 많은 값비싼 물건들을 가지고 돌아왔지. 그리고 그로 인해 재화뿐만 아니라 새로운 아이디어와 사상, 발명품들도 유럽으로 들어오게 되었고 말이야. 그렇게 해서 유럽인들은 천여 년 전인 고대 그리스와 로마 시대에 지중해 지역에서 쓰였던 책들을 다시금 발견하게 되었어."

이모할머니는 그렇게 말하며 큰 손짓으로 책장을 가리켰고, 그 바람에 손에 들고 있던 잔에서 커피가 넘쳐흘렀다. 그래도 이모할머니는 개의치 않고 계속해서 설명했다.

"당시만 해도 유럽인들은 고대 그리스와 로마 시대의 책에 대해서 전혀 몰랐어. 그 이유는 금서로 지정돼 불태워지는 등 여러가지가 있겠지만, 무엇보다도 그 책들을 보관하고 있던 당시 세계 최대 규모의 알렉산드리아 도서관이 불에 타며 소실되었기 때문이기도 하지. 공 모양의 우주에 관한 아리스토텔레스와 프톨레마이오스의 책들과 소수의 다른 책들이 유럽 곳곳에 남아있기는 했지만, 고대 지식의 많은 부분은 시간이 지나며 점차 사람들에게서 잊히고 말았단다.

그러나 다행히도 아랍 지역에서는 그 책들이 그대로 보존되어 전해지고 있었어. 유럽 사람들은 어느 날 갑자기 재발견하게된 고대의 모든 지혜에 너무 놀라서 마치 다시 태어난 것만 같은 기분을 느꼈어. 당시 사람들은 천 년 이상 칠흑 같은 어둠을 더듬더듬 헤쳐나가고 있었거든. 세상이 지식으로 가득 차있는데도 말이야! 그래서 사람들은 이 시기를 르네상스라고 불러. 르네상스는 프랑스어로 '다시 태어남'을 의미하지."

"르-네-상-스."

윌리엄은 처음 듣는 그 말을 찬찬히 되뇌어 보았다.

"르네상스는 호기심 많은 사람들의 시대였어. 또, 상인과 위대한 여행자의 시대이기도 했고."

이모할머니는 계속 말했다.

"코페르니쿠스는 폴란드의 항구도시 토룬의 어느 부유한 상인 집안에서 태어났어. 그곳은 폴란드의 무역 요충지였지. 당시에는 고속도로와 자동차가 없었어. 비행기는 물론이고, 자전거조차 없었지. 그래서 넓은 세상으로 나가려면 배가 필요했어. 그래서 상인들은 자연스레 비스와강을 통해 전 세계의 새롭고 이국적인 상품과 아이디어를 가지고 토룬으로 찾아왔지.

코페르니쿠스가 갓 스물이 된 청년이었을 때, 크리스토퍼 콜럼버스Christopher Columbus는 새로운 세계인 아메리카 대륙을 발견했어. 물론, 그곳은 사실 신세계가 아니었지. 그러니 콜럼버스가 아메리카 대륙을 발견했다고 말하는 것은 사실이 아니야."

이모할머니는 그렇게 말하며 책상에 있던 지구본 쪽으로 다가갔다. 그러고는 윌리엄이 아메리카 대륙을 볼 수 있도록 지구본을 돌렸다.

"아메리카 대륙은 태초부터 줄곧 그곳에 있었고, 아주아주 오래전부터 아메리카 원주민들이 살고 있었거든. 하지만 코페르니쿠스와 다른 모든 유럽인들에게 아메리카 대륙은 정말 처음 알게 된 새로운 세계였어.

유럽인들이 알던 세상이 갑자기 훨씬 커졌어. 그뿐만 아니라, 구텐베르크Gutenberg의 금속활자와 인쇄기도 이 시기에 발명되었지. 그 덕분에 사람들은 자신만의 생각이나 지식을 다른 사람과 훨씬 더 쉽게 공유할 수 있었어. 그리고 그때까지만 해도 우주의 중심에 서서 꼼짝도 하지 않고 있다고 생각되었던 지구는 금세 아주 심하게 요동쳤고, 이내 아주 새롭고도 멈출 수 없는 운동을 하기 시작했지."

"무엇 덕분이라고요?"

윌리엄이 물었다.

"인쇄기."

이모할머니가 말했다.

"인쇄기는 책을 찍어내는 데 사용하는 기계란다. 너한테는 '그게 뭐 대단한 거라고?' 하는 생각이 들지도 모르겠다. 오늘날 우리한테는 누군가와 전화를 하거나 문자를 주고받는 것이 너무

나도 당연한 일이지. 심지어는 아주 멀리 떨어진 다른 나라에 가 있는 아빠와도 마찬가지고 말이다. 그리고 뭔가 알고 싶은 것이 있으면 인터넷에서 검색하거나, 가까운 도서관에서 해당 주제에 관한 책을 빌릴 수도 있지. 그러나 그 당시에는 전화도, 컴퓨터도, 인터넷도 없었어. 따라서 누군가와 이야기하고 싶다면 같은 장소에 있어야 했고, 그것이 불가능하다면 편지를 쓰거나 심부름꾼을 보내야 했지.

물론, 누군가와 편지를 주고받는다는 것은 그 사람이 글을 읽고 쓸 수 있을 때만 가능한 일이야. 그러나 당시에는 많은 사람들이 그러지를 못했어. 그래서 사람들은 먼저 자신이 보낼 메시지를 대신 써줄 수 있는 사람부터 찾아야 했어. 그리고 심부름꾼을 통해 편지를 보내서 받기까지는 시간이 아주 오래 걸렸지. 심부름꾼들은 배를 타거나 말을 타고 갔고, 때로는 걸어서 길을 떠나기도 했기 때문이야. 그런 여행은 꽤 위험하기까지 했단다.”

이모할머니는 윌리엄의 무릎 위에 여전히 올려져 있는 책을 가리키며 말했다.

“당시만 해도 책은 일반인들의 집에서 볼 수 있는 것이 결코 아니었어. 책을 만들기 위해서는 글자 하나하나를 손으로 직접 써야 했고, 그래서 책 한 권을 만드는 데에는 아주아주 오랜 시간이 걸렸어. 그러다 보니 책은 엄청나게 귀한 물건으로 대접받았고, 개인의 집이 아니라 도서관에 보관되었지. 그 또한 당시 알렉산드리아 도서관이 불에 타면서 고대의 지식이 많이 사라지게 된 이유이기도 하단다. 그런데 인쇄기가 그 상황을 완전히 바꿔놓은 거야.

당시의 인쇄기는 글자를 붙인 작은 스탬프를 인쇄판 위에 심어서 눌러 찍는 혁명적인 기계였어. 인쇄하고 싶은 텍스트를 활자판 위에 심기만 하면 원하는 만큼 인쇄할 수 있었거든."

"문방구에서 사는 스탬프 찍기 놀이 세트처럼 말이죠?"

윌리엄이 물었다.

"그렇지."

이모할머니가 고개를 끄덕이며 말했다.

"그렇게 해서 사람들은 원하기만 하면 순식간에 수백 수천 권의 책을 인쇄할 수 있었어. 그러다 보니 책을 통해서 아이디어를 전파하는 일이 훨씬 쉬워졌지. 그래서 신세계에 관한 소식과 모든 새로운 아이디어가 비스와강을 통해 토룬에 살고 있던 청년 코페르니쿠스에게도 전해지게 되었고 말이다."

이모할머니가 멍하니 앞을 바라보며 말했다.

"코페르니쿠스는 호기심 많고 생각이 많은 소년이었어. 이미 말했듯이 그는 부유한 상인 가정에서 태어났고, 덕분에 아무 걱정 없이 학교에 다니며 읽고 쓰기를 배울 수 있었어. 그러나 그는 아버지와는 달리 상인이 되지 않았어.

코페르니쿠스가 열 살이 되던 해에 아버지가 돌아가셨고, 그때부터는 삼촌이 그의 양육을 책임지게 되었어. 삼촌은 가톨릭 주교였는데, 이는 가톨릭교회에서 매우 높은 위치에 있는 자리이지. 삼촌은 자신의 조카가 훌륭한 교육을 받아 신부가 되고, 언젠가는 자신의 자리를 물려받을 수 있도록 모든 것들을 꼼꼼히 신경 쓰고 보살폈어.

코페르니쿠스는 형인 안드레아스와 함께 폴란드에서 가장 큰 도시 중 하나인 크라쿠프로 유학을 떠났고, 나중에는 둘 다 오늘날 이탈리아에 있는 유명한 대학교에 다니며 공부를 했어. 코페르니쿠스는 마치 스펀지처럼 모든 지식을 빨아들였어. 그는 수학, 천문학, 점성술, 지리학, 그리고 시와 연극을 공부했어. 볼로냐에서는 법학, 그러니까 의무와 권리와 관련된 모든 것, 허용되는 것과 허용되지 않는 것 등 아주 어려운 주제를 연구했지. 그리고 파도바에서는 의학을 공부했고."

"세상에! 그렇게나 많이요?!"

그 말이 윌리엄의 입에서 저도 모르게 툭 튀어나왔다.

"아빠는 의학만 공부했는데도, 의사가 되기까지 정말 오랜 시간이 걸렸다고 늘 말하곤 해요."

"맞아. 그사이 사람들은 세상에 관한 지식을 아주 많이 축적했고, 오늘날에는 개개인이 그 모든 것을 다 배울 수는 없게 되었어. 하지만 르네상스 시대만 해도 상황은 조금 달랐지.

오늘날 우리는 또한 전문 분야를 학문별로 서로 분리하고 있어. 만일 물리학에 대해 뭔가 배우고 싶다면, 그냥 물리학만 공부하면 돼. 그리고 경제나 예술 또는 언어에 대해 정말 많이 알고 있는 박사라고 할지라도 단지 그 분야에 대해서만 훤히 꿰뚫고 있을 뿐, 다른 것에 대해서는 그렇게 많이 알고 있지 못한 경우가 많아.

그러나 르네상스 시대에는 그렇지 않았어. 당시 사람들은 고대의 지식을 통해 마치 다시 태어난 것처럼 느꼈고, 아무리 지식을 쌓아도 결코 충분하다고 여기지 않았어. 모든 것이 서로 관련된 것처럼 보였고, 무엇이든 알면 알수록 더 좋을 것만 같았던 거야. 그래서 진정한 르네상스인이라면 모든 것에 관심이 있었어. 코페르니쿠스처럼 말이야."

"그랬군요."

윌리엄이 눈을 깜박이며 중얼거렸다.

"그러나 코페르니쿠스는 삼촌처럼 주교가 되지 않았어. 대학교에서 연구하는 동안, 그는 천문학에 관한 고대 그리스와 로마와 아랍의 문헌에도 손을 댔거든. 그 문헌들은 아리스토텔레스와 프톨레마이오스 같은 철학자들, 즉 코페르니쿠스보다 천 년 이상 전에 똑같은 별이 빛나는 하늘을 바라보며 스스로에게 질문을 던졌던 고대 과학자들이 쓴 것이었어.

아리스토텔레스는 진정 위대한 인물이었기 때문에 코페르니쿠스 시대의 누구도 감히 그의 생각에 의문을 제기하려 하지 않았어. 투명하고 둥근 껍질로 둘러싸인 채 한가운데에 지구가 자리한 둥그런 모양의 우주에 천체가 달라붙어 있다는 믿음은 아주 강력해 전혀 흔들림이 없었지. 그러나 고대 문헌들을 읽어나가던 코페르니쿠스는 우주가 어떻게 생겼는지에 대해 다른 많은 생각과 주장들이 있었다는 사실을 깨닫게 되었어.

그리고 콜럼버스를 아메리카 대륙으로 이끌었던 호기심은 아리스토텔레스가 생각했던 것보다 지구가 훨씬 더 크다는 사실을 알려주었어. 언제고 발견되기만을 기다리는 놀라운 사실들로 가득 차있었던 것은 지구만이 아닐지도 몰랐지. 하늘 또한 미지의 바다와 같은 것은 아닐까? 그렇다면 하늘에 대해 갖고 있던 사람들의 생각은 지구에 대해 갖고 있던 생각과 마찬가지로 틀린 것일 수도 있었어.

코페르니쿠스는 지구가 어쩌면 우주의 중심이 아닐지도 모른다고 생각했어. 그리고 그 생각은 그의 머릿속에서 떠나지 않았지. 한편으로는 그 생각이 무섭기도 했지만, 그 같은 우주의 모습이 그의 눈에는 훨씬 더 아름답고 납득할 만한 것이었기 때문이야. 불 하나로 방 전체를 밝히고 싶다면, 당연히 방 한가운데에 그 불을 놓아야 하겠지. 그렇다면 신이 태양을 우주의 중심에 두어 그 빛으로 만물을 비추는 게 당연하지 않을까?

코페르니쿠스는 만물이 의심의 여지없이 질서정연한 것이기를 원했어. 그래서 태양이 중심에 있는 우주의 모형을 만들기로 결심했지. 무엇보다도 그는 떠돌이별, 즉 행성의 움직임을 밝혀내 설명하고 싶었어.”

이모할머니는 이야기를 멈추고는 윌리엄을 쳐다보았다. 그는 두 다리를 들어 올린 채, 책을 품에 꼭 안고는 호기심 많은 천문학자에 관한 이야기를 귀 기울여 듣고 있었다.

“어제 황도대에 관해 이야기했던 거 기억하지?”

윌리엄은 고개를 끄덕였다.

“오케이.”

이모할머니가 말했다.

“지구에서 남쪽을 바라보면 태양이 하루 동안 동쪽에서 서쪽으로 반원을 그리며 하늘을 가로질러 움직이는 것처럼 보이지.”

이모할머니는 제대로 이해하고 있는지 확인하듯 윌리엄을 힐끗 바라보았다. 윌리엄은 다시 한번 고개를 끄덕였다.

“밤하늘에서 동시에 볼 수 있는 각각의 별자리와 비교해, 태양은 이제 날마다 아주 조금씩 더 움직여. 이런 식으로 태양은 1년 동안 황도대의 각 별자리와 함께 뜨고 지는 거야.

그리고 태양과 마찬가지로 행성들 또한 황도대를 따라 움직이지. 동쪽에서 서쪽으로 말이다. 밤마다 관찰하며 행성들을 고정된 별자리와 비교해 보면, 그 같은 사실을 분명하게 확인할 수 있어. 그러나 행성들은 태양의 속도를 따라가지 못하고, 그래서 때로는 행성이 마치 거꾸로 움직이는 것처럼 보이기도 하지. 서쪽에서 동쪽으로 말이다.

고대 그리스와 아랍의 문헌 가운데 많은 것들은 이 같은 현상을 행성들이 작은 원을 그리며 움직이는 것이라고 설명했지. 하지만 그런 설명은 모두 다 너무나 복잡하고 혼란스러웠어. 코페르니쿠스는 이제 이 작은 원들이 전혀 필요하지 않다는 것을 알게 되었어. 그는 지구에 두 가지 운동 방향을 부여함으로써 그 같은 천체의 운동을 설명할 수 있었던 거야. 즉, 지구가 자체 축을 중심으로 회전하고 있다면…… 그러니까 음, 쉽게 말해서…….”

이모할머니는 커피 잔을 내려놓고 바지춤을 끌어올리더니, 대뜸 팽이처럼 제자리에서 빙글빙글 돌기 시작했다.

“…… 이렇게 도는 동시에, 다른 한편으로는 태양의 둘레를 따라 움직이는 거지.”

이모할머니는 잠시 도는 것을 멈추고는 거실 안을 둘러보았다. 그러고는 다시 빙글빙글 돌기 시작했고, 그러면서 방 한가운데에 있는 책상 둘레를 커다란 원을 그리며 움직이기 시작했다.

"여기 이 책상이 태양이라고 가정해 보자."

이모할머니가 어깨 너머로 말했다.

"나는 지구이고. 그러면 태양이 뜨고 지는 것이 설명될 수 있을 거야. 또한 지구가 태양 둘레를 돌면서 계절이 바뀌는 것도 설명이 될 것이고. 즉, 그 이유는 지구가 자전하는 축이 태양의 둘레를 도는 궤도에 비해 약간 비스듬하게 기울어져 있기 때문이지. 이렇게 말이다."

이모할머니는 빙글빙글 제자리 회전을 하는 동시에 둥글게 원을 그리며 책상 둘레를 돌았다. 그러면서 책상 쪽으로 살짝 몸을 기울였다.

"봐봐! 이렇게 말이야!"

이모할머니가 말했다.

"이제 내 머리는 책상과 가장 가까워. 그러므로 내 머리 부분은 지금 막 여름인 거야. 하지만 다시 봐봐!"

이모할머니는 책상 반대편에 가 있었고, 계속 빙글빙글 돌면서 머리는 책상에서 먼 쪽으로 기울어져 있었다.

"이제는 내 발 부분이 여름이지. 어때? 이해가 되지 않니?"

윌리엄은 아무 말도 하지 않았다.

이모할머니는 계속해서 팽이처럼 돌면서 설명했다.

"만약 행성들도 지구처럼 태양 둘레를 돌고 있다면, 그러면 사실은 그렇지 않은데도 그들이 왜 때때로 마치 뒤로 움직이는 것처럼 보이는 것인지 설명할 수 있을 것이야. 왜냐하면 지구와 행성 모두 태양 둘레를 따라 서로 다른 속도로 서로 다른 궤도를 따라 돌고 있기 때문이지. 아야!"

이모할머니는 팽이처럼 돌다가 책상 의자에 부딪히자 회전하기를 잠시 멈췄다. 그러나 그 정도로는 이모할머니의 설명을 멈추게 할 수 없었다. 이모할머니는 잠깐 머리를 흔들더니, 어지러운 듯 의자 손잡이를 잡고는 말을 계속했다.

"흠, 어떠냐? 이 정도면 너도 내 말을 이해했겠지? 그러나 코페르니쿠스가 용기를 내어 자신의 생각을 밝히기까지는 오랜 시간이 걸렸고, 하마터면 그가 밝혀낸 사실 또한 서랍 속에서 잠이 들고 말 뻔했단다. 다른 많은 과감한 생각들처럼 말이야!"

"서랍 속에서 잠을 잔다고요? 어떻게요?"

윌리엄이 물었다. 물론 그는 서랍이 무엇인지는 알고 있었다. 하지만 서랍 속에서 잠이 든다고 말하는 이모할머니의 말뜻은 여전히 이해되지 않았다.

"그러니까 무언가가 실제로 서랍 속에서 잠을 잘 수는 없지."

이모할머니가 대답했다.

"단지 아무도 기록하지 않아 어떤 일이 잊혀질 때 그렇게 말하는 것이야. 코페르니쿠스가 찾아낸 새로운 사실도 하마터면 그럴 뻔했던 거고."

이모할머니는 책상 의자에 주저앉아 잠시 숨을 돌리더니, 다시 말하기 시작했다.

"대학을 졸업한 후, 코페르니쿠스는 몇 년 동안 주교인 삼촌을 위해 일했어. 그러면서 정치와 금융 일에 너무 빠져서 자신이 갖고 있던 생각을 계속해서 발전시킬 여유를 갖지 못했어.

그러다 그가 30대 후반이 되었을 무렵, 삼촌이 돌아가셨지. 코페르니쿠스는 주교였던 삼촌의 뒤를 잇는 대신, 폴란드 북부 발트해의 어느 작은 마을에서 사제직을 맡아 일하게 되었어. 번화한 상업도시에서 성장했고, 유럽의 거대한 대학 도시에서 공부했던 그는 마치 세상의 끝으로 내몰린 것처럼 느꼈어. 그러나 그곳에서의 삶은 사실 매우 겸손했던 그의 성격과 아주 잘 어울렸지.

르네상스 시대의 많은 교양인들은 사람들의 관심을 자기 쪽으로 돌리고, 부귀와 화려한 의상, 무기, 음식, 권력 및 지식을 과시하기 좋아했어. 그러나 코페르니쿠스는 여유롭게 자신이 관심을 가진 일을 추구할 수 있다면 훨씬 더 편안하게 느끼곤 했지. 그곳 '세상의 끝'에서 그는 마침내 밤하늘에 관한 연구를 마무리하는 데 필요한 평온함과 여유를 되찾았어. 아마도……."

이모할머니는 안경을 쓱 밀어 올리며, 뭔가 생각하는 눈으로 윌리엄을 바라보았다.

"지구가 우주의 중심이 아닐 수도 있다는 생각이 그에게는 마음에 들었던 것일지도 모르겠다. 왜냐하면 그는 대도시와 유럽의 중심에서 아주아주 멀리 떨어진 곳에서 훨씬 더 편안하다고 느꼈거든. 고대 로마의 시인인 오비디우스Ovidius도 비슷한 말을 한 적이 있어. 조용하고 눈에 띄지 않게 사는 사람이 잘 산 것이라고 말이야. 그리고 코페르니쿠스처럼 겸손한 사람은 사람들의 관심 한가운데에 서있지 못한 것이 반드시 나쁜 것만은 아니라는 사실을 잘 알고 있었지. 태양을 중심에 두어 세상 만물을 다 똑같이 비추도록 하는 게 훨씬 더 현명한 일이라는 걸 말이야."

윌리엄은 코페르니쿠스의 모습이 그려진 책을 들여다보며, 문득 그와 사기 사이에는 뭔가 공통점이 있다고 생각했다. 자기 또한 알고 있던 모든 것에서 멀리 떨어진 채, 세상의 끝인 이모할머니의 작은 집으로 보내졌기 때문이었다. 단지 윌리엄이 코페르니쿠스와 공유하지 않았던 것은 새로운 질서에 대한 그의 열정이었다.

이모할머니는 계속해서 설명했다.

"코페르니쿠스는 작은 천문대를 하나 세웠단다. 천문대는 그러니까 하늘을 관측할 수 있는 곳이지. '관측'이 무슨 뜻인지는 이미 알고 있지?"

"음, 관찰하는 거요."

"그래, 맞다. 코페르니쿠스는 남은 생애 동안 그곳 천문대에서 지내며, 태양과 행성과 별의 운동이 그가 지구에 부여했던 두 가지 운동 방향을 통해 설명될 수 있는지 연구했단다. 그리고 마침내 그는 자신이 생각한 것이 틀림없음을 확신하게 되었어. 그러나 그는 여전히 자신의 책을 출판하는 것을 주저했어."

"왜요? 그 사람도 확신했다면서요?"

윌리엄이 물었다.

"하지만 코페르니쿠스는 그것이 단지 가능하다는 것을 보여줄 수만 있었지, 그것이 실제 사실이라는 것을 증명할 수는 없었거든. 그리고 자신의 책에서 밝혔듯이, 그는 거대한 세계 극장이라는 무대에서 사람들의 야유를 받게 될까 봐 두려워했어.

다른 무엇보다도 성경에는 하느님이 땅을 움직이지 않게 창조하셨다고 나와있거든. 그런데 어느 날 갑자기 지구가 움직인다고 주장한다면, 그의 주장은 그런 하느님의 말씀과 모순되는 것으로 여겨지게 될 테니까 말이야.

또한, 지구가 우주의 중심이 아닐 수도 있다는 생각은 엄청나다 못해 끔찍하게 느껴질 정도로 너무나 새로운 것이었어. 지구가 더 이상 우주의 중심에 있지 않다면? 지구가 단지 수많은 행성 중 하나의 행성에 불과하다면? 그렇다면 그 모든 것이 우리 인간에게 의미하는 바는 무엇이었을까?"

윌리엄은 고개를 끄덕였다.

"자기중심적인 인간들 말이죠?"

"그래, 맞다. 그런 사람들에게는 지구가 움직인다고 상상하는 것이 도무지 가능하지 않은 일이었어. 지구가 정지되어 있다는 것은 누구나 두 눈으로 확인할 수 있다고 믿었으니까 말이다. 만일 코페르니쿠스의 말처럼 지구가 움직이고 있다면 분명 누구나 눈치챌 수 있지 않겠어? 공중에다 돌을 던지면 그 돌은 던진 바로 그 자리에 다시 떨어져. 지구가 만일 정말로 움직이고 있다면 돌이 조금 더 뒤쪽으로 떨어져야 하지 않을까? 그리고 지구가 태양의 둘레를 공전해도 여전히 달을 잃어버리지 않고 있는 이유는 무엇일까? 지구가 정말로 하루에 한 번 자전한다면 언제 어디서고 항상 거센 바람이 불어야 하지 않을까?

코페르니쿠스는 그 같이 질문하는 사람들에게, 일정한 속도로 고요하게 앞을 향해 나아가는 배에 타고 있다고 생각해 보라고 제안했어. 그런 상황에 있으면 그 자신은 가만히 정지해 있는데 주위에 있는 것들이 마치 움직이는 것처럼 느껴질 거라고 설명했지. 코페르니쿠스는 전에도 이미 자신의 생각을 기록으로 남겨놓으려 시도했었고, 그의 생각을 이해할 만큼 현명하다고 믿었던 친구와 주변 사람들에게만 그 내용을 보여주었어. 하지만 그가 세계를 전혀 다르게 바라보는 세계상을 갖고 있다는 소문은 순식간에 퍼져나갔고, 사람들 사이에서 커다란 물의를 불러일으켰지. 코페르니쿠스가 살던 도시에는 기사 수도회가 있었는데, 그들은 광대들을 고용해 도시를 돌아다니며 태양을 우주의 중심으로 만들고자 했던 정신 나간 사제를 조롱하게 시켰다고 해. 그러나 코페르니쿠스는 그런 행동에도 실망하거나 용기를 잃지 않았어. 그는 생각했어.

'바보 멍청이들이야 제멋대로 소리 지르라고 하지 뭐. 저 가소로운 인간들이 나를 놀리든 말든, 우주의 움직임은 그런 것에 의해 조금도 영향을 받지 않으니까 말이야.'

어느 날, 레티쿠스Rheticus라는 젊은 독일인 수학 교수가 코페르니쿠스를 찾아와 그의 책을 읽을 수 있게 해달라고 간절히 요청했어. 결국, 코페르니쿠스는 그의 진심 어린 부탁에 힘을 얻어 자신의 생각을 담은 책을 펴내기로 결심했지. 하지만 그것이 마지막이었어. 어느새 노인이 된 코페르니쿠스는 책이 완성되기도 전에 중병에 걸렸기 때문이야.

발트해의 어느 작은 폴란드 마을에서 외롭게 삶의 마지막 순간을 보내고 있던 그에게 장차 세상을 바꾸게 될 책의 첫 번째 인쇄본이 주어졌어. 그에게는 자신의 생각을 변호할 기회가 전혀 주어지지 않았어. 하지만 그 대신 많은 어려움을 피할 수 있었지. 그리고 인쇄술 덕분에 그의 사상은 그의 죽음과 함께 세상에서 사라지는 대신, 책의 형태로 살아남았어. 그 책이 바로 지금 네가 안고 있는 『천체의 회전에 관하여』야."

이모할머니는 일어서서 체크무늬 바지를 추켜올렸다.

"너는 그가 이 모든 것을 어떻게 알아냈느냐고 물었지. 정확히 말하자면 그는 사실 전혀 알지 못했어. 그는 머릿속으로 상상했고, 그럴 수도 있다는 충분한 이유를 찾아냈던 것뿐이야. 그러나 그는 자신의 생각을 사실로서 증명할 수 없었고, 그런 의미에서 본다면 그의 세계상 또한 그 이전의 것들만큼이나 비과학적이었던 셈이지."

윌리엄은 이마를 찌푸렸다.

"코페르니쿠스의 아이디어가 비과학적이었다는 것은 무슨 의미예요?"

"과학은 알 수 있는 것과 증명할 수 있는 것을 다룬단다. 그러나 증명할 수 있는 것들은 그리 많지 않아. 그래서 과학자들은 세상을 연구하고, 관찰하고 실험하며, 밝혀낸 것들을 설명해 주는 모델을 개발하려고 노력하는 거야. 그런 다음 그 모델을 꼼꼼히 검증하는데, 만일 모델이 틀렸다는 것을 입증할 수 없다면 모델이 옳을 가능성은 꽤 높은 편에 속하지.

반면에 고대의 천문학자와 철학자들에게는 대상이나 사물을 철저하게 조사하지 않고, 단지 생각만으로 설명하는 것으로도 충분했어. 천문학이 새로운 지식에 기여하기보다는 주로 고대의 텍스트를 읽는 것으로 구성되어 있던 르네상스 시대에도 마찬가지였지. 코페르니쿠스 또한 그의 세계상이 가능하다는 것을 증명하기 위해 몇 가지 관측을 시도했지만, 이는 결코 충분하다고 할 만큼 정확하거나 철저한 조사가 아니었어. 그래서 오늘날 우리는 그 같은 접근법을 비과학적이라고 말하는 것이야."

"그러면 그의 생각이 옳았다는 것을 우리는 어떻게 알 수 있어요?"

윌리엄이 물었다. 하나의 간단한 질문에 대한 답을 얻는 것이 이토록 어려웠던 적은 이제껏 단 한 번도 없었다.

"다른 과학자들이 궁리하고 발견해낸 복잡한 과학적 퍼즐 덕분이지. 그의 모델이 최상의 것이었기 때문이기도 하고."

이모할머니가 대답했다.

윌리엄은 한숨을 내쉬었다. 하지만 이모할머니는 그런 윌리엄을 무시하고 말을 이어갔다.

"그렇다고 코페르니쿠스의 생각이 완벽했던 것은 아니었어. 왜냐하면 그는 우주의 모든 것이 완벽한 원을 그리며 움직인다는 생각을 고수했기 때문이야. 그럼에도 불구하고 그의 모델은 행성과 별의 궤도를 좀 더 정확하게 예측하고 훨씬 더 쉽게 적용할 수 있도록 도와주었어.

코페르니쿠스의 책은 이후 수십 년 동안 그의 아이디어를 증명하거나 반박하려고 했던 수많은 천문학자들의 야심을 일깨웠어. 그 같은 상황은 이른바 과학혁명으로 이어졌고, 그로 인해 지구는 우주의 중심을 차지하고 있던 자신의 자리를 태양에게 내줘야 했어. 그리고 과학은 오늘날의 모습으로 점점 더 변모하게 되었지."

이모할머니가 안경 너머로 윌리엄을 바라보며 말했다.

"그로부터 거의 500년이 지난 지금에는 오직 어린아이들만이 자신이 여전히 세상의 중심이라고 생각하고, 자신들이 하는 크고 작은 모든 일에 환호와 박수갈채가 쏟아지기를 기대하지."

윌리엄은 순간 멈칫했다. 이모할머니가 진심으로 말하는 것인지 아니면 농담을 하는 것인지 확신이 서지 않았지만, 약간 기분이 상했다.

"저는 저를 세계의 중심이라고 생각하지 않아요."

윌리엄이 반박했다.

"아하. 그렇다면 뭐……. 하지만 너도 아마 그러기를 원할걸."

이모할머니가 대꾸했다.

"아니에요. 저는……."

윌리엄은 하던 말을 멈추었다. 어쩌면 이모할머니의 말이 사실일지도 모른다는 생각이 퍼뜩 들었기 때문이다. 그래도 그가 분명하게 알고 있는 것은 하루 종일 투명 인간처럼 무시당하고 싶지 않다는 것뿐이었다.

그러나 윌리엄은 이모할머니에게 그런 생각을 말하고 싶지는 않았다. 그렇게 한다면, 이모할머니는 분명 자기 말이 맞았다고 생각할 게 뻔했기 때문이다. 윌리엄은 단지 혼자 있고 싶지 않았을 뿐이다.

"그런데 어제는 이 옷장에서 무얼 찾고 있었던 거니?"

이모할머니의 물음에 윌리엄은 자기만의 생각에서 깨어났다. 이모할머니는 윌리엄이 전날 망원경 렌즈를 발견했던 낡은 옷장에 손을 얹고 있었다.

"저는, 어……."

윌리엄의 목소리는 점점 작아졌다. 그는 들고 있던 큰 책을 옆에 내려놓고, 자기 손을 내려다보았다. 지금 이 순간, 어제 자신이 했던 짓이 갑자기 너무 멍청하게만 여겨졌다.

"저는…… 마법의 세계로 들어가는…… 문을 찾고 있었어요."

이모할머니가 윌리엄을 바라보았다. 그런 눈으로 바라보는 건 거의 처음인 것 같았다.

"아하! 그러니까 마법의 옷장 말이구나."

그렇게 말하는 이모할머니의 한쪽 입가에 살짝 미소가 떠올랐다. 쓸쓸한 미소였다.

"마법의 옷장 같은 건 존재하지 않아."

"저도 알아요."

윌리엄이 중얼거렸다.

"하지만 그거 아니?"

이모할머니가 말했다.

"너는 사실 마법의 옷장을 찾은 거나 마찬가지야. 망원경 렌즈는 우주의 신비라는 거대한 퍼즐 조각 중 하나거든. 네가 찾던 옷장처럼 마법 같은 일을 할 수 있으니까 말이야."

"그래요? 어떻게……."

윌리엄이 말을 꺼냈지만, 커다란 괘종시계가 그의 질문을 가로막았다. 댕 하고 시계 종소리가 났다. 모두 아홉 번.

이모할머니가 이마를 찌푸렸다.

"벌써 시간이 꽤 지났구나."

윌리엄은 고개를 끄덕였다. 정말 그랬다.

"하지만……."

갑자기 하품이 나오며 윌리엄의 말을 중단시켰다. 하지만 그가 마법의 렌즈를 발견했다고 방금 이모할머니가 말하지 않았던가? 이대로 잠자리에 들 수는 없었다.

윌리엄은 궁금한 걸 묻고, 이야기를 계속하고 싶었다. 하지만 그의 머릿속은 여름날 저녁의 하루살이처럼 윙윙거렸고, 생각은 더 이상 분명하게 잡히지 않았다. 그는 다시 하품을 했다.

이모할머니가 그런 그를 물끄러미 바라보았다. 그러더니 코페르니쿠스의 그림이 있는 무거운 책을 다시 책꽂이에 꽂았다.

"이 이야기는 다음에 다시 하자꾸나. 오늘 저녁에는 네 머리에다 더 많은 지식을 욱여넣어 봐야 아무 소용이 없겠어. 금세 다시 튀어나올 테니 말이다. 뇌도 잠을 자야 해. 그렇지 않으면 아무 소용이 없어."

윌리엄은 마지못해 고개를 끄덕였다. 이모할머니가 '잠'이라고 말하던 순간, 윌리엄은 이 층에 있는 방의 작은 접이식 침대에 눕고 싶다는 강렬한 욕망을 느꼈다. 그는 다시 한번 하품을 하고는, 잠에 취한 듯 계단을 향해 느릿느릿 걸어갔다.

"이모할머니, 안녕히 주무세요!"

"그래, 너도 잘 자거라."

한 계단 한 계단.

오줌 누기.

"안녕, 칫솔!"

이는 하나하나 다섯 번씩 원을 그려 닦기. 입 헹구기.

"양치질할 때마다 매번 환호성이 터질 거라고는 기대하지 마."

윌리엄은 물로 칫솔을 씻어내며 칫솔에다 대고 말했다.

"미안! 그런 뜻은 아니었는데……. 칫솔아, 잘 자."

방으로 돌아가기. 잠옷 갈아입기. 엄마의 굿나이트 메시지. 옛날 사람들은 전혀 글을 읽고 쓸 줄 몰랐다고? 세상에! 윌리엄은 커튼을 치기 전, 창밖을 내다보았다.

세상에는 너무 많은 지식이 있어서 그는 결코 다 이해하지 못할 거라고? 세상에! 그리고 그의 방 바로 아래에 있는 이모할머니의 오래된 옷장에는 어떤 면에서는 마법과도 같은 망원경 렌즈가 있다고? 세상에! 그리고 이제는 단지 4일만 더 이곳에서 지내면 되었다. 그리고 그는 커튼을 쳤다.

"어흐ㅇㅇㅇㅇㅇㅇㅇㅇㅇ."

윌리엄은 마침내 이불 속에 들어가 기지개를 켰다. 침대는 푹신했고, 윌리엄 자신도 아주 푹신하게 느껴졌다. 지구는 태양의 둘레를 돌고 있었고, 망원경 렌즈는 새로운 세계로 들어가는 문이었다. 윌리엄은 다시 하품을 했다.

그리고 잠이 들었다.

니콜라우스 코페르니쿠스

1473년 폴란드 토룬에서 출생
1543년 폴란드 프롬보르크에서 사망
연구 분야 매우 다양함.
저서 『천체의 회전에 관하여』. 훗날 가톨릭교회에 의해 내용 일부가 금서로 지정되었으나, 코페르니쿠스 자신은 교황과 사이좋게 잘 지냄.

과학계에 남긴 주요 업적 지구는 정지해 있지도 않고, 우주의 중심도 아니며, 태양의 둘레를 공전하면서 동시에 자체 축을 중심으로 자전한다는 세계상을 제시함.

페이지보이

'페이지'는 기사가 되기 위해 왕실에 고용되어 일하던 귀족 출신 젊은이들을 부르는 말이었다. 그들은 일반적으로 머리를 어깨까지 내려오게끔 기르고 있었는데, '바가지머리'라고도 불리는 이 스타일은 이후 1920년경에도 유럽에서 큰 인기를 끌었다.

행성의 궤도

밤마다 지구에서 행성을 관찰하다 보면, 행성들이 마치 거꾸로 움직이는 것처럼 보일 때가 있다. 이것은 지구와 행성이 모두 태양의 둘레를 공전하기 때문에 일어나는 현상이다. 옛날에는 지구가 우주의 한가운데에 자리하고 있다고 생각했다. 그래서 천문학자들은 행성들이 마치 발레 무용수처럼 원의 둘레를 따라 작은 원을 그리며 태양계를 지나갈 거라고 가정했다. 당시의 태양계 그림은 아래의 모습과 비슷했다.

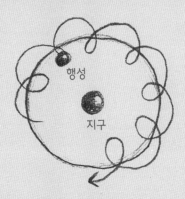

행성

지구

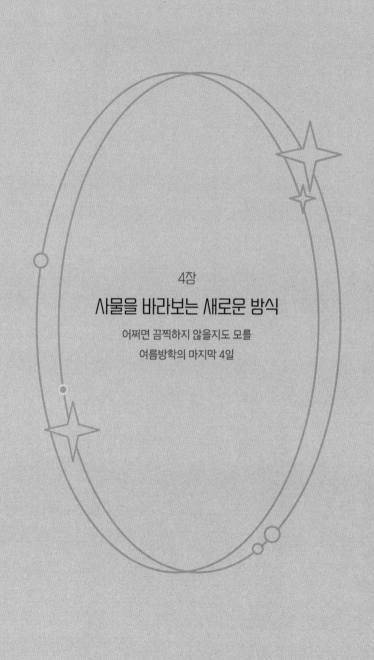

4장

사물을 바라보는 새로운 방식

어쩌면 끔찍하지 않을지도 모를
여름방학의 마지막 4일

다음 날 아침, 윌리엄이 부엌으로 들어갔을 때는 이모할머니 가 벌써 아침을 먹고 난 뒤였다. 부엌은 비어있었지만, 식탁에는 컵 두 개, 신기한 커피 메이커의 보온병, 토스트 몇 조각, 그리고 정체를 알 수 없는 내용물이 담긴 통조림통이 열린 채로 놓여있 었다. 윌리엄은 통을 들고는 코를 킁킁거렸다. 강한 생선 비린내 가 코를 찌르자 그는 움찔했다.

통조림통의 상표에는 '키퍼의 생선 살'이라고 적혀있었다. 윌 리엄은 엄마가 주고 간 가방을 힐끗 보았지만, 관심 가는 것이 별로 없었다. 그래서 글루텐이 들어있지 않은 빵 봉지를 들고 식 탁에 앉았다.

윌리엄은 기대에 찬 눈으로 통조림을 바라보았다.

"키퍼! 너, 맛있니?"

예상대로 통조림은 대답이 없었고, 윌리엄은 용기를 내어 절 인 훈제 생선 한 조각을 꺼내서 빵 위에 얹었다. 기름이 뚝뚝 떨 어지는 생선 살은 맛이 뭔가 달랐다. 몇 입 베어먹고 나자, 윌리엄은 맛이 괜찮다고 느꼈다.

"약간은 고등어 맛 같기도 하네."

윌리엄은 통에 남아있던 생선 살에게 칭찬하듯 말했다. 그러고는 조심스럽게 커피를 조금 따라 홀짝 마셨다. 엄마가 그 모습을 보았다면 기겁해 펄쩍 뛰었을 것이다.

"로마에서는 로마법을 따르는 거야."

윌리엄이 커피 잔한테 말했다. 그게 무슨 뜻인지는 잘 몰랐지만, 아빠는 외국에서 종종 접하게 된 이상한 음식에 대해 이야기할 때면 늘 그렇게 말하곤 했었다.

"아, 여기 있었구나."

언제 나타났는지 이모할머니가 문 앞에 서서 말했다.

"이제 가야 하는데."

"가야 한다고요?"

윌리엄은 마지막 남은 빵 조각을 꿀꺽 삼키며 물었다.

"어디를요?"

"시내에. 몇 가지 할 일이 있거든."

"알았어요."

윌리엄은 원래 망원경 렌즈를 좀 더 자세히 살펴보고 싶었다. 하지만 앉았던 자리에서 일어나 아침 식사 접시를 식기세척기에 넣었다. 그런 다음 재킷과 모자를 챙겨서는 여전히 약간 졸린 채로 이모할머니를 따라 작은 앞마당을 지나갔다.

이모할머니는 밝은 회색의 긴 코트를 입고 낡은 가죽 가방을 어깨에 메고 있었다. 한 손에는 지팡이처럼 사용하는 우산을 들고, 회색 곱슬머리에는 낡은 여름 모자를 눌러쓰고 있었다.

이모할머니는 앞장서서 성큼성큼 걸어갔고, 윌리엄은 이모할머니의 속도를 최대한 따라잡으려고 애썼다. 두 사람은 버스 정류장 앞에 이르러 멈춰 섰다. 이모할머니는 이야기할 기분이 아닌 것 같았고, 윌리엄은 너무 일찍 집에서 나온 탓에 컨디션이 정상은 아니었다. 그래서 두 사람은 아무 말도 않고 조용히 버스가 오기를 기다렸다.

버스가 도착하자 이모할머니는 들고 있던 우산으로 윌리엄을 슬쩍 밀어 먼저 버스에 올라타게 했다. 그러고는 우산을 메고 있던 가방에 걸고는, 지갑에서 경로 우대증을 꺼내 스캐너 앞에 갖다 댔다. 하지만 파란색 센서는 그 작은 플라스틱 카드를 거부한다고 삑삑 경고음을 냈다. 이모할머니는 태연한 척했지만, 윌리엄은 그 순간 이모할머니가 움찔하는 것을 알아차렸다. 이모할머니는 다시 카드를 갖다 댔고, 이번에는 카드가 제대로 읽혔다. 이모할머니는 터져나오는 웃음을 애써 참고 있던 윌리엄을 슬쩍 흘겨보고는, 얼른 버스 안쪽으로 들어가라는 듯 고갯짓을 했다.

두 사람은 뇌레포르트 정류장에서 내렸고, 이모할머니는 윌리엄의 팔을 잡고는 북적대는 사람들 사이를 지나 룬데토른으로 데려갔다. 룬데토른은 덴마크 코펜하겐 시내 한가운데 보행자 거리에 있는 높다랗고 둥근 탑으로, 전망대이자 사람들이 즐겨 찾는 천문대였다. 그곳에 이르자 이모할머니는 잡고 있던 윌리엄의 팔을 놓고는 안으로 들어가 매표소 직원에게 뭔가를 이야기했다. 그러자 그는 두 사람을 표를 끊지 않고 들어가게 해주었다. 윌리엄은 얼른 이모할머니 뒤를 따라 들어갔다.

"룬데토른에서 무얼 하는 거예요?"

윌리엄이 물었다. 그러나 그 질문은 이모할머니의 입을 열게 할 만한 것이 아니었다. 이모할머니는 한마디 대꾸도 없이, 앞장서서 비스듬히 경사진 입구를 성큼성큼 걸어갔다. 탑 내부의 입구는 거대하고 긴 달팽이 껍데기처럼 빙글빙글 돌며 위쪽으로 이어져 있었다.

"그런데, 여기에는 왜 계단이 없어요?"

윌리엄이 물었다.

"뭐? 계단?"

이모할머니가 되물었다. 이모할머니는 그의 말을 다 듣고 있었던 것이다. 윌리엄은 같은 질문을 다시 했다.

"계단이 없어야 크고 무거운 관측 장비를 위층으로 옮기기가 더 쉽기 때문이지.”

“관측 뭐라고요?”

“관측 장비. 그러니까 관찰을 하기 위한 도구 말이다.”

“그런 것들을 왜 위로 올리는 건데요?”

윌리엄은 그 점이 궁금했지만 이모할머니는 어느 문 앞에서 멈춰 섰고, 윌리엄은 아무 대답도 듣지 못했다. 이모할머니가 문 손잡이에 손을 얹더니 윌리엄을 잠시 바라보았다.

“너는 먼저 올라가서 경치 좀 구경하고 있거라. 나는 조금 있다가 올라가마.”

윌리엄은 이모할머니가 사라진 문을 바라보다가 계속해서 탑을 올라갔다. 어렸을 때는 엄마와 함께 종종 이곳을 찾곤 했지만, 그것은 아주 오래전 일이었다.

전망대로 올라가자 후끈한 여름 바람이 휘휘 소리를 내며 귓전을 스쳤다. 아래로 보이는 도시는 한여름 무더위에 지쳐있었고, 산책하며 시간을 보내는 사람들로 가득했다. 윌리엄은 자기 집이 어디쯤 있는지 찾아보려 했지만 보이지 않았다. 아마도 도시 뒤편 어딘가에 숨어있는 게 분명했다. 그러나 하늘은 맑았고, 저 멀리 스웨덴까지도 볼 수 있었다.

다시 아래로 내려가던 길에 윌리엄은 통로 위 벽에 걸린 커다란 시계 하나를 발견했다. 그 시계는 매우 오래되어 보였다. 무엇보다 신기한 게 그 시계에는 시곗바늘이 없었다. 그리고 시계 숫자판의 숫자 또한 구불구불한 게, 이제껏 한 번도 본 적이 없는 이상한 모양이었다. 그러다 갑자기 숫자판 한가운데에 작은 태양이 붙어있는 게 눈에 들어왔다. 그리고 태양 주위에는 궤도를 따라 움직이는 아주 작고 예쁜 행성들이 있었다. 벽에는 '올라우스 뢰메르Olaus Rømer의 행성 기계'라고 적힌 소책자가 들어있는 작은 상자가 달려있었다.

행성 기계라고? 윌리엄은 그런 것을 들어본 적이 없었다. 그러나 올라우스 뢰메르라는 이름은 어디서 들었는지 기억할 수 없었지만 왠지 친숙하게 다가왔다.

윌리엄은 계속해서 아래층으로 내려갔고, 조금 전 이모할머니와 헤어졌던 문 앞에 다다랐다. 처음에는 그냥 문 앞에서 기다리고 있었지만, 조금 지나자 이모할머니를 따라 문 안으로 들어가보는 것이 낫겠다는 생각이 들었다. 이모할머니가 자기와 함께 왔다는 사실을 깜박하고 혼자서 집에 갈까 봐 은근히 걱정됐기 때문이다.

문을 열자 통로가 나왔고, 조금 더 안쪽에서는 두런두런 말하는 목소리가 들려왔다. 열린 문 사이로 이모할머니와 나이 든 남자가 보였다.

그 남자가 말했다.

"다 어린이들을 위해 하는 일이잖아."

"그래, 맞아. 그리고 또, 도와줘서 고맙고."

이모할머니는 그렇게 인사하며 갈색 종이로 싼 길쭉하고 커다란 꾸러미를 받아들었다.

"이건 최대한 빨리 돌려줄게."

"나도 좋아서 하는 일인걸 뭐. 그리고 급한 거 아니니까 너무 서두르지 말고."

"그래, 잘 있어. 또 올게."

이모할머니와 윌리엄은 탑에서 나와 다시금 붐비는 거리로 들어섰다.

"자, 이제 다시 집으로 가자."

이모할머니가 말했다. 잠시 후, 두 사람은 핫도그 가판대 앞에서 잠시 멈춰 섰다. 윌리엄은 빵 없이 소시지만 두 개 주문했고, 이모할머니는 핫도그를 하나 샀다. 그런 다음 두 사람은 집으로 향했다.

"이리 와보렴!"

이모할머니가 거실로 들어서며 말했다. 이모할머니는 긴 꾸러미를 거실 테이블에, 아니 정확히 말해서 작은 테이블에 쌓여있는 종이와 상자 더미 위에 내려놓았다.

"창밖을 한번 보렴."

이모할머니가 말했다.

"무엇이 보이니?"

"음⋯⋯."

윌리엄은 이모할머니 말대로 창가로 다가가 누렇게 변한 커튼을 열었다.

"길거리가 보여요."

"그래. 그리고 또 뭐가 보이니?"

"자동차 몇 대랑 길 건너편에 있는 집들. 저기 지붕에는 새 한 마리가 앉아있는데, 그 집 앞에 있는 나무를 보니⋯⋯."

"참 잘했다. 그럼 그 나무에 대해 내게 무언가를 설명해 줄 수 있겠니?"

"그러니까⋯⋯ 작은 나무예요."

"무엇에 비해 작은데?"

"으음, 다른 나무들요?"

"그 나무 가까이에 다른 나무들이 있니?"

"아니요."

"그래? 그렇다면 네가 보고 있는 바로 그 나무에 대해 말할 수 있는 것만 말해보렴."

"아, 알았어요. 그 나무는 집보다 작아요."

"잘했다. 또, 뭐가 있을까?"

"그 나무에는 녹색 잎들이 달려있어요."

"그걸 어떻게 알았어?"

"볼 수 있으니까요."

"네 눈에는 여기서 그 나무의 나뭇잎들이 보이는 거야?"

"그럼요, 보여요."

"여기서도 나뭇잎 하나하나가 보인다고?"

"그건 아니에요."

윌리엄이 순순히 인정했다.

"그래, 그렇다면 이제는 네가 나무에 대해 안다고 생각하는 것
은 모두 잊어버려야 한다. 네 눈에 보이는 것만 말하렴."

"알았어요. 나무줄기는 갈색이고, 위쪽에는 초록색 둥그런 모
양이 있는데, 아주 조금씩 움직여요. 저 나무는 아마도 사과나무
인 것 같아요."

그렇게 말하던 윌리엄은 이모할머니를 곁눈질로 힐끔 바라보
았다. 이모할머니는 고개를 젓고 있었다.

"아닌가요? 알았어요, 다시 할게요. 과일처럼 보이는 무언가
가 보여요. 그건 나무의 다른 부분들과 색이 달라요. 초록색 사
이에 붉은 점들이 여럿 있어요."

"정말 잘했다! 네가 만약 나무에 대해 아무것도 모른다면, 그래서 지금 바라보고 있는 나무가 네가 나무에 대해 가지고 있는 지식의 유일한 원천이라면, 우리는 나무에는 일종의 갈색 줄기가 있고, 또 초록색 위주에 곳곳이 붉은색을 띠는 것이 있다는 결론을 내릴 수 있을 거야. 그리고 그 초록색 부분은 움직일 수 있고 말이다."

"하지만 저는 그 나무에 잎사귀가 있다는 걸 이미 알고 있는 걸요?"

윌리엄이 반박하고 나섰다.

"그렇지 않아. 너는 그것을 알지 못해. 너는 단지 나무에는 보통 잎이 달려있다는 걸 알고 있을 뿐이지. 하지만 네 눈앞에 있는 저 나무에도 그런 녹색 잎이 달려있는지 볼 수는 없어. 결국, 정말로 네 눈으로 보는 것과 네가 단지 습관적으로 알고 있다고 믿는 것을 서로 혼동하지 않는 것이 매우 중요하단다. 그것이 코페르니쿠스의 시대에 이르기까지 과학이 수행했던 방식이며, 바로 대부분의 잘못된 결론을 끌어내게 된 원인이었던 거야. 약간의 측정과 약간의 추측 말이다.

그러나 과학에서는 올바른 지식이 중요하단다. 새로운 아이디어와 새로운 세계상이 올바른 것인지 확인하려면 먼저 오래된 아이디어, 즉 안다고 생각하는 것과 작별해야 해. 그리고 네가 보고 듣고 느끼는 감각에는 분명 일정한 한계가 있다는 사실 또한 깨닫고 인정해야 하지. 세상에는 우리 눈으로 볼 수 없는 아주 많은 것들이 있단다. 그 점이 바로 코페르니쿠스가 새로운 세계상을 증명하기 그토록 어려웠던 이유 중 하나야. 당시만 해도 오늘날 우리가 가지고 있는 첨단 기술은 존재하지 않았거든."

이모할머니가 말했다.

"태양 둘레를 도는 지구의 운동에 관한 코페르니쿠스의 책을 열광적으로 읽었던 많은 이들 중에 덴마크 천문학자이자 점성술사인 튀코 브라헤Tycho Brahe라는 사람이 있었어."

이모할머니는 그렇게 말하며 책장에서 삼각형으로 생긴 모형 하나를 집어 들었다.

"아마 너도 그의 이름을 들어본 적이 있을 거야."

"그런 거 같아요."

윌리엄이 창턱에 앉아 다리를 늘어뜨린 채 대답했다.

"덴마크 최초의 우주인 아닌가요?"

이모할머니는 어이없다는 눈빛으로 윌리엄을 쳐다보았다.

"아니야. 튀코 브라헤는 그보다 훨씬 더 오래전에 살았던 사람이야. 당시만 해도 인류가 언젠가는 우주로 날아가게 될 거라고는 그 누구도 상상하지 못했었지. 심지어는 하늘을 나는 것조차 말이다. 그는 최초의 비행기가 발명되기 300년 전에 사망했어.

그러나 자신만의 방식으로 사람들이 달나라에 가는 일에 이바지했지.

튀코 브라헤는 물론 코페르니쿠스의 새로운 세계상이 옳다는 것을 완벽하게 증명할 수는 없었어. 그렇지만 그는 옛날 책들을 읽고 우주가 어떻게 생겼는지에 대해 궁리하고 사색하는 것만으로는 충분하지 않다는 것을 깨달았지. 이리저리 추측하는 것만으로는 성이 차지 않았어. 그는 하늘과 땅에 대해 정말로 뭔가를 알고자 한다면 모든 것을 훨씬 더 철저하게 살펴봐야 한다고 생각했어. 고대 이후로는, 뭔가 의미심장하고 중요한 천문학적 측정을 한 사람은 아무도 없었어. 그래서 튀코 브라헤는 마치 탐정처럼 증거를 수집하는 일에 착수했지. 그것도 당시의 과학 역사상 가장 정확한 관측 형태로 말이야. 그래서 사람들은 그가 천문학을 다시 태어나게 만들었다고 말하곤 한단다."

"아, 그 르네……."

"르네상스! "

이모할머니가 정확한 명칭을 다시 일러주었다.

"튀코 브라헤 또한 진정한 르네상스인이었던 거야. 그는 기존의 측정값을 새로운 측정값으로 보완하는 것에 만족하지 않았어. 더 나은 그리고 훨씬 더 많은 관측을 수행하여 완전히 새로운 천문학의 토대를 마련하기를 원했지. 그래서 훨씬 더 크고,

그만큼 더 정확한 새로운 측정 장비를 개발했단다. 여기 이게 그 중 하나야."

이모할머니는 그렇게 말하며 조금 전 책장에서 꺼내 들고 있던 작은 모형을 윌리엄에게 건네주었다. 그것은 작은 삼각대 위에 세워진 일종의 삼각형이었고, 그 뾰족한 끝은 위쪽을 가리키고 있었다.

"그럼 그 이전의 측정 도구들은 이것보다도 더 작았나요?"

윌리엄이 어이없다는 듯 물었다.

"당연히 아니지. 여기 이것은 모델일 뿐이야. '육분의'라고 부르는 건데, 실제 크기는 네 키보다도 더 커. 어쨌거나 튀코 브라헤는 천문학적 측정에 정신이 나갔다 싶을 정도로 집착했고, 젊어서는 심지어 결투를 벌이다 그만 코를 잃기까지 했단다."

"코를 잃었다고요?"

윌리엄은 그렇게 물으며 자기도 모르게 코를 어루만졌다.

"응. 다행히 코 전체는 아니고, 일부분이기는 했지. 결투를 벌인 건 점성술과 관련된 논쟁 때문이었어."

"점성술요?"

윌리엄이 불쑥 질문하고 나섰다.

"하지만…… 점성술은 비과학적이라고 말씀하셨잖아요?"

"그래, 그렇게 말했지. 그러나 튀코 브라헤의 시대에는 점성술이 여전히 미래를 내다보는 데 도움을 줄 수 있는 과학으로 간주되었단다. 튀코 브라헤는 아직 과학을 근본적으로 변화시키는 혁명을 일으키지는 못했던 거야. 어쨌거나 그 논쟁은 튀르키예의 황제가 곧 죽게 될 것이라는 그의 예측에 관한 것이었어. 그는 주위 사람들에게 그 일에 대해 아주 상세하게 이야기했지만, 얼마 지나지 않아 그 황제는 이미 몇 달 전에 죽었다는 사실이 밝혀졌어. 그러던 어느 날, 귀족들이 많이 모인 저녁 모임에서 어느 청년이 그 일로 튀코 브라헤를 조롱했어. 그러자 튀코 브라헤는 자신의 명예를 지키기 위해 그 귀족 청년에게 결투를 신청했지."

이모할머니는 마치 눈에 보이지 않는 칼이라도 휘두르듯 손을 허공에 대고 휘둘렀다.

"인격적으로 모욕을 당한 그는 앞뒤 가리지 않고 덤벼들었어."

이모할머니가 투명 검을 옆으로 치워두고 말했다.

"그러다 그는 코에 칼을 맞았고, 평생 금속으로 만든 인조 코를 달고 살아야 했어."

"우아."

윌리엄이 한쪽 다리를 창턱으로 끌어올리며 중얼거렸다.

"그는 결코 어정쩡한 사람이 아니었어. 아마도 그것이 그가 새로운 천문학적 방법의 창시자가 되어서, 더는 그 같은 굴욕을 당하지 않게 된 이유일 거야."

"새로운 뭐라고요?"

"뭐냐고? 뭐가?"

"방금 그가 새로운 천문학적…… 뭐의 창시자가 됐다고 말했잖아요."

"아! 방법! 그건 어떤 일을 해나가거나 목적을 이루기 위하여 취하는 수단이나 방식을 말하는 거야. 튀코 브라헤는 천문학의 부활을 위해 노력했을 뿐만 아니라, 철학자라기보다는 탐정을 연상케 하는 새로운 시각으로 세상을 바라보고 연구하기 시작했던 것이지. 그는 튀르키예 황제의 죽음을 예측하기 위해 사용했던 기존의 측정값이 틀렸음을 깨달았어. 정확하지 않았던 거야. 새롭고 더 나은 데이터가 필요했지. 그래서 그는 자연과 하늘을 다루는 과학에 새로운 방법을 도입했어. 그리고 그 방법은 오늘날까지도 우리가 과학적으로 일하는 방식에 있어 일종의 모델이 되었단다."

이모할머니는 다시 거실 안을 서성거리기 시작했다.

"하지만 그렇게 되기까지 그가 걸은 길은 당연히 쉽지 않았지. 튀코 브라헤는 1546년, 덴마크 왕실과 가까이 지냈던 아주 유명한 귀족 집안에서 태어났어. 그는 엄청날 정도로 부유했지만 그렇다고 해서 원하는 것을 다 할 수 있었던 것은 아니야.

가족들은 그가 멍하니 하늘만 쳐다보는 대신, 고급 관리가 되어 법과 규정, 교회, 전쟁 등과 관련된 일을 하며 살기를 바랐어. 그는 큰아버지 집에서 자랐고, 큰아버지는 그를 라틴어 학교에 다니게 했지."

"코페르니쿠스처럼요?"

윌리엄이 물었다.

"맞아. 라틴어는 당시 유럽 지역의 학자들이 사용하는 공식 언어였거든. 그래서 이름도 덴마크 이름인 튀게에서 라틴어 이름인 튀코로 바꾸었어."

"그게 아니라, 저는 코페르니쿠스도 그의 삼촌 집에서 자랐다는 걸 말한 거예요."

"그랬구나. 맞다! 코페르니쿠스도 튀코 브라헤처럼 삼촌 집에서 살았었지. 하지만 코페르니쿠스의 경우와는 달리, 튀코 브라헤의 부모님은 모두 살아 계셨단다. 단지, 자식이 없던 큰아버지가 그를 데려왔던 것이야."

"설마 큰아버지가 그냥 데려온 건가요?"

"글쎄. 어쩌면 빼앗아 왔다고 말할 수도 있겠구나. 어쨌거나 당시 사람들은 가족에 대한 생각이 지금의 우리와는 조금 달랐으니까."

이모할머니가 말했다.

윌리엄은 휘둥그레진 눈으로 이모할머니를 쳐다보았다. 그렇다면 단지 아이가 없다는 이유만으로 부모님이 윌리엄을 이모할머니에게 줘버릴 수도 있다는 건가!

"당시만 해도 나중에 커서 뭐가 되고 싶은지 튀코 브라헤에게 물어볼 생각 따위는 아무도 하지 않았을 거야. 그런 일은 보통 가족 중의 어른이 결정했으니까. 그래서 큰아버지도 그를 자기 마음대로 라틴어 학교에 보냈던 거야."

이모할머니는 아무렇지도 않은 듯 계속해서 말했다.

"그리고 튀코 브라헤가 라틴어 학교를 마치자 법학을 공부하라며 이번에는 그를 독일 지방으로 보냈지. 코페르니쿠스나 다른 많은 훌륭한 가문 출신의 젊은이들처럼 말이다. 튀코 브라헤는 법률과 규정들로 가득 찬 까다로운 법학책을 열심히 공부했어. 그러나 그는 어려서부터 신비로움으로 가득 찬 끝없는 하늘을 밤마다 살피며 거의 마법에 홀린 듯 매료되어 있었어. 법률책을 가득 메우고 있는 무의미하고 하찮으며 덧없는 것보다는 좀더 의미 있고 중요한 일을 하며 살기를 꿈꿨던 거야. 그의 가족은 그를 돌볼 가정교사를 함께 보냈지. 그러나 그는 가정교사가 잠이 들자마자 다시 일어나 별을 연구했어."

이모할머니는 잠시 천장을 올려다보다가 이야기를 계속했다.

"튀코 브라헤는 동시대의 모든 사람들과 마찬가지로 우주 공간은 변함없이 항상 일정하다고 배웠어. 그에 따르면 지구야말로 삶과 죽음이 있고 모든 것이 변하는 유일한 곳이었지. 하지만 하늘은 달랐어. 그곳에서는 법학책으로는 헤아릴 수 없는 영원한 법칙이 적용되고 있었거든. 그리고 그 같은 법칙에 따라 태양, 달, 행성, 별은 하느님이 창조하신 날부터 언제나 변함없이 영원하고 예측 가능한 패턴에 따라 움직이고 있었어. 튀코 브라헤가 올려다보던 달은 수천 년 전에 최초의 천문학자들이 이미 연구했던 바로 그 달이었던 거야.

그러던 1572년의 어느 날 밤, 튀코 브라헤는 우주에 대한 그의 견해를 완전히 바꿔놓게 될 무언가를 보았어. 그는 카시오페이아자리에서 완전히 새로운 별 하나를 보았던 거야! 그것은 세상이 창조된 이래 가장 득별하고 경이로운 일이었지!

그 별은 밝고 선명하게 빛나고 있었고, 튀코 브라헤는 그 별이 절대로 혜성이 아니라는 사실을 확신하기까지 몇 달 동안이고 밤마다 그 별을 관찰했어. 그것은 오직 하나의 별일 수밖에 없었고, 이전에는 그곳에 존재하지 않았던 별이었어. 그렇다면 어떻게 그런 일이 가능했던 것일까?"

"그런데 그 별은 정말로 새로운 별이었나요?"

윌리엄이 물었다.

"아니. 오늘날 우리는 그가 관측했던 것은 별의 탄생이 아니라 별의 죽음이었다는 사실을 알고 있지. 그는 이른바 초신성, 그러니까 별이 마침내 완전히 소멸해 사라지기 직전에 엄청나게 밝은 빛을 내며 폭발하는 모습을 보았던 거야.

당시에는 그 사실을 알 방법이 전혀 없었지. 그러나 튀코 브라헤에게는 그 별이 우주에는 사람들이 알지 못하는 수많은 신비가 여전히 숨겨져 있다는 하나의 신호였어. 그는 신비의 실체를 파헤쳐야 했고, 그래서 증거를 수집하기 시작했지."

"관측요?"

윌리엄이 물었다.

"그래, 맞다. 관측!"

이모할머니가 확인해 주었다.

"그러나 그의 가족은 여전히 천문학은 귀족이 할만한 일이 아니라고 생각했어. 가족들의 눈에 천문학은 그저 돈만 잡아먹는 무의미한 분야였고, 그래서 누구도 그의 연구를 지원해 주려 하지 않았지. 그가 귀족 출신이 아닌 여자를 만나 사랑에 빠지게 되었다는 사실 또한 상황을 더욱 악화시켰지. 그를 이해했던 유일한 사람은 여동생인 소피뿐이었어.

튀코 브라헤는 하늘의 언어를 해독하고 그 신비를 이해하려면 별의 위치와 행성의 움직임을 아주 정확하게 측정해야 한다고 점점 더 확신하게 되었어. 그리고 그 일을 누구보다도 더 철저하게 하기를 원했지. 그러던 어느 날, 튀코 브라헤는 새로운 세계상에 관한 코페르니쿠스의 책에 대해 알게 되었어. 그 책은 이미 30년 전에 출판되었지만, 인쇄기의 발명으로 인해 훨씬 더 쉬워졌음에도 불구하고 아이디어와 생각을 전파하는 데에는 여전히 아주 오랜 시간이 걸렸던 거야.

그러다 보니 튀코 브라헤가 1570년대에 마침내 코페르니쿠스를 접하게 되었을 때까지도 코페르니쿠스의 새로운 세계상에 대해 들어본 사람은 그리 많지 않았어. 그러나 코페르니쿠스의 책은 그에게 뭔가 새로운 것, 뭔가 거대한 것, 즉 하나의 완전히 새로운 세계 질서가 등장하고 있음을 확신하게 해주었단다.”

이모할머니는 서성이던 발걸음을 멈추고 잠시 멍하니 허공을 바라보았다.

“새로운 별인 ‘스텔라 노바Stella Nova’의 발견으로 튀코 브라헤는 세계적으로 유명해졌어. 그러나 ‘튀코의 별’이라고도 불리는 새로운 별을 발견한 것만으로는 물론 지구가 태양의 둘레를 돌고 있다는 것을 증명할 수 없었지. 그러기 위해서는 다른 길을 찾아야만 했어. 즉, 더 많은 천체의 관측이 필요했던 거야. 그는 여동생 소피 브라헤Sophie Brahe의 도움을 받아 코페르니쿠스가 입증할 수 없었던 것을 증명하고 싶었어.”

“그 여자도 유명했나요?”

"누구 말이냐?"

"그의 여동생요."

"아! 아니다. 그렇지 않았어."

이모할머니가 윌리엄을 바라보았다.

"이미 말했듯이, 튀코 브라헤의 가족은 귀족이라는 이유만으로 그가 천문학에 시간을 낭비하는 것을 원하지 않았어. 그리고 소피 브라헤의 경우에는 더더욱 상황이 좋지 않았지. 귀족일 뿐만 아니라, 남자가 아닌 여자였거든.

그 당시 여성들은 학문 분야에 종사하는 것이 전혀 허락되지 않았어. 집안일을 돌봐야 했고, 남편이 시키는 대로 해야만 했지. 그래서 당시에는 여성 과학자라고는 눈을 씻고 봐도 거의 찾아볼 수 없었단다. 소피 브라헤의 남편은 젊은 나이에 죽고 말았어. 그래서 혼자 살던 소피 브라헤는 다른 사람에 비해 조금이나마 자유로웠고, 오빠와 마찬가지로 자신의 열정을 추구하며 과학에 대한 사랑에 전념할 수 있었지. 그러나 다른 가족들은 그 사실을 전혀 달가워하지 않았어.

두 사람은 연금술에 몰두하기도 했어. 예를 들어 약을 만들기 위한 실험을 했는데, 오늘날이라면 화학이라고 부를 만한 활동이었지. 그들은 다양한 물질과 그 물질들의 성질을 연구했어. 그러다 결국에는 하늘과 땅이 별반 다르지 않다는 생각을 갖게 되었지. 하늘을 연구하면 땅의 생명에 대해 배울 수 있고, 반대로 땅의 가장 작은 부분까지 연구하면 하늘에 대해 뭔가를 이해할 수 있다고 말이야.

그러나 당시 사람들은 연금술을 일종의 요술로 여겨 두려워했어. 여자들은 단지 '너무 똑똑하다'는 이유만으로도 마녀라고 의심받을 수 있었고, 마녀로 판정받은 여자는 장작더미 위에서 화형을 당해야 했지. 그런 의미에서 본다면, 소피 브라헤가 결코 일반적이지는 않은 취미 활동으로 인해 그다지 유명해지지 않았다는 사실은 오히려 다행스러운 일이기도 할 거야."

윌리엄은 저도 모르게 몸서리를 쳤다.

"하지만 튀코 브라헤는 여동생의 도움을 받을 수 있어 무척이니 기뻤어."

이모할머니가 계속해서 말했다.

"그래서 그는 여동생을 자신의 무사라고 불렀지."

"무사가 뭐예요?"

"무사는 그리스 신화에서 아폴론 신의 시중을 드는 학예의 신이야. 영어로는 뮤즈Muse라고 하지. 오늘날에는 시나 음악의 신이라 부르지만, 고대에는 역사와 천문학을 포함한 학예의 신으로서 사람들이 예술적이거나 과학적인 활동에 참여하도록 장려했지. 모두 9명이라고 알려져 있는데, 예를 들어 음악에는 음악

가나 작곡가에게 영감을 주는 고유한 무사가 있고, 천문학에는 별을 연구하도록 영감을 주는 무사가 있어. 적어도 고대 그리스 인들은 그렇게 믿었어. 그리고 르네상스 시대에는 고대 그리스 에서 비롯된 것은 무엇이든 다 대단히 좋은 것으로 여겨졌고 말 이야."

이모할머니는 또다시 허공을 응시했다.

"그래도 생각해 보면, 나는 무사보다는 차라리 마녀가 되는 게 낫겠다 싶구나."

"왜요?"

윌리엄이 어리둥절한 얼굴로 물었다.

그도 물론 이모할머니가 여신보다는 마녀를 떠올리게 한다는 생각이 들기는 했지만, 그래도 이모할머니가 그렇게 말한다는 것이 의아하기만 했다.

"다른 사람들이 위대한 것을 발명할 수 있도록 늘 가만히 앉 아서 영감을 주는 일은 너무 한심하다고 생각하거든."

이모할머니가 대답했다.

"그건 정말이지 따분하기 짝이 없을 것 같아. 그래도 마녀는 자기 일을 할 수 있고, 또 자신의 규칙을 따르잖아."

윌리엄은 고개를 끄덕였다. 무사가 된다는 것이 정말 따분하 게 느껴졌다.

"그럼 소피 브라헤는 무엇이었다고 생각하세요? 마녀인가요? 아니면 무사일까요?"

윌리엄이 물었다.

"그건 뭐라 딱 잘라 말하기가 어렵구나."

이모할머니가 대답했다.

"그럼 여자로서 될 수 있었던 다른 것은 없었나요?"

윌리엄이 다시 물었다.

"마녀나 무사 말고 다른 것 말이냐? 글쎄다. 그저 집안일과 아이들을 돌보는 게 썩 마음에 들지는 않았다 할지라도 다른 선택지는 그리 많지 않았을 거야. 그 시대의 남성들은 여성이 하고 싶은 일을 스스로 결정하도록 허용하겠다는 생각을 거의 하지 않았거든."

"그럼 남자들이 모든 것을 다 결정할 수 있었던 거예요?"

"대체적으로는 그랬지."

"정말요?"

윌리엄이 불쑥 질문했다.

"그랬다니까! 물론 오늘날에는 그런 일이 상당히 터무니없게 들리겠지만 말이다."

이모할머니는 윌리엄이 놀라는 것도 당연하다는 듯 인정하며 한마디 덧붙였다.

잠시 침묵이 흘렀다. 이윽고, 이모할머니가 헛기침을 두어 차례 하더니 다시 말을 꺼냈다.

"그런데 우리가 어디까지 얘기했지?"

"튀코와 소피가 코페르니쿠스의 아이디어를 증명하려 했다고 말씀하셨어요."

윌리엄이 대답했다.

"아, 그랬지! 다행스럽게도 천체에 대한 열정을 가지고 있던 사람은 그들 둘만이 아니었어. 그들에게는 아주 부유하고 강력한 힘을 지녔던 덴마크의 왕 프레데리크 2세라는 든든한 협조자가 있었지. 그는 점성술의 열렬한 팬이었고, 그래서 튀코 브라헤가 필요로 하는 모든 것을 지원해 주었어.

그 대신, 왕의 점성술사였던 튀코 브라헤는 나라의 모든 중요한 문제에 대한 조언을 요청받았어. 예를 들자면, 언제가 전쟁에 나가기에 가장 적절한 시기인지 같은 문제에 대해서 말이야. 그건 행성의 움직임이 무언가를 말해줄 것이라고 믿었기 때문이지. 그래서 그에게는 신중하게 말하고 행동하는 것이 아주 중요했어.

왕은 튀코 브라헤에게 외레순 해협에 있는 벤섬을 하사했어. 그는 그곳에다 천문학의 무사인 우라니아의 이름을 따서 우라니엔보르라고 이름 붙인 환상적인 천문대를 지었어. 우라니엔보르는 '우라니아의 성'이라는 뜻이야. 튀코 브라헤는 그 성에서 여동생과 수많은 조수 및 연구원들과 함께 약 30년이라는 시간을 보냈고, 그들이 언제 어디서 무엇을 보았는지 하늘을 보며 관측했던 것들을 아주 세세하게 기록으로 남겼어.

그는 또 새롭고 거대한 관측 도구들을 개발했는데, 코페르니쿠스가 가지고 있던 것보다 훨씬 더 뛰어난 것들이었지. 그 도구들을 사용한 관측은 결과적으로 훨씬 더 정확했고 말이야. 그래서 유럽뿐만 아니라 전 세계의 학자들이 새로운 지식 센터를 방문하기 위해 벤섬으로 순례를 떠났지.

튀코 브라헤와 동료들은 천체 지도에 천 개 이상의 별을 기록했고, 코페르니쿠스의 세계상이 올바른 것인지 확인하고 관찰하고 검증했어. 그런데 안타깝게도 지구가 태양의 둘레를 돌지 않는다는 것을 증명하는 것이 훨씬 더 쉬운 일임이 밝혀졌지."

"말도 안 돼요."

윌리엄은 분명 참인 것보다 거짓인 것을 증명하기가 훨씬 더 간단하다는 사실을 도무지 이해할 수 없었다. 이모할머니는 잿빛 곱슬머리를 긁적였다. 그러더니 안경을 슬쩍 밀어 올리고 바지를 끌어 올린 후 윌리엄의 눈을 똑바로 바라보았다. 이모할머니가 말했다.

"그건 측정값이 잘못되었다거나, 이론 자체에 뭔가 문제가 있었기 때문이 아니었어. 그보다는 네가 조금 전 저기 저 나무의 잎을 볼 때 그랬던 것처럼, 모든 것을 매우 철저하게 살펴보았음에도 불구하고, 튀코 브라헤가 실제로는 전혀 알고 있지 못했던 무언가를 안다고 생각했던 데 원인이 있었던 것이지. 그 부분에 대해서는 나중에 다시 이야기하자.

튀코 브라헤는 지구가 하루에 한 번씩 스스로 회전할 뿐만 아니라 1년에 한 번씩 태양의 둘레를 돌고 있다면, 붙박이별 즉 항성에 대한 시차를 측정하는 것이 가능해야 한다는 점을 분명하게 알고 있었어. 거기까지는 아무 문제도 없었어. 단지 시차 측정에 문제가……."

윌리엄이 눈을 찡그리며 물었다.

"시차요? 비행기를 타고 멀리 갈 때 두 곳의 시간이 서로 달라 조정해야 하는 거 말인가요?"

"네가 말하는 시간의 차이가 사람들이 흔히 말하는 시차의 일반적인 의미겠구나. 하지만 지금 내가 말하는 시차는 시간의 차이가 아니라, 하나의 사물을 바라볼 때 생기는 시각의 차이를 의미한단다. 하나의 물체를 서로 다른 두 지점에서 보았을 때 생기는 방향의 차이, 다시 말해 관측하는 사람의 위치가 달라짐에 따라 보이는 물체의 위치가 달라지는 것을 말하는 것이지. 예를 들어 손가락을 눈에서 20센티미터쯤 앞에 놓고, 한쪽 눈을 감은 채 다른 한쪽 눈으로만 그 손가락을 바라보렴. 그러면 바라보는 눈이 바뀔 때마다 손가락의 위치가 바뀌는 것을 보게 될 거야. 지구가 움직인다는 것은 지구에서 바라보는 별 또한 움직인다는 의미이기도 하지. 그러나 튀코 브라헤는 그 같은 시차를 측정할 수가 없었어."

이모할머니는 자신이 하는 말을 윌리엄이 제대로 이해하고 있는지 확인하기 위해 그를 바라보았다. 윌리엄은 역시나 무슨 소리인가 하는 표정을 짓고 있었다.

"자, 저기로 가서 서봐."

이모할머니는 소파 옆에 있는 책장을 가리켰다. 윌리엄은 창턱에서 내려와 그곳으로 가 섰다. 그곳에서는 거실을 가로질러 문 있는 데가 보였다.

"잘했다. 그럼 이제……."

이모할머니는 말을 하며 주위를 둘러보았다.

"여기 우리 요한 좀 봐봐."

렌즈가 들어있는 장롱 옆에는 흰색 둥근 기둥 받침이 있었다. 그리고 그 위에는 석고상 하나가 마치 왕처럼 앉아있었다. 정확하게 말하면 요한은 사람의 모습을 가슴까지만 표현한 조각상이었다. 이모할머니는 이제 그 조각상을 거실 한가운데로 옮겼다.

"너는 지금 요한이 있는 쪽을 보고 있어. 그리고 그 바라보는 시선을 어려운 말로는 '시준선'이라고 하지. 너의 눈과 요한을 이은 선 말이다. 자, 요한 뒤로 무엇이 보이니?"

"문요."

"그래. 그럼 이제는 왼쪽으로 세 걸음만 가보거라. 아니, 그쪽 말고 반대쪽, 책상 뒤쪽으로 말이다. 그렇지! 그리고 아까처럼 서서 우리 요한을 바라보거라. 지금은 요한 뒤로 뭐가 보이니?"

"이제는 방구석이 보여요. 책장과 커튼도요."

"그렇구나. 그런데 네가 관측하는 동안 요한이 움직였던가?"

"아니요."

"그런데 요한의 배경이 바뀌었어?"

"네. 그건 제가 움직였기 때문이에요."

"맞아! 바로 그거야! 시차는 네가 이동한 것과 같은 움직임과 연관된 것이지. 두 개의 다른 지점에서 하나의 대상을 바라볼 때, 그 셋 사이를 선으로 연결하면 하나의 삼각형이 생겨. 그리고 우리가 기하학에 관해 이야기했던 것 기억하지? 삼각형으로 계산하는 것 말이다."

월리엄은 확실치는 않았지만 고개를 끄덕였다.

"지구의 크기를 계산해 낸 것이요?"

"그렇지! 만일 우리가 삼각형의 세 모서리 크기 즉 각도를 알고 있고, 또 세 변의 길이도 알고 있다면, 기하학을 이용하여 우리가 보고 있는 물체가 얼마나 멀리 떨어져 있는지 알아낼 수 있단다."

"어떻게요?"

"흠, 아마도 이집트인들이 그 방법을 발견해 냈을 거야. 적어도 그 많은 피라미드를 건설하며 삼각형 계산법을 아주 유용하게 써먹을 수 있었겠지. 그러나 삼각형으로 유명해진 것은 고대 그리스의 철학자 중 한 사람인 피타고라스Pythagoras였어. 그는 수학뿐만 아니라 철학과 자연과학 등 학문을 연구하는 학파를 만들었고, 주로 자연의 규칙성을 연구했어.

그는 평생 '모든 것은 숫자이다.'를 표어로 삼고 숫자 사이의 관계를 연구했지. 그리고 삼각형의 변의 길이와 각 사이에 특별한 관계가 있다는 것을 알아냈어. 또 그 관계를 이용해, 삼각형의 두 각의 크기나 두 변의 길이를 알고 있다면 나머지 한 변의 길이나 각의 크기를 알아낼 수 있었어.

튀코 브라헤는 그 같은 사실을 배워서 알고 있었지. 비록 지구에서 달이나 태양까지 늘일 수 있는 줄자는 없었지만, 육분의를 사용해 지구와 달과 태양이 이루는 삼각형의 각도를 알아낼 수 있었어. 그런 다음, 삼각형 및 시차에 대한 지식을 활용해 그들이 서로 얼마나 멀리 떨어져 있는지 계산할 수 있었던 거지."

"멋지다!"

윌리엄이 저도 모르게 감탄하며 중얼거렸다.

"너도 그렇게 생각하지? 그러고 보면 삼각형은 진짜 대단한 거야. 그리고 우리의 눈은 똑같은 방법을 사용해 어떤 물체가 얼마나 떨어져 있는지를 알아내서, 우리가 그 물체와 부딪히지 않도록 해주지. 또는 공을 잘 잡도록 도와주기도 하고. 피타고라스나 삼각형 계산법에 대해 전혀 들어본 적이 없어도, 우리의 눈은 그 원리를 아주 당연하단 듯 사용하고 있는 거야. 네 왼팔을 뻗어 엄지손가락을 시선의 기준점으로 삼아봐. 조금 전, 요한을 대상으로 했던 것처럼 말이야."

윌리엄은 이모할머니가 말한 대로 했다.

"그리고 이번에는 오른팔로 먼저 오른쪽 눈을 가리고 왼쪽 눈으로만 엄지손가락을 보다가, 다시 그 반대로 해서 보면, 엄지손가락 뒤에 있는 배경이 마치 움직이는 것처럼 보인다는 걸 알게될 거야."

윌리엄은 한쪽 눈과 다른 쪽 눈을 번갈아 가리면서 보았고, 이내 고개를 끄덕였다.

"그건 너의 두 눈이 약간의 간격을 두고 나란히 붙어있기 때문이야. 어때? 정말 신기하지 않니?"

"그래서 사람 눈이 두 개인 거예요?"

윌리엄이 물었다.

"그것도 분명 하나의 이유겠지."

윌리엄은 거실 안을 둘러보았다. 그는 무언가가 아주 가까이 있는지 멀리 있는지 인식할 수 있다는 사실에 대해 진지하게 생각해 본 적이 없었다. 그러나 만일 그럴 수가 없었다면 무척이나 힘들고 지루했을 것이라는 사실쯤은 충분히 상상할 수 있었다.

이모할머니가 다시 거실 안을 서성이며 말했다.

"어쨌든 튀코 브라헤는 새로운 별을 발견했고, 예전에 생각했던 것처럼 모든 별이 다 똑같이 얇은 천구의 껍질에 붙어있는 것이 아니라 몇몇 별은 다른 별들보다 더 멀리 떨어져 있다는 사실을 깨달았어. 그는 내가 방금 설명했던 시차에 대해 훤히 알고 있었지. 그래서 지구가 실제로 1년을 주기로 태양의 둘레를 돌고 있다면, 태양 가까이에 있는 붙박이별 중 하나를 시차를 확인하기 위한 시준선으로 사용할 수 있다는 사실도 잘 알고 있었어. 지구가 공전하고 있다면, 지구 또한 네가 방의 한쪽에서 다른 쪽으로 이동했던 것과 마찬가지로 움직일 것이기 때문이지.

하지만 그의 계획은 통하지 않았어. 물체와 떨어진 거리가 멀면 멀수록, 그 물체와 관측자가 보고 있는 지점이 만들어내는 삼각형의 폭이 점점 좁아지기 때문이야. 이번에는 우리 요한을 조금 뒤쪽으로 밀쳐보자."

이모할머니가 말하면서, 석고상을 문 쪽으로 밀었다.

"그리고 너는 아까와 똑같이 관측을 하는 거야. 처음에는 소 파에서, 그런 다음에는 책상 뒤에 서서 말이야. 그러고는 무엇이 보이는지 확인해 보렴."

윌리엄은 이모할머니가 시킨 대로 소파로 자리를 옮겼다.

"이제 뭐가 보일까?"

"아까랑 똑같이 문이 보여요."

"좋았어. 그럼 네가 자리를 이동하면 무엇이 보이는지 확인해 볼까?"

윌리엄은 책상 뒤로 갔다.

"이번에도 문이 보여요."

"알았다. 그렇다면 배경이 아까와 비교해 그리 많이 달라지지 는 않은 거네?"

"네."

"이번에는 별이 얼마나 멀리 떨어져 있는지 상상해 보거라."

윌리엄은 이번에도 이모할머니가 시킨 대로 했다. 하지만 그 거리를 생각하다 보니 현기증이 날 것만 같았다.

이모할머니가 다시 말했다.

"별들은 상상할 수 없을 만큼 지구와 멀리 떨어져 있어. 그래 서 그들과 지구의 움직임에 의해 만들어진 삼각형은 마치 두 개 의 선이 겹친 것처럼 폭이 좁아. 따라서 지구가 반년 동안에 태양계의 한쪽에서 다른 쪽까지 족히 3억 킬로미터라는 거리를 이동한다 할지라도, 거기에서 생긴 시차를 사람이 맨눈으로 관측하는 것은 한마디로 불가능한 일이지.

그래서 시차를 측정하기 위해 당시 가장 최신인 장비나 환상적인 기기를 사용했음에도 불구하고 튀코 브라헤는 배경의 변화를 확인할 수 없었던 거야. 배경의 변화는 너무 미미했던 반면, 그는 맨눈으로만 봐야했기 때문이지. 당시만 해도 망원경은 아직 발명되지 않았었거든.

코페르니쿠스도 시차를 측정할 수 없었어. 그는 아마도 별들이 사람들이 생각하는 것보다 훨씬 더 멀리 떨어져 있기 때문일 것이라고 그 이유를 설명했어. 그러나 튀코 브라헤는 생각이 달랐지. 그는 만일 시차 변화가 있었다면, 세상에서 가장 뛰어난 천문학자인 자신이 측정하지 못했을 리가 없다고 믿었어. 즉, 코페르니쿠스도 튀코 브라헤도 우주가 둥그런 공처럼 생겼고, 별들이 가장 바깥쪽 투명한 껍질에 달라붙어 있다는 생각에 의문을 제기하지 않았던 거야.

당시 사람들은 토성을 가장 바깥쪽에 있는 행성으로 여겼어. 그때만 해도 토성 뒤에 있는 행성들을 전혀 볼 수 없었기 때문이지. 그런데 코페르니쿠스의 설명은 별들이 토성에서 아주 멀리 떨어져 있다는 것을 의미했고, 따라서 튀코 브라헤는 코페르니쿠스의 생각을 완전히 터무니없다고 여겼던 거야. 그는 신이 완벽한 우주를 창조하면서 그렇게 많은 공간을 허비했을 것이라고는 상상조차 할 수 없었거든. 행성과 별 사이의 거대하고 텅 빈 공간은 그가 보기에는 어리석기 짝이 없는 일이었지."

"그렇지만…… 그게 우주 아니에요? 거대하고 텅 빈 공간. 그렇지 않은가요?"

"그래, 맞아. 하지만 당시 사람들은 그렇게 생각하지 않았던 거야. 물론 우주는 공간 낭비 따위에는 전혀 신경 쓰지 않지. 하지만 그렇다고 해서 측정이 더 쉬워지는 것은 아니었어. 코페르니쿠스의 생각이 옳다는 데 동의한 지 한참이 지난 후에도 시차는 측정할 수 없었어. 그러다 코페르니쿠스가 책을 쓴 지 300년이 지나서야 비로소 시차 측정에 성공할 수 있었지.

너도 알다시피 튀코 브라헤의 관측과 계산은 정확했어. 그들이 사용할 수 있었던 보조 수단의 한계 내에서는 가능한 만큼 정확했던 거야. 그리고 그의 방법은 과학적이었지. 그러나 위대한 하늘 탐정 튀코 브라헤는 그럼에도 불구하고 결국 자신의 연구에서 잘못된 결론을 이끌어냈어.

문제는 그가 우주를 충분히 멀리 볼 수 없었기 때문에 실제 크기보다 훨씬 작다고 생각했다는 점이야. 또, 우주 전체가 별 껍질로 둘러싸인 우리의 작고 보잘것없는 태양계로만 구성되어 있다고 생각했다는 점이기도 하고. 더 이상 잘못되기도 힘들다고 할 만큼 그의 착각은 심각한 것이었지만, 그렇다고 해서 사실 그를 비난할 수만도 없는 노릇이란다.

스스로가 세상 사람의 주목이나 관심의 한가운데에 있기를 즐겼던 사람이기에, 어쩌면 지구가 중심에 있다는 생각이 훨씬 더 마음에 들었을 수도 있어. 그리고 하늘의 너무 많은 공간이 허비되지 않았다는 생각도 마찬가지고 말이야. 게다가 코페르니쿠스의 세계상은 세상이 가만히 멈춰있다는 하느님의 말씀과도 어긋났지. 그뿐만 아니라 코페르니쿠스가 수행했던 관측은 그다지 철저하지도 못했어.

코페르니쿠스의 모델이 제공하는 여러 가지 이점을 계산에 활용해, 튀코 브라헤는 소위 '튀코의 세계 모델'이라는 자신만의 모델을 개발했어. 그리고 그 모델 안에서 태양과 달은 중심에 있는 지구를 돌고 있지만, 나머지 행성은 태양의 둘레를 돌고 있다고 설명했어.

튀코 브라헤와 코페르니쿠스 두 사람은 아주 결정적인 점에서 잘못 생각했어. 그러나 코페르니쿠스의 새로운 세계관과, 세계를 연구하는 튀코 브라헤의 새로운 과학적 방법과 하나의 아이디어를 증명하려는 끈질긴 노력 속에서 자연과학의 혁명은 이미 진행되고 있었던 것이지.

튀코 브라헤가 이끌어낸 결론은 그가 자신을 영원히 기억되도록 만들고 싶었던 것은 분명 아니었어. 동시대 사람들은 새로운 별의 발견과 튀코의 세계 모델에 대해 찬탄을 금치 못했어. 그러나 잘 알려진 바와 같이 그가 발견한 신성은 새로운 별이 아니었고, 그가 제안한 세계 모델은 잘못된 것이었지.

그래도 튀코 브라헤의 수많은 관측에는 의심의 여지가 털끝만큼도 없었어. 그 철저한 관측들은 튀코의 의지와는 관계없이, 태양이 중심에 있다는 코페르니쿠스의 생각을 널리 전파하는 데 아주 중요한 역할을 맡게 되었지."

"어떻게요?"

윌리엄이 물었다.

그 순간 아래에서 이상한 소리가 들렸다. 이번에는 도로 공사 인부들이 피아노를 친 것도 아니었지만, 이모할머니는 단숨에 자리를 박차고 일어나 거실에서 사라졌다. 그리고 곧이어 집 안은 다시 조용해졌다.

윌리엄의 귀에 또 다른 소리가 들려왔다. 이번 소리는 그의 배속에서 들려오는 것이었다. 윌리엄은 부엌으로 달려가 냉장고 문을 열었다. 버터와 살라미 소시지가 있었다. 그가 냉장고 문을 다시 닫았을 때, 이모할머니는 부엌에 서 있었다. 거실에서 사라질 때와 마찬가지로, 갑자기!

"닌자 같아요."

윌리엄이 중얼거렸다.

"뭐라고?"

"음, 이모할머니가 마치 닌자처럼 갑자기 사라졌다가 갑자기 돌아왔잖아요. 어디 가셨던 거예요?"

윌리엄이 말했다.

"아, 그건 그냥…… 보일러에 문제가 좀 있었어."

윌리엄은 이모할머니를 곁눈질로 슬며시 훔쳐보았다. 그럼 도로 공사 소리는 어떻게 된 걸까? 그리고 그 소리가 단지 보일러에서 난 소리였다면, 지난번에는 왜 아무 소리도 듣지 못했다고 했던 걸까? 그러나 윌리엄은 더 이상 꼬치꼬치 캐묻지 않기로 마음먹었다.

그보다는 튀코 브라헤의 관측이 결국은 코페르니쿠스의 생각을 입증했다는 것에 대해서 더 듣고 싶었다. 윌리엄은 계속해서 이야기해 달라고 요청했고, 이모할머니는 다행히도 그러겠다고 동의했다. 두 사람은 부엌의 작은 식탁에 마주 앉았다. 윌리엄은 살라미 소시지 빵을 먹었고, 이모할머니는 앞에다 커피 한 잔을 따라놓고 있었다.

이모할머니가 커피를 한 모금 맛있게 홀짝이며 말했다.

"덴마크의 왕 프레데리크 2세는 튀코 브라헤가 하늘을 연구하는 비용을 지원했고, 벤섬을 하사했어. 그러나 이제 프레데리크 2세는 죽었고, 뒤를 이어 젊은 크리스티안 4세가 왕이 되었어. 혹시 그에 대해 들어본 적이 있니?"

"크리스티안 4세면 룬데토른 탑을 건설한 왕이 아닌가요?"

"그래, 맞다! 그리고 룬데토른은 바로 천문학적 측정을 위해 세운 곳이야."

"정말요? 그래서 일반 계단 대신, 그처럼 넓고 평평한 경사로가 있는 건가요?"

"맞다. 경사로를 이용하면 대형 측정 장치를 맨 위층으로 쉽사리 옮길 수가 있었거든. 그러나 크리스티안 4세는 튀코 브라헤의 열렬한 팬이 아니었어. 덴마크 왕실은 튀코 브라헤의 천체 연구 및 천문대를 지원하고 값비싼 기기를 구입하기 위해 믿을 수 없을 만큼 많은 돈을 지불했었지. 사람들은 덴마크가 당시 튀코 브라헤의 연구에 투자했던 만큼 아낌없는 후원을 하는 일은 과거에도 없었고 앞으로도 없을 거라고 말하곤 한다. 그리고 젊은 크리스티안 4세는 그 돈을 차라리 다른 일에 쓰고 싶어 했어.

벤섬의 농민들도 튀코 브라헤에 대해 불평을 늘어놓기 시작했지. 그가 천문대를 건설하기 위해 말도 안 되는 시기에 자신들을 강제로 동원해 부려 먹었고, 그 바람에 자신들의 논과 밭을 제대로 돌볼 수가 없었다는 이유에서였어. 그 밖에도 그가 영주로서의 의무를 다하지 않는다는 불만도 점점 쌓여갔어. 예를 들어, 그의 임무 중 하나는 프레데리크 2세가 묻힌 예배당을 관리하는 것이었어.

튀코 브라헤는 물론 그런 일들이 모두 다 시간 낭비라고 생각했지. 그의 천문학 연구는 이 세상의 다른 모든 하잘것없는 일보다 중요했고. 그래서 그는 사람들의 불평불만을 무시했어. 그런 태도가 크리스티안 4세를 더욱 화나게 했지.

또, 연금술이라는 문제도 있었어. 브라헤 남매의 약초와 약품 실험은 마녀의 요술과 매우 흡사해 보였거든. 크리스티안 4세가 정말로 두려워했던 것이 한 가지 있다면, 바로 마녀였지. 그래서 젊은 왕은 튀코 브라헤에게 돈을 지원하는 것을 중단했고, 벤섬에 있는 그의 천문대는 문을 닫아야만 했어. 하늘의 발견으로 인해 그토록 유명해지고 존경받았던 그는 결국 관측 기기와 관찰 자료들을 지키기 위해 아내와 아이들을 데리고 덴마크를 떠날 수밖에 없었어.

튀코 브라헤는 가족과 함께 프라하로 도망쳤는데, 그곳의 황제인 루돌프 2세는 때마침 새로운 궁정 천문학자이자 수학자를 찾고 있었어. 그러나 소피 브라헤는 오빠와 함께 가지 않았어. 소피 브라헤는 안타깝게도 빚더미에 올라앉은 어느 연금술사와 사랑에 빠졌고, 그를 따라 독일 지방으로 이주했어. 그때부터 튀코 브라헤는 여동생의 도움 없이 모든 것을 혼자 해내야 했지.

프라하에 도착하고 얼마 지나지 않아, 그는 독일의 젊은 수학자가 쓴 편지와 책을 받았어. 책은 우주의 조화에 관한 정말 놀랍고도 신비로운 이론으로 가득 차있었지.

튀코 브라헤는 그 젊은이의 생각에 전적으로 동조할 수는 없었어. 그 젊은이도 코페르니쿠스처럼 태양이 우주의 중심에 있다고 믿었기 때문이야. 그럼에도 불구하고, 그 책이 이제껏 튀코 브라헤가 만나보았던 누구보다도 수학에 통달한 뛰어난 사람에 의해 쓰였다는 사실만큼은 분명하고 틀림없어 보였어.

그 젊은이의 이름은 요하네스 케플러Johannes Kepler였는데, 튀코 브라헤는 그가 여동생을 대신해 자신을 도와줄 적임자임을 한눈에 알아보았어. 튀코 브라헤는 그가 수행한 모든 관측을 하나하나 모두 기록했어. 그러나 여전히 그 관측 자료들이 의미하는 바를 제대로 이해하고 있지는 못했지. 여태껏 그는 그 자료들에 숨어있는 진정한 의미를 인식할 수 없었고, 그래서 자신의 세계 모델이 옳다는 것을 결정적으로 증명할 수는 없었던 거야.

튀코 브라헤는 그를 도와주던 여동생이 더 이상 곁에 없다는 사실이 늘 아쉽기만 했지. 더구나 그는 이제 늙고 지치기까지 했고. 그런데 그런 그의 앞에, 일을 맡아 해줄 젊고 재능 있는 청년이 나타난 것이었어!

케플러 또한 튀코 브라헤에게서 깊은 인상을 받았어. 그러나 그는 '튀코의 세계 모델'에 대해 그다지 큰 의미를 두지는 않았어. 대신 그는 코페르니쿠스가 옳았고, 지구가 자전하며 우주의 중심에 있는 태양의 둘레를 공전하고 있다고 확신했어. 그리고 철저한 관측을 통해 그 같은 사실을 정확하게 증명할 수 있다고 믿어 의심치 않았지.

케플러는 튀코 브라헤와는 달리 가난한 환경에서 태어나고 자랐어. 아버지는 용병이었고, 어머니는 마녀라는 의심을 받고 있었지. 그런 그가 라틴어 학교에 다니고 신학을 공부한 것은 순전히 운이 좋아서였어. 그러나 브라헤 남매와는 달리, 그에게는 여러 해 동안 하늘을 올려다보며 관찰할 기회가 없었어.

그리고 또 다른 문제가 하나 있었지. 케플러는 어렸을 때 천연두를 앓았고, 그로 인해 시력이 손상되었던 거야. 그러니 그가 설사 세상의 모든 돈과 시간을 다 가지고 있었다 해도 그에게 진정으로 필요한 정확한 관측을 할 수는 없었을 것이야.

한편, 프라하의 황궁에서 살고 있던 튀코 브라헤에게는 케플러가 살아온 것보다 훨씬 더 오랜 세월에 걸쳐 수집된 관측 자료가 있었어. 그리고 그 기록들은 누군가가 와서, 그 안에 숨어 있는 비밀을 하루빨리 풀어내기만을 기다리고 있었지.

그러나 튀코 브라헤는 케플러에게 자신의 관측 자료를 아무

대가도 없이 그냥 내주고 싶지는 않았어. 그는 그 자료들을 보물처럼 지켰어. 그 자료들이 얼마나 특별한 것인지 너무나 잘 알고 있었기 때문이야. 더구나 덴마크에서 프라하로 도망쳐 온 후로는 그 자료들이 그가 소유한 전부였기 때문이기도 하고. 그럼에도 그는 자신의 세계 모델을 증명하기 위해 케플러가 그 자료들을 사용할 수 있도록 기꺼이 허락할 마음의 준비가 되어있었어.

결국 케플러는 튀코 브라헤의 제안을 수락하고 그의 조수가 되었지만, 두 천문학자 사이에서는 공통점을 찾아보기가 쉽지 않았어.

실제로도 두 사람은 의견 차이로 인해 자주 다퉜어. 그러다 한번은 케플러가 독일 지방으로 돌아갈 정도로 심한 말다툼을 벌이기도 했어. 그러나 독일 지방에서는 종교 사이의 다툼이 크고 격렬하게 벌어졌고, 얼마 지나지 않아 케플러는 그가 살고 있던 곳을 다시 떠나야만 했어."

"왜요?"

윌리엄이 물었다.

"지금 우리가 종교의 자유라고 부르는 것이 당시에는 존재하지 않았거든."

이모할머니가 설명했다.

"그곳 사람들은 케플러가 신을 믿고 섬기는 방식이 옳지 않다고 생각했어. 그러나 케플러는 자신의 믿음을 바꾸려 하지 않았지. 결국 그는 독일 지방에서 쫓겨나게 되었고, 어쩔 수 없이 튀코 브라헤가 있는 프라하로 돌아왔던 거야."

"진짜 너무했네요!"

윌리엄이 분개해 소리쳤다. 그는 살라미 소시지 빵을 맛있게 다 먹었고, 이모할머니와 이야기하고 있는 작은 부엌이 아주 편안하게만 느껴졌다. 그러나 누군가가 단지 종교적인 믿음이 다르다는 이유만으로 고향에서 쫓겨났다는 사실은 생각만 해도 그를 화나게 했다.

"그래, 네 말이 맞아. 그러나 다른 한편, 케플러가 튀코 브라헤와의 공동 작업을 다시 계속할 수 있었다는 점에서는 우리 모두에게 엄청난 행운이기도 했지.

케플러가 보기에 튀코 브라헤는 값진 건축자재를 엄청 많이 끌어모아 가지고 있는 장인과도 같았어. 그러나 케플러는 그가 또한 너무 꼼꼼해서, 건축자재로 무엇을 해야 할지조차 모르고 있다고 생각했어. 그리고 나이가 들면서 몸도 마음도 점점 약해졌고 말이야.

다시 말해 장인인 튀코 브라헤에게는 그 모든 건축자재로 지을 집의 설계도를 그려줄 건축가가 없었던 거야. 건축자재는 그가 평생 축적한 관측 자료였고, 케플러는 바로 그 건축가였던 셈이지. 안타깝게도 튀코 브라헤는 어느 백작의 집에서 열린 저녁 만찬에 초대받아 다녀온 후 얼마 지나지 않아 큰 병에 걸렸어. 그리고 심한 고통을 겪다 열흘 만에 사망했고."

"그가 죽었다고요?"

"응. 어차피 사람은 누구나 언젠가는 죽게 마련이니까."

"그래도 갑자기……. 그런데 그는 무엇 때문에 죽은 거예요?"

"글쎄다. 하지만 그의 건강하지 못한 생활 습관 때문이었던 것만큼은 분명해. 사실 그의 죽음과 관련해 많은 논란이 있었지. 심지어 튀코 브라헤가 저녁 식사 중에 화장실에 가는 것을 예의가 아니라 생각해서 참고 참다 오줌보가 터져서 사망했다는 주장도 있었어."

"오줌을 참다 죽을 수도 있는 거예요?"

윌리엄이 깜짝 놀라 물었다. 어제저녁에 오줌을 참느라 발을 동동 굴렀던 일이 떠올랐기 때문이다.

"아니, 그럴 수는 없어. 방광이 터지기 한참 전에 이미 바지에 실수부터 할 테니까. 그러나 물론 방광염에 걸리거나 다른 배뇨 기능장애로 고생을 할 수는 있었겠지.

몇몇 사람들은 튀코 브라헤가 그의 인공 코로 인한 금속 중독증으로 사망했을지도 모른다고 추측하기도 했어. 수은으로 약을 만들다 실수로 중독이 되어 죽었을 수도 있다고 생각했던 사람들도 있었고 말이야. 심지어는 그가 살해당했다고 믿는 사람들도 있었지."

"살해당했다고요? 그건 또 왜요?"

"그는 아마도 순식간에 사람들이 자신을 미워하게 만들 수 있는 사람이었을 거야. 하지만 그것만으로는 물론 살해당할 이유가 될 수 없지. 그리고 아무도 진지하게 그렇다고 말하지도 않았을 것이고. 어쨌거나 사람들은 프라하에 있던 그의 관을 실제로 열어보기까지 했어. 그가 사망한 원인을 제대로 밝혀내기 위해서 말이야."

"그의 관을 꺼내 열어보았다고요? 진짜 끔찍했겠네요."

"글쎄, 그렇게까지는 뭐……. 그는 이미 400년 전에 죽어 관 속에 들어갔으니, 그새 최악의 썩는 냄새는 당연히 사라졌겠지. 게다가 그의 유해는 땅에 묻힌 것이 아니라 교회의 지하실 납골당에 안치되었거든."

"그럼 이제는 그가 무엇 때문에 죽었는지 알게 된 거예요?"

"아니, 그렇지도 않아. 단지 그가 수은 중독 때문에 죽은 것은 아니라는 사실만큼은 확실하게 밝혀졌지."

"진짜 신기해요. 단지 수은 중독 때문에 죽은 게 아니란 걸 알아내기 위해 그렇게 많은 어려움을 겪으면서 죽은 사람을 관에서 꺼냈다는 게 말이에요."

"맞다. 하지만 과학이란 게 종종 그렇단다."

"흠. 그럼 그 케플러라는 사람은요? 혹시 그가 죽인 건 아니었을까요? 그의 어머니도 마녀였다면서요."

"너도 마녀를 무서워하니?"

이모할머니가 물었다.

"아니요, 전혀요!"

윌리엄이 대답했다.

"나로서는 케플러가 그랬을 거라고는 결코 상상할 수 없구나."

이모할머니가 말했다.

"튀코 브라헤가 살해당했다거나, 아니면 케플러에게 그럴 만한 이유가 있었다는 증거는 없어. 더구나 튀코 브라헤는 케플러에게 궁정 천문학자의 자리를 마련해 주기 위해 황제에게 부탁까지 하고 있었거든. 아무런 증거도 없이 누군가를 살인자로 몰아서는 안 되는 거야. 그렇지?"

이모할머니는 안경 너머로 윌리엄을 바라보았다.

"그건 비과학적일 테니 말이다."

윌리엄은 멋쩍게 웃을 수밖에 없었다.

"맞아요."

이모할머니가 잔에 커피를 더 따르며 계속해서 말했다.

"어쨌거나 튀코 브라헤는 죽기 직전에 젊은 케플러에게서 자신의 관측 자료를 '튀코의 세계 모델'을 증명하는 데 사용하겠다는 약속을 받아냈어. 그러고는 고열에 시달려 정신이 혼미해진 가운데서도 '내 인생을 헛되게 만들지 마!'라고 계속해서 중얼거렸다는구나.

그의 삶은 당연히 헛된 것이 아니었지. 이미 언급했듯이 그가 세계사에 남긴 지대한 공헌은 '튀코의 세계 모델'뿐만이 아니었거든. 어쨌든 사람이라면 누구든 자신이 약속한 것은 반드시 지켜야 하지. 그러나 케플러는 죽은 사람에게 한 약속보다는 우주에 관한 진실을 밝혀내는 데 관심이 더 많았어. 그래서 케플러는 프라하에서 궁정 천문학자가 되자, '튀코의 세계 모델' 대신 코페르니쿠스의 세계상을 증명하는 작업을 하기 시작했어.

케플러는 우주의 모양과 행성의 궤도 사이에는 신에 의해 창조된 수적인 관계가 있음이 분명하다고 확신했어. 그는 피타고라스의 영향을 받았거든. 삼각형을 연구했던 고대 그리스의 자연철학자인 피타고라스는 아마 너도 기억하고 있을 거야.

피타고라스는 삼각형뿐만 아니라 음악도 연구했고, 음악에서도 지금까지 통용되는 아주 많은 다양한 수적인 관계를 발견했지. 그리고 그는 그 같은 관계를 토대로, 어쩌면 우주에 존재하는 모든 것은 거대한 음악적이고 수학적인 조화를 형성한다는 생각을 하게 되었어. 코페르니쿠스 시대에 이르기까지, 행성들이 달라붙어 있다고 사람들이 믿었던 투명한 공 모양 껍질인 천구를 기억하니?"

"네!"

"그 아이디어에 따르면, 공 모양의 껍질은 행성의 움직임으로 인해 어쩔 수 없이 움직일 수밖에 없게 돼. 그래서 피타고라스는 그 과정에서 물을 묻힌 손가락으로 얇은 유리판을 문지를 때 나는 것과 비슷한 음악이 생성된다고 상상하게 되었지."

이모할머니는 커피 잔에 손가락을 담그고 커피 잔의 가장자리에 대고 문질렀다. 그러나 들리는 소리는 크지 않았고, 그래서 윌리엄은 좀 더 큰 유리컵에 물을 담아서 똑같이 시도해 보았다. 이윽고 맑은 노랫소리가 부엌 안을 가득 채웠다.

"하지만 정말 그런 거라면 우리도 그 소리를 들을 수 있어야 하는 거 아닌가요?"

유리컵에서 나는 음악 소리에 잠시 귀를 기울이고 있던 윌리엄이 물었다.

"아하!"

이모할머니가 말했다.

"피타고라스는 당연히 그 같은 질문에 대한 답을 준비하고 있었지. 그는 그 소리가 태초부터 항상 우리 곁에 있었고, 그래서 어느덧 그 소리에 적응한 우리가 그 소리를 듣지 못하는 것일

뿐이라고 대답했어. 냉장고의 윙윙거리는 소리에 익숙해져 그 소리를 더 이상 의식하지 못하게 되는 것처럼 말이야.

케플러는 세상의 모든 것이 수학적으로, 그리고 음악적으로 서로 연결될 수 있다는 아이디어에 아주 커다란 흥미를 느꼈어. 그리고 그 점이 바로 그가 튀코 브라헤에게 우주의 조화를 확신시키고자 할 때 주장했던 내용이기도 하지. 하지만 철두철미했던 튀코 브라헤는 그의 주장을 너무 지나친 상상력의 소산으로 여겼을 거야. 하지만 케플러는 튀코 브라헤의 측정 데이터에서 조화로운 관계를 찾으려고 노력했어. 그리고 마침내 세 가지 자연법칙을 발견해 냈던 거야."

"세 가지 자연법칙요? 그게 뭔데요? 자연법칙이면 단지 집 밖의 자연 속에서만 적용되는 법칙인가요?"

윌리엄이 물었다.

"흠, 자연법칙이란 쉽게 말해 경찰이나 판사와는 전혀 관계없는 법칙이라고 말할 수 있겠구나. 자연법칙은 우리가 무엇을 할수 있는지, 해서는 안 되는지에 관한 것이 아니야. 그것은 어떤 것이 어떻게 움직이고, 또 항상 같은 방식으로 움직일지에 관한 것이지.

자연법칙은 자연계의 모든 사물과 현상에서 반복적으로 나타나는 일정한 법칙이야. 자연의 물리적 힘과 그들 사이의 관계를 설명하는 법칙으로, 우리 인간과는 무관하지. 어디에서나 적용되는 법칙으로, 우리가 지금 앉아있는 여기에서나 아주 멀리 떨어진 미국에서나 아주 똑같이 적용되는 법칙이야. 심지어는 화성이나 다른 별 등 우리가 알고 있는 어디에서든 말이다.

그리고 그러한 법칙을 발견한 사람이 바로 케플러였던 거야. 오직 수학의 도움을 받고, 또 세상은 전적으로 수학적 원리에 기반을 두고 있으며 그것을 찾아 이해하는 것이야말로 우리 인간의 임무라는 굳은 신념에 힘입어서 말이야."

"그러면 그가 발견했다는 세 가지 법칙은 어떤 내용이에요?"

윌리엄은 우주 전체에 적용된다는 그 법칙이라는 게 도대체 어떤 것인지 짐작조차 할 수 없었다. 단지 일부에게만 적용되고 모든 것에게는 적용되지 않는 것만 몇 가지 떠올랐다.

예를 들어 사람들이 다니는 인도에서 자전거를 타는 것은 금지이다. 그러나 어린아이들은 그래도 괜찮다. 그리고 횡단보도를 건널 때는 자전거에서 내려 밀고 가야 한다. 그러나 윌리엄의 엄마만 해도 급할 때면 자전거를 탄 채로 건널목을 건너곤 한다.

"가장 많은 관심을 끌었던 것은 그의 첫 번째 법칙이었어."

이모할머니가 대답했다.

"그 법칙은 공 모양의 완벽한 우주라는 기존의 개념을 깨뜨렸거든. 케플러는 지구가 태양의 둘레를 공전한다는 기본 전제가 옳았음에도 불구하고, 코페르니쿠스가 많은 것들을 제대로 이해하지 못했다는 사실을 발견했어. 코페르니쿠스에게 태양은 단지 빛의 원천일 뿐이었어. 그러나 시간이 지나며 케플러와 튀코 브라헤는 행성이 뚫고 지나갈 수 없는 공 모양의 껍질에 붙어있지 않다는 사실을 깨달았어.

두 사람은 행성궤도를 가로질러 움직이는 혜성을 목격했어. 그러니까 사람들이 그때까지만 해도 보이지 않는 물질로 이루어진 단단한 껍질이라고 믿었던 에테르, 즉 창공을 가로질러 날아가는 혜성을 말이야. 그 혜성을 확인하는 순간, 두 사람은 행성이 우주 공간을 자유롭게 날아다닌다는 것을 깨달았지. 그러나 행성들을 궤도 안에 붙잡아놓고 있는 것이 공 모양의 껍질이 아니라면, 그것은 무엇일까?"

이모할머니는 윌리엄의 대답을 기다리지 않고 계속 물었다.

"케플러는 궁리하고, 또 궁리했어. 그렇다면 그것은 혹시 태양에서 나오는 힘인 걸까? 한편, 케플러는 튀코 브라헤가 화성을 관측하며 수집했던 데이터로 계산을 해봤어. 케플러는 그 데이터가 정확한 것이라고 확신했지만, 이상하게도 화성이 태양의 둘레를 원형의 궤도를 그리며 돌고 있다는 사실과 부합되지 않는다는 점을 확인했지. 그래서 케플러는 화성이 공전궤도 위에서 작은 원들을 그리며 움직인다는 고대 그리스와 아랍의 이론을 시험해 봤어. 하지만 그것 또한 들어맞지 않았어. 마침내, 케플러는 사실 그가 너무 단순하다고 생각했던 형태를 가지고 시도해 봤어. 타원으로 말이야."

"타원은 또 뭐예요?"

윌리엄이 물었다.

"타원은 납작하게 눌린 원, 그러니까 둥그런 공 모양이 아니라 달걀처럼 보이는 원을 말해. 정확히 말하자면 하나의 중심을 가진 원과는 달리, 타원에는 초점이라고 하는 두 개의 중심이 있어. 그들은 타원의 마주 보는 양 끝에 하나씩 자리하고 있지. 아무튼 케플러는 그 시도로 마침내 모든 행성이 타원궤도로 태양의 둘레를 돈다는 사실을 발견했어. 그리고 태양은 항상 두 개의 초점 중 하나와 일치한다는 사실도 함께 발견했지.

행성은 타원형의 궤도 위에서 움직이고, 태양은 그 타원의 두 개의 초점 중 하나에 자리하고 있다. 이것이 바로 케플러의 첫 번째 자연법칙이지. 그리고 이 법칙은 태양이 중심에 있다는 것을 증명하기 위한 아주 중요한 첫 번째 단계였어."

"그럼 그가 찾아낸 다른 법칙은 또 어떤 거예요?"

윌리엄이 호기심을 참지 못하고 서둘러 물었다.

"그때까지만 해도 사람들은 행성이 동일한 속도로 태양의 둘레를 공전한다고 가정하고 있었어. 그러나 두 번째 법칙을 통해 케플러는 하나의 행성이 태양에 가까워질수록 궤도 위에서 더 빠르게 움직인다는 것을 보여주었어. 또한 궤도 위의 다른 쪽 끝, 즉 태양에서 멀리 떨어진 쪽에 있을 때 속도가 더 느려진다는 것도 말이야.

케플러의 세 번째 법칙은 태양계의 바깥쪽에 있는 행성인 목성과 토성은 안쪽에 자리한 다른 행성들보다 느리게 움직인다는 사실을 보여주었어. 참고로, 당시만 해도 태양계의 가장 바깥쪽에 자리하고 있다고 알려져 있던 행성은 목성과 토성이 전부였지. 그리고 그 사실에서 태양으로부터 행성이 떨어져 있는 거리와 그 행성이 태양을 공전하는 데 걸리는 시간 사이에는 아주 특정한 수적인 비례관계가 있음이 밝혀졌어. 그러나 케플러는 행성들이 무엇 때문에 그런 식으로 움직이는지를 설명할 수는 없었어.

케플러는 시력이 좋지 않은 눈으로도 대부분의 동시대 사람들보다 훨씬 더 멀리 보았어. 그리고 오래지 않아 자연과학은 낡은 세계상에 작별을 고하는 마지막 큰 걸음을 내딛게 되었지. 케플러가 행성의 운동에 관한 법칙을 계산해 내던 무렵, 또 하나의 발명이 인류의 지식을 영원히 바꿔놓으려 하고 있었거든."

이모할머니는 잔에 있던 커피를 마저 마셨다.

"그건 어떤 발명이었는데요?"

윌리엄이 얼른 물었다. 어쩌면, 그는 전혀 물을 필요가 없었을 지도 모른다. 굳이 묻지 않았더라도 이모할머니는 분명 모든 걸 다 이야기해 주었을 테니까. 하지만 윌리엄은 호기심을 참지 못했고, 그래서 질문을 하지 않을 수 없었다.

"이리 와보렴!"

이모할머니는 그렇게 말하며 거실로 건너갔다. 그러고는 윌리엄이 마법의 세계로 들어가는 비밀의 문을 찾다 망원경 렌즈를 발견했던 장롱에 머리를 들이밀었다. 마법의 옷장만큼이나 마법적이라고 이모할머니가 말했던 바로 그 장롱 속 말이다.

이모할머니는 유리 렌즈 상자를 꺼냈고, 윌리엄은 흥분해서 한껏 다가갔다. 이모할머니는 포장지를 조심스레 풀어 렌즈들을 꺼냈고, 그러고는 렌즈들을 번갈아 창문 쪽으로 갖다 대었다. 윌리엄은 은은한 빛이 렌즈 안에서 반짝이는 것을 볼 수 있었다. 이모할머니는 두 개의 작은 렌즈를 골랐다. 하나는 가운데가 바깥쪽으로 불룩하게 나오고, 다른 하나는 안쪽으로 움푹 들어간 것이었다.

그런 다음, 이모할머니는 그날 아침 시내에 나갔다가 가져온 꾸러미를 거실 테이블에서 가져와, 종이를 풀고는 상자 하나를 꺼냈다. 상자 속에는 천으로 감싼 기다란 관이 하나 들어있었다. 그 관은 꽤 오래되어 보였고, 양쪽 끝은 조각으로 장식되어 있었다. 진짜 해적 망원경이었다!

상자에는 둥근 덮개도 두 개 들어있었는데, 그것들 또한 마찬가지로 아주 오래되어 보였다. 이모할머니는 그 덮개 안에 유리 렌즈를 하나씩 넣고는, 망원경의 앞뒤에 각각 맞춘 다음 돌려서 고정했다.

"코페르니쿠스도 튀코 브라헤도 여기 이것과 같은 망원경을 가지고 있지는 못했어."

이모할머니가 말했다.

"이 망원경은 1608년에야 발명되었거든. 그러니까 튀코 브라헤가 사망하고 7년이 지나서였지."

이모할머니는 창문 앞으로 가서는 윌리엄이 볼 수 있도록 망원경을 살짝 들어 올렸다.

"이번에는 이 망원경으로 아까 그 나무를 한번 봐보렴."

윌리엄은 망원경을 조금씩 움직이며 찾다가, 마침내 길 건너편에 있는 나무를 발견했다.

"무엇이 보이니?"

이모할머니가 물었다.

"으음……."

날이 거의 저물고, 어느새 저녁노을이 주변의 집들을 부드럽게 덮고 있었다.

"나무의 일부가 보여요. 하지만…… 주위에 온통 녹색 테두리가 번져있어요."

"그것은 최초의 유리 렌즈를 생산하는 데 철이 사용되었기 때문이야. 그 바람에 그처럼 엉뚱한 색상을 띠게 되었지."

"아! 그런 거였군요. 저는 나뭇잎을 볼 수 있어요. 그리고 열매도요. 제 생각에…… 저건 사과가 아니에요. 오히려 자두처럼 보여요."

"그렇지! 잘했다! 그게 바로 내가 듣고 싶었던 말이란다."

이모할머니가 말했다.

그 순간 오래된 대형 괘종시계에서 댕! 소리가 나며 집 전체로 울려 퍼졌다. 이모할머니가 이야기하는 동안에도 이미 몇 번 시계 종소리가 울렸지만, 지금은 연속으로 아홉 번 울렸다. 이모할머니가 당황한 얼굴로 윌리엄을 바라보았다.

"아, 벌써 시간이 꽤 지났구나. 오늘은 아쉽지만 여기까지 해야겠다."

"하지만 저는 아직도 망원경이 왜 마법 같다는 것인지 모르는데……."

윌리엄이 아쉬움에 발을 동동 구르며 말했다.

"말하자면 그건 제법 긴 이야기이고, 그 이야기를 하기에는 지금은 너무 늦었구나. 나는……."

이모할머니가 머뭇거리다 말했다.

"잠자리에 들 시간이거든."

이모할머니는 그렇게 말하며 망원경을 들고는 위층으로 올라갔다. 망원경이 마법의 옷장과 같았다는 이모할머니의 말은 무슨 의미일까? 윌리엄은 실망했다. 그가 본 것은 그저 나무 한 그루와 잎사귀 몇 잎뿐이었다.

게다가 그는 전혀 피곤하거나 졸리지 않았다. 단지, 배가 조금 고팠을 뿐이다. 그들은 아직까지 제대로 된 저녁을 먹지도 못했다. 윌리엄은 심통이 난 얼굴로 부엌으로 갔고, 빵에다 병아리콩 후무스를 발라 먹었다.

"부엌아, 너도 잘 자라."

윌리엄이 빵 먹은 자리를 청소하고 뒷정리를 마친 후 혼잣말하듯 인사했다. 그러고는 위층으로 올라갔다. 문득, 조금은 피곤하다는 생각이 들었다. 그러나 계단을 올라가던 윌리엄은 천장에서 전에는 미처 보지 못했던 출입문 하나를 발견했다. 지금은 문이 열려있었고, 나무 사다리가 아래로 늘어뜨려져 있었다. 다락방이었다!

윌리엄은 나무 사다리를 유심히 쳐다보았지만 피곤함이 결국 호기심을 이겼고, 그래서 탐험을 떠나는 대신 욕실로 향했다. 이를 닦던 윌리엄은 이모할머니가 머리 위에서 내는 소리를 들을 수 있었다.

"칫솔아, 너도 잘 자."

하품하기.

"잘 자, 침대. 안녕, 잠옷. 안녕, 아이패드. 안녕히 주무세요, 엄마. 이제 사흘만 더."

윌리엄은 잠옷으로 갈아입고 창가에 서서 하늘을 바라보았다. 밖은 아직 밝았지만, 그는 곧 첫 번째 별들이 모습을 나타낼 것을 알고 있었다. 윌리엄은 아직 그 별들을 볼 수 없었지만, 그들은 밝은 여름 하늘 뒤 우주 저편에 숨어있었다. 윌리엄은 맨눈으로 볼 수 있는 것이 무엇인지 모두 알고 싶었다. 그리고 볼 수 없는 것들도⋯⋯.

"별들아, 너희도 잘 자고."

윌리엄은 커튼을 치고는 침대로 기어들었다. 그의 시선은 마법의 옷장이 그려진 책에 머물렀다. 하지만 너무 피곤해서 책을 읽을 수가 없었다. 침대는 푹신했다. 윌리엄은 하품을 했다. 그리고 잠이 들었다.

튀코 브라헤

1546년 덴마크 스코네(현재 스웨덴 영토)에서 출생

1601년 보헤미아(현재 체코) 프라하에서 사망

가족 귀족 가문에서 태어남. 부모님의 반대를 무릅쓰고 귀족 출신이 아닌 키르스텐 외르겐스다테르(Kirsten Jørgensdatter)를 만나 결혼함.

연구 분야 법학(밤에는 천문학)

과학계에 남긴 주요 업적 위대한 도구들(육분의와 같이 매우 정확한 측정값을 제공하는 몇 가지 거대하고 웅장한 도구)과 세계를 연구하는 유난히 철저하고 체계적인 방법. 인생의 대부분을 별이 빛나는 하늘을 관측하며 연구하는 데 보냄.

특징 금속(아마도 놋쇠) 코를 달고 다님.

소피 브라헤

1556~1559년경 출생

1643년 덴마크 헬싱외르에서 사망

가족 튀코 브라헤의 여동생으로 귀족 가문에서 태어남.

연구 분야 천문학, 원예 및 연금술

시차 측정

태양까지의 거리를 알고, 시준선의 각도가 얼마인지를 알고 있으면(여기서 육분의가 동원됨), 마지막 남은 각도를 쉽게 계산할 수 있다. 이렇게 삼각형 계산법과 시차를 이용해 튀코 브라헤는 별까지의 거리를 측정했다.

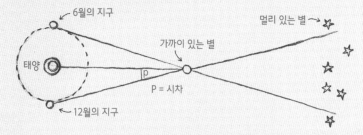

요하네스 케플러

1571년 바일데어슈타트(현재 독일)에서 출생

1630년 레겐스부르크(현재 독일)에서 사망

연구 분야 신학과 수학, 천문학

저서 『새로운 천문학』, 『우주의 조화』 등의 책과 수많은
글을 남김.

과학계에 남긴 주요 업적 튀코 브라헤의 관측 자료를 기
반으로 삼아 행성이 태양의 둘레를 완벽한 원이 아니라
타원형의 궤도를 그리며 움직임을 계산함.

기타 사항 튀코 브라헤와 열띤 논쟁을 벌임. 마녀로 몰릴 위기에 처한 어머니를 구함.
갈릴레오 갈릴레이의 편지 친구. 새롭고 더 나은 망원경을 발명하고, 눈이 어떻게 작동
하는지 연구함. 망원경을 통해 보는 것이 진짜라는 것을 당시 사람들에게 확신시키려
고 노력함.

케플러의 법칙

제1법칙: 모든 행성은 타원형의 궤도를 그리며
태양 둘레를 공전한다.

제2법칙: 하나의 행성은 태양에 가장 가까울 때
가장 빠르게 움직이고, 태양에서 가장 멀어질 때
가장 느리게 움직인다.

제3법칙: 태양에서 멀리 떨어져 있을수록, 행성이
태양의 둘레를 한 바퀴 완전히 도는 데에는 그만큼
더 오랜 시간이 걸린다. 공전주기(p)의 제곱은
공전궤도의 긴반지름(a)의 세제곱에 비례한다.

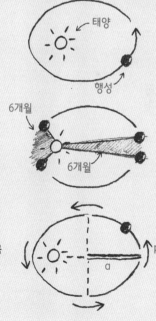

p = 공전하는 데 걸리는 시간

a = 타원의 긴반지름

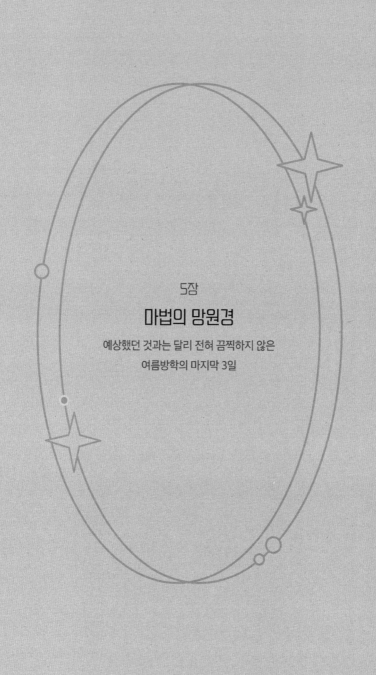

5장

마법의 망원경

예상했던 것과는 달리 전혀 끔찍하지 않은
여름방학의 마지막 3일

다음 날 아침에도 이모할머니는 생선 샌드위치를 먹고 커피를 마신 후 곧바로 모습을 감췄다. 위층 다락방에서 쿵쿵거리는 소리가 간간이 들려왔지만, 윌리엄은 이모할머니가 어디에 있는지 전혀 알지 못했다.

이모할머니에게 마법의 망원경에 대해 물어볼 기회는 없었다.

오전 내내 비가 내렸고, 윌리엄은 그냥 자기 방에서만 시간을 보냈다. 그는 먼저, 마인크래프트 게임을 했다. 룬데토른의 모형을 만들어보려고 했지만, 사각형 블록으로 나선형 통로를 만드는 일은 어렵기만 했다. 마침내 윌리엄은 그 작업을 포기했고, 마법의 옷장에 관한 책을 읽었다. 거실에 있는 커다란 괘종시계가 12시를 알렸고, 부엌에서 이모할머니가 덜그럭거리는 소리를 내는 것을 듣자마자 윌리엄은 서둘러 계단을 뛰어 내려갔다. 쿵, 쿵, 쿵. 큰 걸음 세 번 만에 윌리엄은 어느새 아래층에 내려와 있었다.

이모할머니는 깜짝 놀라 소리가 나는 쪽을 쳐다보았다. 그리고 윌리엄도 마찬가지로 놀라 뒤를 돌아보았다. 이모할머니는 비에 흠뻑 젖은 녹색 덧옷을 입고 부엌 싱크대 앞에 서있었다. 머리에는 물이 뚝뚝 떨어지는 밀짚모자를 쓰고 있었고, 발에는 나막신을 신고 있었다.

"아, 너였구나. 뭔가 먹을 것을 준비하려던 참인데, 배고프면 너도 같이 먹을래?"

이모할머니가 물었다.

윌리엄은 고개를 끄덕였다. 윌리엄은 무얼 해야 할지 모른 채, 어정쩡한 모습으로 부엌 입구에 서있었다.

"거기 그건 뭐예요?"

이모할머니가 막 씻고 있던 연분홍색 물체를 가리키며 윌리엄이 물었다.

"래디시."

"뭐라고요?"

이모할머니가 신기하단 얼굴로 윌리엄을 바라보았다.

"래-디-시!"

이모할머니가 다시 한번 또박또박 대답했다.

"그게 뭐 하는 건데요?"

"아직 래디시를 먹어본 적이 없어?"

이모할머니는 믿을 수 없다는 듯 고개를 저었다.

"그럼 오늘 한번 먹어봐. 텃밭에서 방금 가져온 거니까."

"채소도 가꾸세요?"

이모할머니가 밭을 일구는 모습을 상상하는 게 윌리엄은 왠지 어색하게만 여겨졌다.

"응."

이모할머니가 그를 바라보며 마치 아주 어려운 용어라도 풀이해 주듯 천천히 말했다.

"나도 텃밭을 일구고 있어."

그제야 작고 가느다란 당근과 조리대 위 접시 옆에 이미 준비되어 있는 한 줌의 실파와 다른 몇 가지 것들이 윌리엄의 눈에 들어왔다. 윌리엄은 이모할머니를 지나쳐, 글루텐이 없는 빵을 들고는 자기 자리에 가 털썩 앉았다.

이모할머니도 덧옷과 모자를 벗고 맞은편에 앉았다. 그러고는 빵에 하얀 크림을 바르고, 래디시 몇 조각을 얇게 썰어 얹은 다음, 그 위에 실파를 덮었다.

그 모습이 맛있어 보였고, 윌리엄은 이모할머니를 따라 했다. 그러나 빵을 한 입 베어 무는 순간, 그의 입안은 뭐라 형언할 수 없는 강한 맛으로 가득 찼다. 맵고 시고 매캐한 맛. 그리고 그 모든 맛이 동시에 느껴졌다. 윌리엄은 기침을 했고, 그러면서도 그가 맛이 없어 한다는 걸 들키지 않으려고 애를 썼다.

아주아주 천천히, 윌리엄은 이를 악물고 한 입씩 빵을 베어 물었다. 그는 빵을 우물우물 씹어 삼키는 데에만 정신이 팔려있었고, 그래서 이모가 다시 사라지기 전에 망원경에 대해 물어볼 수조차 없었다. 윌리엄은 이제 다시 혼자 앉아있었다. 그는 흰색 크림이 담긴 통을 집어 들었다. '훈제 치즈'라고 쓰여있었다. 밀가루는 전혀 들어가 있지 않았다.

"안녕, 훈제 치즈."

윌리엄이 말했다.

"누군가가 너한테 맛이 정말 역겹다고 말한 적이 있니? 치즈면서 마치 크림인 것처럼 위장하는 건 진짜 아닌 것 같아."

윌리엄은 자기가 먹은 접시와 유리잔을 씻고 나서, 정원으로 통하는 작은 부엌문 쪽으로 다가갔다. 윌리엄은 이모할머니의 정원에 나가본 적이 없었지만, 그렇다고 그리 큰 기대도 하지 않았다. 문에 난 유리창 너머로 채소밭이 보였다. 학교 정원에 있는 것만큼 크지는 않았지만, 그래도 제법 큰 편이었다.

비는 그쳤다. 그는 문을 열고 밖으로 나갔다. 널돌을 깔아놓은 길은 채소밭을 지나 커다란 사과나무가 자라는 풀밭으로 이어졌고, 담장 뒤에는 작은 헛간이 있었다. 그곳은 꽤 마음에 들었다. 비가 온 뒤라 모든 것에서는 초록의 따뜻한 냄새가 났다. 윌리엄은 축축한 풀밭에 누워 구름을 올려다보았다. 구름은 기이

한 모양을 이룬 채, 유유히 흘러가고 있었다.

그 순간 윌리엄은 어디에든 가있을 수 있었다. 윌리엄은 자신이 이모할머니의 정원이 아니라, 부모님과 한때 휴가를 떠났던 어느 별장의 정원에 누워있다고 상상했다. 그곳에는 딸기가 있었고, 래디시는 없었다.

갑자기 이웃집 정원에서 목소리가 들려왔다. 한 소녀가 어른 몇 명과 웃고 있었다.

"조심해, 미라! 하하하, 좋았어!"

들려오는 소리에 윌리엄은 자신만의 상상에 집중할 수 없었다. 그 목소리들은 "야, 윌리엄! 네가 얼마나 외롭고 지루한지 생각해 봐!" 하고 소리치는 것만 같았다. 그래서 윌리엄은 다시 안으로 들어갔고, 오후의 나머지 시간을 아이패드를 하며 보냈다.

윌리엄은 배가 고파져서 아래층의 적막한 부엌으로 내려갔다. 이모할머니는 뭔지 알 수 없는 황색 덩어리가 들어있는 냄비를 불에 올려놓았다. 그 옆에는 빈 깡통이 있었다. 노란 완두콩이었다. 방귀 냄새가 났다. 그는 깡통의 뒷면을 힐끗 보고 성분을 확인했다. 밀가루. 통조림의 노란 완두콩은 그를 위한 것이 아니었다. 윌리엄은 먹을 게 들어있는 가방에서 글루텐이 없는 빵을 꺼냈다. 이 정도 양이면 이번 주말까지 먹을 수 있을까 하는 걱정이 들었다. 그리고 그 빵에 충분한 영양분이 들어있는지도 궁금했다. 윌리엄은 이모할머니 집에서 채소는 거의 먹지 않았다. 래디시를 제외하곤 말이다.

윌리엄은 빵을 먹고, 설거지를 했다.

"도와줘서 고마워."

윌리엄이 설거지용 솔에다 대고 말했다.

그는 부엌을 빠져나와 위층 자신의 방으로 다시 물러났다. 아이패드 있는 쪽을 쳐다보았지만, 켜고 싶은 생각은 들지 않았다. 막상 원하는 만큼 놀 수 있다고 생각하니 그다지 재미도 느껴지지 않았다. 엄마는 평소 윌리엄이 그처럼 오랫동안 아이패드를 가지고 노는 것을 허락하지 않았다.

윌리엄은 침대에 누워 허공을 응시했다. 기이한 소음조차도 전혀 흥을 돋우지 못했다. 정말이지 참을 수 없을 만큼 지루한 하루였다. 그리고 그 지루함은 자신이 원하는 것은 무엇이든 할 수 있다는 기분조차 전혀 즐길 수 없을 정도로 그를 온통 사로잡고 있었다. 윌리엄은 마법의 옷장에 관한 책을 가져와 읽기 시작했다.

마법의 옷장 뒤에 자리한 세계는 마녀와 말하는 사자와 그 밖의 사람을 닮은 동물들로 가득한 환상적인 세계였다. 윌리엄은 이모할머니의 오래된 망원경과 그 세계가 무슨 관련이 있다는 것인지 도무지 상상이 가지 않았다.

그리고 얼마나 책을 읽었을까? 윌리엄은 갑자기 마지막 페이지를 넘기며 책을 덮었다. 그 책에 나오는 네 명의 아이들과 작별을 고해야 하던 순간, 윌리엄은 약간의 외로움을 느꼈다. 그는 빙글 돌아누웠다. 그런 다음 스트레칭을 하고, 이를 닦으러 갔다. 이모할머니는 다락방 사다리를 다시 내려놓고 있었다. 윌리엄은 사다리를 한참 동안 바라보았다. 그러고는 화장실로 들어갔다.

"안녕, 칫솔."

윌리엄이 중얼거렸다.

"우리가 이렇게 좋은 친구가 되어서 너무 좋지 않니?"

윌리엄이 방으로 돌아오는 길에 이모할머니가 갑자기 다락방 출입문 밖으로 머리를 내밀었다.

"이제 곧 어두워지겠구나. 얼른 와서 좀 보거라!"

이모할머니는 그렇게 말하며 다시 다락방 안으로 사라졌다. 그가 어두워지는 것을 왜 봐야 하는지에 대해서는 아무런 설명도 없었다.

윌리엄은 잠시 머뭇거리다가 이내 어깨를 으쓱하고는 좁은 나무 사다리를 올라갔다. 다락방 안은 정말 어두웠다. 집 안의 다른 곳과 마찬가지로 이모할머니의 다락방 또한 낡은 가구와 서류, 상자, 책, 오래된 도구, 그리고 한 무더기의 다른 물건들로 온통 뒤죽박죽되어 있었다. 다른 물건들에는 시트가 덮여있었고, 윌리엄은 그게 무엇인지 알아볼 수가 없었다. 무언가를 시트로 덮어놓은 것은 다른 방에서는 볼 수 없었던 모습이었다.

그러나 더할 수 없는 혼돈 속에서도 방 한가운데, 지붕에 난 커다란 천창 아래에는 빈 공간이 있었다. 정원에서 볼 때만 해도 윌리엄은 다락방에 천창이 나있는지 눈치채지 못했었다. 이제 그 창은 활짝 열려있었고, 그 아래에는 금빛 삼각대에 놓인 낡은 망원경이 설치되어 있었다. 그 망원경은 연보라색 저녁놀이 비치는 가운데 아직은 밝은 여름 하늘을 향하고 있었다.

이모할머니가 윌리엄에게 다가와 나무 상자에 앉으라고 손짓하며 말하기 시작했다.

"안경은 13세기부터 유럽에 이미 존재했단다. 하지만 망원경은 안경이 등장한 지 400년이 지나서야 발명되었지. 전해오는 말에 의하면 네덜란드 안경 제작자의 아들이 어느 날 서로 다른 종류의 유리 렌즈를 갖고 놀다가, 근시인 사람에게 멀리 있는 것을 더 잘 보게 해주는 렌즈와 원시인 사람에게 가까이 있는 것을 더 잘 보게 해주는 렌즈를 나란히 일렬로 세우면 옆집의 지붕에 달린 풍향계를 마치 눈앞에 있는 것처럼 볼 수 있다는 사실을 알게 되었다는구나.

어쨌든 그 안경 제작자는 서로 다른 렌즈를 기다란 관의 양쪽 끝에 설치할 생각을 했고, 그렇게 해서 망원경이 발명되었던 거야. 그리고 망원경은 곧 유럽에 널리 퍼졌지. 사람들은 이 발명품이 전쟁을 치르는 데 특히나 효과적이라는 사실을 알게 되었어. 망원경을 통해 적군의 배가 언제 쳐들어오는지 맨눈으로 보는 것보다 훨씬 더 빨리 발견할 수 있었거든. 안전한 거리에서 적군의 막사를 몰래 관찰할 수도 있었고 말이야.

그런데 토스카나 대공국에 살고 있던 한 남자는 망원경을 전쟁 말고도 더 많은 것을 위해 사용할 수 있다는 사실을 깨달았어. 그 남자의 이름이 바로 갈릴레오 갈릴레이Galileo Galilei야."

"뭐라고요? 갈릴⋯⋯."

윌리엄이 묻자 이모할머니가 다시 대답했다.

"갈릴레오 갈릴레이!"

"갈릴⋯⋯레오 갈릴레이?"

윌리엄이 다시 발음하자 이모할머니가 고개를 끄덕였다.

"갈릴레오 갈릴레이."

윌리엄은 웃음을 터트렸다. 그 이름이 마치 무슨 노래를 부르는 것처럼 들렸기 때문이다.

"갈릴레오 갈릴레이."

윌리엄이 이번에는 자신 있게 큰 소리로 말했다.

"갈릴레오 갈릴레이."

"갈릴레오 갈릴레이."

이모할머니도 덩달아 소리 지르기 시작했고, 그런 이모할머니의 입가에는 희미하나마 웃음기 같은 게 비쳤다.

"갈릴레오 갈릴레이."

"갈릴레오 갈릴레이."

"갈릴레오 갈릴레이."

"갈릴레오 갈릴레이."

이제 윌리엄은 자신이 본 것이 이모할머니의 얼굴에 떠오른 작은 미소임을 확신할 수 있었다. 윌리엄도 미소 지었다. 그러고는 이모할머니가 계속해서 이야기할 수 있도록 조용히 있었다.

"갈릴레이는 매우 영리하고 창의적인 사람이었어. 그는 수학과 물리학을 공부했고, 모든 종류의 계산을 해내는 데 아주 뛰어났어. 또한, 그는 음악가이자 작곡가인 아버지가 조화로운 음을 내기 위해서는 현악기의 줄을 어느 정도로 팽팽하게 조여야 하는지 알아내려고 할 때면 종종 도움을 주곤 했지. 그건 바로 음악에 관한 피타고라스의 이론을 이용한 것이었어. 기억나지?"

윌리엄은 고개를 끄덕였다.

"삼각형으로 계산을 하고, 우주가 음악을 만든다고 생각했던 고대 그리스인 말이지요?"

"그래, 맞다. 대단하구나!"

이모할머니가 상자에서 무언가를 꺼냈다. 그것은 배불뚝이 기타처럼 보였다. 이모할머니는 그 배불뚝이 기타로 몇 개의 음을 냈다.

"피타고라스는 현의 길이 비율이 하나의 음이 화음을 이루는지 아닌지를 결정한다고 생각했어. 반면 갈릴레이의 아버지는 그 문제에 좀 더 실용적인 방식으로 접근했고, 하나의 음이 조화롭게 들릴 때까지 계속해서 줄을 늦추고 조이기를 반복했지."

이모할머니는 그렇게 말하며 들고 있던 기타를 한쪽 옆으로 내려놓았다.

"그러니까 내가 말하고자 하는 바는 갈릴레이가 어렸을 때부터 연구하고 실험하고 무언가를 만들어내는 데 익숙했다는 점이야. 대부분의 사람들과 달리, 그는 실험 결과가 예상했던 것과 다르게 나올 때면 기꺼이 자신의 생각을 수정했어. 그는 책에 있는 내용에 만족하지 않았어. 증거를 보고 싶어 했지."

"튀코 브라헤처럼요?"

윌리엄이 끼어들며 물었다.

"그래. 그리고 갈릴레이가 20배까지 확대해서 볼 수 있는 개선된 성능의 망원경을 개발하기까지는 그리 오래 걸리지 않았어. 그 결과, 그는 이제 맨눈으로 보는 것보다 훨씬 더 많은 것을 볼 수 있었지."

"그럼 맨눈으로는 얼마나 볼 수 있어요?"

"안경이나 망원경 등 다른 어떤 도움도 받지 않고 맨눈으로 얼마나 멀리 볼 수 있는지는 여러 가지 요인에 달려있단다. 우선 가장 중요한 것은 물론 빛이지. 눈은 빛을 보고, 빛이 없으면 아무것도 보지 못하거든. 그러니까 빛이 강하면 강할수록 그만큼 더 선명하게 볼 수 있는 거야. 그 밖에도 빛이 다른 광원에 비해 얼마나 강력하고, 또 얼마나 멀리 떨어져 있는지도 중요하지.

하늘의 별은 아주 밝게 빛나. 하지만 별은 아주 멀리 떨어져 있고, 지구가 햇빛을 가득 받는 낮에는 우리는 별을 볼 수가 없어. 햇빛이 모든 것을 가리기 때문이지. 수많은 별이 우리 태양보다 더 크고 밝은데도 말이다. 그래서 오늘처럼 우리가 있는 북반구의 하늘이 완전히 어두워지지는 않는 여름밤에는 별을 관찰하기가 더 어려워. 그래도 우리는 특히 밝은 천체 중 일부를 볼 수 있단다.

촛불은 어둠 속에서 기껏해야 몇 킬로미터 이내에서만 볼 수 있어. 그것도 가까이에 가로등이 없는 경우에만 말이다. 반면에, 별은 우리가 상상할 수도 없는 거리만큼 멀리 떨어져 있지. 그런데도 우리가 여전히 그 별빛을 볼 수 있는 것은 그 별이 작은 촛불보다 훨씬 더 밝게 빛나기 때문이야.

그렇기 때문에 별을 관찰할 때는 먼저 조명을 끄는 것이 중요해. 하늘의 먼빛을 볼 수 있으려면 눈이 어둠에 익숙해져야 하거든. 이른바 밤눈은 어둠 속에서 약 30분이 지나야 펼쳐져. 밤눈은 밝혀주는 빛이 거의 없더라도 사물을 서로 구별할 수 있는 시력을 의미하는데, 더 많은 빛이 들어올 수 있도록 눈의 동공을 확장함으로써 기능을 발휘하지. 어때, 신기하지 않니? 그러나 여기 도시에서는 집, 자동차, 가로등 등에서 나오는 빛 공해가 너무 심해 제대로 된 밤눈이 기능을 발휘할 수 없어.

그러나 빛을 볼 수 있다는 것이 그것을 분명하게 볼 수 있다는 것을 의미하는 것은 아니지. 바로 그 점이 갈릴레이 이전의 시대를 살았던 천문학자들이 항상 직면했던 과제였어. 그와 관련해 사람들은 눈의 해상도를 말하곤 한단다.”

“해상도요?”

윌리엄이 물었다.

이모할머니가 계속해서 설명했다.

“해상도라는 말이 어쩌면 약간의 오해를 불러일으킬 수도 있겠구나. 하지만 그 말이 의미하는 바는 간단히 말해, 우리 눈은 아주 가까이에서 본다 하더라도 머리카락보다 더 가느다란 것은 볼 수 없다는 거야. 이해하겠니?”

윌리엄은 자신의 손등과 손등에 자라고 있는 작은 솜털을 유심히 들여다보았다. 손을 들어 멀리 놓자, 희미한 빛 아래에서 솜털은 거의 보이지 않았다.

"멀리 떨어져 있을수록 더 크고 더 밝아야만 그것을 볼 수 있어. 밖에 나가 신호등 불빛 아래 거리에 서서 1킬로미터쯤 떨어져 있는 곳을 보면, 너는 축구공 크기의 물체를 볼 수 있을 거다. 그보다 작은 물체는 흐릿하게 보일 것이고. 튀코 브라헤와 그보다 앞서 살았던 다른 천문학자들에게 그 같은 상황은 그들이 달을 볼 때 하나의 완전하고 빛나는 원반을 보았다는 것을 의미했단다. 너도 직접 시험해 볼 수 있어. 자, 봐봐!"

윌리엄은 벌떡 일어나 열린 천창 아래에 섰다. 완전한 보름달은 아니었지만, 그래도 꽤 선명하게 달을 볼 수 있었다. 달은 나란히 이어진 집들의 지붕 위에서 밝게 빛나고 있었다.

"저기 달 표면에 그림자들이 있어요."

윌리엄이 말했다.

"그래. 그럼 저 그림자들이 어디서 생겨난 것인지 알고 있니?"

이모할머니가 말했다.

"아니요. 저건 구름인 건가요?"

"아니다. 저것들은 변하지 않아. 항상 같은 장소에 있거든. 튀코 브라헤와 그 이전의 천문학자들에게 달은 아주 매끄러운 물질로 만들어진 것처럼 보였어. 마치 매끄럽게 다듬고 광을 낸 최고급 대리석으로 만든 공처럼 말이다. 그러나 1609년의 어느 가을밤, 갈릴레이는 베네치아에 있는 집 정원에서 자신이 만든 망원경으로 달을 관측했어."

이모할머니는 삼각대 위에 놓인 망원경을 들여다보았다. 그러고는 방향을 약간 바꾸더니 윌리엄 쪽을 돌아봤다.

"여기 이것은 갈릴레이 시대의 망원경이야. 400년 이상 된 것이지. 이 망원경으로 들여다보면, 그 당시 갈릴레이가 세계 역사상 처음으로 보았던 것을 너도 똑같이 볼 수 있을 거다."

윌리엄은 망원경이 있는 곳으로 다가갔다. 그러고는 한쪽 눈을 감고, 다른 쪽 눈을 망원경의 렌즈에 조심스럽게 갖다 댔다.

"이게…… 달이에요?"

"그래. 달의 아주 작은 일부분이야. 뭐가 보이니?"

"뭔가가 보여요. 어쨌든, 매끄러워 보이지는 않아요. 우아!"

윌리엄은 망원경으로 눈앞의 밝은 원반을 응시했다. 달의 표면은 온통 상처투성이인 것처럼 보였고, 모든 것이 너무나 선명하고 뚜렷해 보였다. 마치 손을 뻗으면 손가락으로 만질 수 있을 것만 같았다.

"구멍처럼 보여요. 아니면…… 산인가요?"

윌리엄이 머뭇거리며 물었다.

"그래, 산이야!"

윌리엄은 오랫동안 달을 응시하며 수많은 선을 관찰했다.

"하지만…… 이게 왜 마법 같다는 거예요?"

윌리엄이 이모할머니를 바라보며 중얼대듯 물었다.

"너는 아이패드, 컴퓨터, TV 등에서 실제로는 네가 볼 수 없는 것을 보는 데 너무 익숙해져 있어. 그래서 너한테는 그다지 특별할 것도 별로 없을 거야. 그러나 갈릴레이는 그 이전에는 아무도 본 적이 없는 세계, 즉 하늘의 세계를 본 최초의 사람이었어. 하늘의 세계는 인간의 감각으로는 도무지 이해할 수 없는 곳이었지. 그래서 사람들은 달한테 다양하고 신비한 속성을 부여했고, 그에 대해 뭔가 다른 것을 저마다 상상할 수 있었던 것이야.

이제 망원경은 아담과 하와 이후로 우리 인간에게는 꽁꽁 닫혀있던 이 미지의 세계로 들어가는 마법의 문과도 같았어. 한편으로는 매우 단순했지만, 다른 한편으로는 대단한 지식이나 적어도 호기심이 필요했던 발명품이었지.

유리 렌즈에는 빛을 모아주는 볼록렌즈와 빛을 분산시키는 오목렌즈가 있어. 갈릴레이는 단지 이 둘의 도움을 받아, 너무나 멀리 떨어져 있어 결코 가볼 수 없는 곳에 존재하는 물체를 마치 바로 자신의 코앞에 있기라도 한 것처럼 가까이 가져올 수 있었던 거야."

"그런데 그 유리 렌즈가 배가 나온 것하고는 무슨 관계가 있는 건데요?"

윌리엄이 물었다.

"배가 나온 것?"

이모할머니가 언뜻 이해가 안 되는 듯 당황해 되물었다.

"갈릴레이가 배불뚝이와 홀쭉이의 도움을 받았다고 이모할머니가 말했잖아요. 그러니까…… 볼록이하고 오목이였던가요?"

"아! 볼록렌즈하고 오목렌즈를 말하는 것이냐?"

"예."

"볼록이와 오목이는 유리 렌즈의 모양을 보고 부르는 이름이야. 볼록이는 가운데가 볼록하고, 오목이는 가운데가 오목하거든. 하지만 네 마음에 든다면, 하나는 배불뚝이라 부르고 다른 하나는 홀쭉이라고 해도 상관없겠지. 자, 봐봐!"

이모할머니는 상자를 들고 렌즈 하나를 꺼냈다.

"여기 이게 바로 배불뚝이 볼록렌즈야. 어때? 여기 한가운데가 배가 나온 듯 불룩하고 둥글지 않니? 그건 모든 것을 한데 모으기 때문이야."

이모할머니는 그렇게 말하며, 한가운데가 바깥쪽으로 불룩하게 나와있고 가장자리보다 더 두꺼운 유리 렌즈를 윌리엄에게 보여주었다.

"볼록렌즈는 무엇을 모으는데요?"

"빛이지. 볼록렌즈는 이런저런 빛을 다 모으고, 그게 배불뚝이가 되는 이유야."

윌리엄은 이모할머니를 슬쩍 쳐다보았다. 배불뚝이 렌즈 이야기를 지어내고 있는 이모할머니가 정말 자기가 알고 있던 이모할머니가 맞는지 신기했기 때문이다. 이모할머니도 그런 윌리엄을 힐끔 바라보았다.

"우리 눈이 보는 것은 모두 빛이야. 그리고 우리 배불뚝이의 불룩 나온 배의 곡면은 많은 빛을 모을 수 있어. 그래서 갈릴레이는 망원경 앞쪽에 볼록렌즈를 놓아, 멀리 있는 천체의 빛을 모으도록 한 거야. 이제 갈릴레이에게는 배불뚝이가 그를 위해 모아준 빛을 다시 선명한 이미지로 변환시켜야 하는 문제가 남아 있었어. 그리고 그러기 위해 갈릴레이는 홀쭉이의 도움을 받아야 했던 거지."

이모할머니는 잠시 말을 멈추고, 상자 안을 뒤적여 두 번째 유리 렌즈를 꺼내 윌리엄에게 보여주었다. 그 렌즈는 안쪽으로 옴폭 파이고, 한가운데가 가장자리보다 얇았다.

"오목렌즈는 매우 말랐어. 왜냐하면…… 홀쭉이는 자기가 가진 것을 즉시 다른 모두에게 나눠주기 때문이지."

"홀쭉이가 나눠준다는 것도 역시 빛인가요?"

"그래, 맞다. 안쪽으로 움푹 휘어진 렌즈의 표면은 빛을 분산

시킨단다. 바로 그 모양을 오목하다고 말하는 거고. 그리고 갈릴레이는 망원경의 앞뒤에 두 개의 렌즈를 설치해 넣으면, 홀쭉이 오목렌즈는 배불뚝이 볼록렌즈가 수집한 모든 빛을 다시 분산시킬 수 있다는 사실을 발견했어."

이모할머니는 윌리엄이 자세히 살펴볼 수 있도록 볼록렌즈와 오목렌즈를 건네주었다. 윌리엄은 조심스레 렌즈를 받아 들고는 나무 상자에 앉아 이리저리 찬찬히 살펴보았다.

"망원경은 빛을 확대하고 모아. 그러나 이 두 가지가 반드시 서로 관련이 있는 것은 아니야. 망원경이 포착할 수 있는 빛의 양은 망원경의 앞쪽에 설치된 볼록렌즈의 크기에 따라 달라져. 볼록렌즈는 그다지 밝지 않은 물체를 볼 수 있도록 해주는 거야. 그와 달리, 보이는 물체를 확대해 주는 정도는 렌즈의 크기뿐만 아니라 두 렌즈 사이의 거리에 따라 달라지지. 렌즈가 크고 두 렌즈 사이의 거리가 멀면, 우리 눈의 해상도가 허용하는 것보다 조금 더 선명하게 볼 수 있는 거야.

갈릴레이는 렌즈를 가지고 여러모로 실험해 봤고, 그렇게 해서 자신의 망원경 성능을 개선했어."

망원경을 조정하면서 이모할머니는 계속해서 말했다.

"그 이후로 다른 많은 과학자들이 실험을 계속했고, 망원경을 만드는 더 나은 방법을 찾아내 훨씬 더 멀리 그리고 많이 볼 수 있게 했어. 그 덕분에 우리는 그 깊이를 알 수 없는 우주에 대해 점점 더 많은 것을 배울 수 있게 되었단다. 그리고 이 모든 것은 처음으로 우주를 들여다본 갈릴레이로부터 시작되었던 거야.”

이모할머니가 다시 말했다.

“갈릴레이는 자신이 본 것에 너무 놀랐어. 그래서 자신이 관측한 내용을 『시데레우스 눈치우스 Sidereus Nuncius』라는 책으로 펴냈지. 책 제목은 ‘별들이 전하는 소식’ 정도로 옮길 수 있을 거야. 그 책은 당시 사회에 커다란 반향을 불러일으켰어. 책에서 갈릴레이는 달 표면의 분화구와 은하를 설명했는데, 그때까지만 해도 사람들은 은하를 ‘하늘의 빛나는 띠’로 여겼지. 그런데 이제 망원경을 통해 은하가 사실은 무한히 많은 별이 모인 거대한 무리라는 것이 밝혀졌던 거야.

그 모든 것이 너무나 경이로워, 어떤 사람들은 갈릴레이가 그의 망원경에 이미지를 집어넣었으며, 그 모두는 결코 사실일 수 없다고 생각했어. 그만큼 충격을 받았던 거야. 그들에게는 단지 몇 개의 유리 조각만 사용하여 그처럼 멀리 떨어진 사물을 그렇게 선명하게 볼 수 있다는 사실이 상상할 수조차 없는 일로 여겨졌거든. 그러나 한 가지 분명한 사실은 달의 표면이 지구의 표면과 별반 다르지 않았고, 사람들이 그때까지 생각했던 것보다 훨씬 더 많은 별이 있다는 것이었어. 그리고 또 다른 중요한 점은 태양이 세계의 중심이라던 코페르니쿠스의 세계상이 옳았다는 것을 강력하게 시사하는 무언가를 갈릴레이가 발견했다는 거야."

이모할머니는 잠시 말을 멈추고, 의미심장한 표정으로 윌리엄을 바라보았다.

"그가 발견한 것이 무엇이었는데요?"

윌리엄이 호기심을 참지 못하고 서둘러 물었다.

"목성의 위성들이지!"

"목성의 위성들이라고요? 그게 무슨 관계가 있는 거예요?"

"아무도 갈릴레이처럼 먼 곳을 본 적이 없다는 점을 생각해 봐. 그때까지만 해도 사람들이 밤하늘에서 볼 수 있던 것은 반짝이는 작은 점들뿐이었어. 이 모든 점을 붙박이별인 항성과 떠돌이별인 행성이라고 불렀고. 행성은 스스로 빛을 내지 못하고, 단지 항성인 태양의 빛을 반사할 뿐이라는 사실을 아직은 모르고 있었던 것이지.

행성을 다른 별들과 구분 짓는 것처럼 보였던 유일한 근거는 행성들이 움직이고 있다는 사실뿐이었어. 그리고 목성은 밤하늘에서 빛나는 가장 밝은 물체 중 하나야. 심지어는 오늘 같은 여름날 저녁에도 꽤 선명하게 볼 수 있거든. 너도 한번 봐봐."

이모할머니는 머리 위 하늘을 가리켰다. 별들은 거의 보이지 않았지만, 그런 중에도 달 옆에서는 유난히 밝은 별 하나가 밝게 빛나고 있었다. 밤하늘에 떠있는 크고 선명한 별 하나. 이모할머니는 망원경의 위치를 조정하여 목성을 향하게 한 다음, 윌리엄이 망원경을 들여다볼 수 있게 했다.

윌리엄은 한쪽 눈을 망원경에 갖다 댔다. 그리고 큰 별을 보았다. 그러다 문득, 윌리엄은 그 별 아주 가까이에 있는 아주아주 작은 별들의 무리를 발견했다.

"저게 목성인가요?"

"응."

"그런데…… 저 별이 별이 아니라고요?"

"그렇단다. 목성은 지구와 마찬가지로 행성이야."

이모할머니가 대답했다.

"그럼 그 옆에 있는 작은 별들은요?"

윌리엄이 다시 물었다.

"그 별들이 갈릴레이에게는 코페르니쿠스가 옳았고, 지구가 우주의 중심이 아니라는 사실을 알려주는 하나의 표시였어. 갈릴레이는 저 떠돌이별, 즉 목성이 태양의 둘레를 돌고 있는 것처럼 보인다는 사실뿐만 아니라, 다른 별들도 그런 목성과 함께 움직이고 있다는 것을 발견했던 거야.

처음에는 갈릴레이도 그저 전에는 볼 수 없었던 몇몇 별들이 목성 가까이에 있다고만 생각했어. 그러나 다음 날 밤, 그사이 목성이 얼마나 이동했는지 확인하기 위해 망원경으로 다시 바라보던 순간, 그는 자기 눈을 믿을 수가 없었어. 작은 별들 또한 목성과 마찬가지로 이동해 있었던 거야! 그 작은 별들은 마치 방황하는 목성과 동행하고 있는 것처럼 보였지. 그래서 갈릴레이는 더 많은 밤 동안 그 별들을 관측하기로 마음먹었어.

그 작은 별들은 때로는 목성의 어느 한쪽에 나타났고, 때로는 다른 쪽에 나타났어. 또, 때로는 네 개의 별이 보였고 때로는 두세 개만 보였어. 그것은 별들이 때로는 목성 앞에 있었고, 때로는 목성 뒤에 있었다는 것을 의미했지. 갈릴레이는 밤마다 그 별들을 관측하면서, 자신이 본 것을 꼼꼼하게 기록했어. 그리고 마침내 자신이 관측한 것에 대해 단 하나의 설명만이 가능하다는 결론에 도달했지. 즉, 달이 지구 둘레를 돌듯이 그 별들 또한 목성의 둘레를 돌고 있었던 거야.

그리고 이 사실은 지구가 다른 천체들이 중심으로 삼고 그 둘레를 공전하는 유일한 존재가 아니라는 사실을 보여주는 명백한 증거였어. 그리고 한 걸음 더 나아가, 모든 것이 지구를 중심으로 돌아간다는 오래된 믿음에 의문을 제기하도록 만들었어. 왜냐하면 지구와는 아무 상관도 없이 완전히 다른 행성의 둘레를 돌고 있는 몇몇 작은 별들이, 좀 더 정확하게 말하자면 위성들이 한순간 갑자기 나타났기 때문이지."

이모할머니는 윌리엄을 쳐다보았다.

"지구 외의 우주 어딘가에 생명체가 존재한다고 생각하니?"

이모할머니가 물었다.

"네!"

윌리엄은 주저하지 않고 대답했다.

"별과 행성이 그렇게나 많은데, 만일 아니라고 한다면 그게 오히려 이상할 것 같아요!"

이모할머니는 고개를 끄덕였다.

"그렇다면 한번, 네가 이제껏 살아오면서 모든 것이 오직 지구만을 중심으로 삼아 돌고 있다고 믿었다고 상상해 보자. 그랬다면 지구 이외의 다른 행성이나 우주의 다른 곳에 생명체가 존재할지도 모른다는 생각은 아마 꿈에서조차 상상하기 어려울 것이야. 그런데 어느 날 갑자기, 목성이 어쩌면 지구와 마찬가지로 하나의 행성이며, 심지어 하나가 아니라 네 개의 위성이 그 주위를 돌고 있다는 사실을 네가 발견한 거야.

코페르니쿠스의 세계상에 이의를 제기하던 사람들이 늘 주장했던 근거 중 하나는 지구가 움직일 수 없다는 것이었어. 만일 그렇지 않다면, 지구가 태양의 둘레를 도는 도중에 달을 잃어버릴 테니까 말이다. 그런데 사람들은 이제 목성이 자신의 위성들을 잃어버리지 않은 채 이동하고 있다는 것을 알게 된 거야.

갈릴레이는 하늘과 땅 사이의 차이가 항상 믿어왔던 것만큼 크지 않으며, 아마도 지구는 그다지 독특한 존재도 아닐 것이라고 확신했어. 코페르니쿠스의 세계상에 따르면 토성과 별들 사이에 너무 큰 빈 공간이 생겨날 것이라 생각했고, 그래서 튀코 브라헤가 코페르니쿠스의 주장에 동조하지 않았다고 이야기했던 거 기억나니?"

윌리엄은 고개를 끄덕였다.

이모할머니가 계속해서 설명했다.

"튀코 브라헤는 별들이 얇은 표면에 달라붙지 않도록 하기 위해서는 별의 막이 일정한 '두께'를 갖고 있어야 한다는 가정에서 출발했어. 뚫고 지나갈 수 없는 공 모양의 천구 껍데기에 대한 아이디어와 이미 거리를 두고 있었던 것이지.

그러나 갈릴레이는 이제 그의 망원경 덕분에 별의 막이 일정한 '두께'를 확보하고 있을 뿐만 아니라, 일찍이 사람들이 상상했던 것보다 훨씬 더 깊이 들어가 있다는 것을 예감했어. 그가 관측했던 모든 것들은 우주의 거리가 생각했던 것보다 훨씬 더 멀다는 사실을 보여주고 있었고, 그에 따라 튀코 브라헤의 주장은 무너지기 시작했어. 갈릴레이는 성능이 더 뛰어난 망원경이 있다면, 우리가 훨씬 더 멀리 들여다볼 수 있다는 것을 알고 있었기 때문이지."

"그럼 이제 코페르니쿠스가 이긴 거예요?"

윌리엄이 물었다.

"아니, 그건 그렇게 간단한 일이 아니었어. 코페르니쿠스의 아이디어에 동의하지 않는 사람들이 있었기 때문이지."

"그게 누구였는데요?"

"교회."

"교회요?!"

"응. 당시는 위대한 탐험 여행의 시간이었고, 사람들은 그들이 발견해 낸 것에 열광했어. 그러나 갈릴레이가 발견한 것은 신세계인 아메리카 대륙이나 새로운 무역로가 아니었지. 그가 탐구했던 영역은 하늘이었으니까.

그리고 하늘은 교회의 영역이었어. 하늘은 신의 나라였고, 오직 성직자만이 신과 관련된 일에 대해 말할 권리가 있었어. 그래서 교회는 지나치게 열성적인 어느 과학자가 하늘이 성경에 나와있는 것과는 다르게 보인다는 것을 자기 눈으로 직접 확인했다고 떠드는 것이 전혀 달갑지 않았어. 갈릴레이도 물론 자신이 조심해야 한다는 것을 잘 알고 있었지. 그래서 그의 연구 결과를 책으로 펴낼 것을 요청했던 케플러에게 자신이 조심해야 한다는 편지를 보내기도 했단다."

"케플러? 어제 이야기했던 그 사람 말인가요? 그럼 그 두 사람은 서로 알고 지내던 사이였어요?"

"응. 그들은 서로 편지를 주고받았어. 케플러는 갈릴레이도 천문학에 관심이 많다는 소식을 듣고, 갈릴레이에게 자신이 쓴 책을 보냈어. 그리고 갈릴레이가 쓴 『별들이 전하는 소식』을 읽고는 크게 감명을 받아, 곧바로 편지를 썼어. 자신은 그의 견해에 전적으로 동의하며, 다른 많은 사람들이 그러지 못하는 이유는 단지 그의 망원경이 어떻게 작동하는지 전혀 이해하지 못했기 때문이라고 말이야.

많은 이들이 자신의 주장을 믿지 않던 중에도 자신의 견해를 적극적으로 지지하고 나선 케플러가 갈릴레이는 무척이나 고마웠어. 케플러는 실제로도 망원경이 제공하는 가능성에 너무너무 흥분했고, 그래서 우리의 눈이 어떻게 작동하는지 즉시 연구하기 시작했지."

"케플러는 잘 보지 못했잖아요?"

"맞다. 네가 하는 말을 듣고 나니 뭔가 좀 이상하다는 생각이 들기도 하는구나. 그의 시력이 어느 정도로 나빠졌었는지는 사실 나도 잘 모르지만, 어쨌거나 그는 여전히 무언가를 볼 수 있었던 게 분명한 것 같다. 그는 더욱 향상된 성능의 망원경을 개발했고, 그 망원경을 통해 직접 하늘을 관측하기도 했거든."

"어쩌면……."

윌리엄이 큰 소리로 자기 생각을 말했다.

"어쩌면 자신이 잘 볼 수 없었기 때문에 오히려 눈이나 눈의 작동 원리에 대해 그처럼 더 파고들었던 것 아닐까요? 저만 해도 쉽다고 생각하는 것보다는 오히려 잘하지 못하는 것에 대해 더 많이 생각하곤 하거든요. 전에 휘파람을 불지 못하던 때에도 어떻게 해야 휘파람을 잘 불 수 있을지만 늘 궁리했었어요."

이모할머니가 그를 바라보더니 고개를 끄덕였다.

"참 좋은 생각이구나."

이모할머니는 다시 한번 고개를 끄덕였다.

"케플러와 갈릴레이는 둘 다 믿음이 깊은 사람들이었다. 두 사람 다 신을 믿었고, 성경이 인간에 대해 말하는 모든 것을 사실이라고 확신했어. 그러나 그들은 자연은 신의 언어이며, 그런 자연을 연구하여 신의 말을 해독하는 것이 바로 인간이 당연히 해야 할 일이라고 생각했어. 그러면서도 모든 사람이 자신들처럼 생각하는 것은 아니라는 것도 잘 알고 있었고 말이다.

심지어 가톨릭교회의 수도사였던 조르다노 브루노Giordano Bruno는 코페르니쿠스의 태양 중심적 세계관을 믿었다는 이유 때문에 사형을 선고받기도 했단다."

"사형을 선고받았다고요? 저는 그냥 사람들을 감옥에 가둔 정도인 줄만 알았는데?"

윌리엄이 몸서리를 쳤다.

"글쎄 그랬단다. 당시 사람들은 꽤 잔혹했지. 감옥에 가두는 정도는 그나마 자비로운 형벌이었어. 조르다노 브루노는 유럽 전역을 돌아다니며 코페르니쿠스의 책에 대해 보고했어. 그러나 그게 다가 아니었지. 그는 많은 것들에 대해 이야기했어. 예수는 신의 아들이 아니고, 우주는 무한하며, 우주에는 우리 지구와 같은 행성이 딸린 무한한 태양계가 존재한다고 말했어. 교회는 당연히 그런 말을 더 이상 가만히 듣고 있을 수만은 없었지."

"하지만 다른 태양계와 행성들이 있다는 것은 다 맞는 말이잖아요!"

윌리엄이 잔뜩 화가 나 이모할머니의 말을 가로막고 나섰다.

"그렇지. 그런데 당시 사람들은 아직 그 사실을 알지 못했어. 조르다노 브루노는 자기 생각을 널리 전하는 일을 그만둘 생각이 전혀 없었고. 그래서 가톨릭교회는 그를 이단자로 낙인찍어 처형했던 거야."

"이단자는 또 뭐예요?"

"이단자는 신의 말씀에 반대 의견을 말하거나, 교회의 견해에 의문을 제기하는 사람이지. 그리고 당시 이단자들은 마녀와 마찬가지로 장작더미 위에서 화형을 당했어."

"불에 태워 죽였다고요?!"

"으응. 하지만 그건 아주아주 오래전 일이야. 다행히 오늘날에는 더 이상 그런 일이 일어나지 않고 말이다. 나는 단지 갈릴레이가 코페르니쿠스를 믿는다는 사실을 공공연히 밝히기로 결심했을 때, 그가 얼마나 큰 위험에 처했었는지를 설명하기 위해 그 말을 한 것뿐이다. 어쨌거나 그는 조심하지 않으면 자신도 죽음을 당할지 모른다는 사실을 이미 잘 알고 있었어."

이모할머니가 난감한 얼굴로 윌리엄을 바라보았다.

그 당시, 세계를 탐구하는 일이 얼마나 위험했을지 생각하니 윌리엄은 소름이 끼쳤다.

이모할머니가 계속해서 말했다.

"하지만 갈릴레이의 책이 출판된 후 가톨릭교회가 한 일은 그저 천체의 원형 운동에 관한 코페르니쿠스의 텍스트를 조사하는 정도였어. 그 결과 코페르니쿠스의 책에서 몇몇 문장이 금지되었고, 갈릴레이는 결국 지구가 움직인다는 코페르니쿠스의 생각을 다시는 지지하지 않겠다고 공개적으로 선언해야 했어.

그러나 갈릴레이는 그 약속을 지킬 수가 없었단다. 그러기에는 너무나 호기심이 많았던 거야. 그는 그 모든 것이 서로 어떻게 연결되어 있는지 알고 싶어 했고, 그로부터 16년 후에 『두 개의 세계 체계에 관한 대화』라는 책을 출판했어."

"두 개의…… 뭐라고요?"

"책의 제목은 정확히 『프톨레마이오스와 코페르니쿠스의 2대 세계 체계에 관한 대화』란다."

"그 두 사람은 같은 시대에 살았던 사람들이 아닌데 어떻게 대화를 했다는 거지요?"

"두 사람이 대표했던 두 가지 세계 체계는 당시만 해도 다루기가 꽤 까다롭고 미묘한 주제였어. 그런 상황에서 두 사람이 서로 이야기를 주고받는 대화라는 방식을 사용함으로써 갈릴레이는 자기 생각임을 직접적으로 밝히지 않으면서도 자신의 관점을 설명할 수 있는 기회를 얻을 수 있었던 거야. 그래서 책 제목에 대화라는 말을 넣은 것이지."

"그럼 세계 체계는 또 뭐예요?"

윌리엄이 다시 물었다.

"세계 체계는 오늘날 우리가 태양계라고 부르는 것을 의미하는 거야. 태양계라는 단어에는 모든 것이 태양의 둘레를 돈다는 내용이 이미 숨어있지. 하지만 당시 사람들은 그런 사실을 믿지 않았었고 말이다.

그래서 사람들은 지구가 중심에 있다는 프톨레마이오스의 주장을 고대의 세계 체계나 세계상이라고 말하곤 했어. 그리고 태양이 중심에 있다는 코페르니쿠스의 이론은 새로운 세계 체계라고 불렀고. 또 고대의 세계 체계는 천동설, 새로운 세계 체계는 지동설이라고도 불렸지. 물론, 오늘날에는 사람들이 대부분 지동설만 알고 있단다. 단지 과거의 일에 대해 언급할 때만 천동설에 관해 이야기할 뿐이지."

"아! 그런 거군요. 이제 이해했어요."

"어쨌든 갈릴레이는 이 두 가지 세계 체계에 관해 논의하는 책을 썼어. 책은 세 사람이 대화를 나누는 형식으로 구성되었지. 그중 한 사람은 새로운 세계 체계가 고대의 것보다 왜 더 의미가 있는 것인지 설명하려고 시도했어. 그에 반해 두 번째 사람은 왜 고대의 세계 체계가 더 타당한지 설명하려 했고, 세 번째 사람은 두 사람의 말에 귀를 기울이며, 고대의 세계 체계를 옹호했던 두 번째 사람의 말에 대부분 동의를 표했지.

그러나 이 책을 주의 깊게 읽어본 사람이라면 누구나 새로운 세계 체계를 옹호한 첫 번째 사람의 주장이 가장 합리적이며, 갈릴레이가 코페르니쿠스의 세계관을 대변하고 있다는 사실을 금세 눈치챌 수 있었어. 당연히 갈릴레이의 고향에 있는 교회는 잔뜩 화가 났어. 갈릴레이가 전에 했던 약속을 지키지 않았기 때문이지. 그리고 그 결과, 갈릴레이를 상대로 엄청난 결과를 초래하게 될 종교재판이 시작되었던 거야."

"그래서 어떻게 되었어요? 갈릴레이도…… 화형당했나요?"

"아니, 다행히도 그렇지는 않았어. 하지만 갈릴레이는 자신이 아주아주 위험한 지경에 처하게 되었다는 사실을 알고 있었지. 한때 수도사로 일생을 보내는 것을 꿈꾸기도 했을 만큼 매우 신앙심이 깊은 사람이었거든.

그러나 그는 과학은 마음껏 세계를 탐구하고, 그렇게 해서 발견하게 된 것을 세상에 널리 알릴 수 있는 자유가 있어야 한다고 믿어 의심치 않았어. 과학이 교회나 다른 권위자들에 의해 제한받거나 통제된다면 과학은 아무짝에도 쓸모없는 것이라 생각했던 거야. 그래서 그는 재판에서 이겨서, 그가 발견한 것들이 신의 말씀과 어긋나지 않는다는 점을 교황과 가톨릭교회에게 분명하게 이해시키기 위해 최선을 다했어.

아쉽게도 갈릴레이의 노력은 성공하지 못했어. 그렇지만 그는 조르다노 브루노의 슬픈 운명에서 이미 보고 배운 바가 있었고, 결국에는 무릎을 꿇고 자신의 생각이 잘못되었음을 인정했어. 그렇게 해서 가까스로 목숨만큼은 건졌지만, 결국 무기징역을 선고받고 말았지. 전해오는 말에 따르면, 그는 재판장을 빠져나오며 마지막으로 '그래도 지구는 돈다.'라고 중얼거렸다는구나."

"정말이지 대단했네요."

"그래, 맞다. 그는 진짜 대단한 과학자였지."

"아니, 갈릴레이가 아니라 교회요. 그를 감옥에 보냈다니, 정말 어처구니가 없어요."

이모할머니도 고개를 끄덕이고는 말했다.

"다행히도 교황은 자비로웠고, 갈릴레이는 감옥 대신 피렌체 근처에 있는 별장에서 지내며 벌을 받도록 허락받았어. 계속해서 망원경으로 태양을 보았기 때문인지 노년에 접어들며 시력을 잃었지만, 그는 비교적 편안하게 삶의 마지막 시기를 보내며 연구 활동을 할 수 있었단다."

이모할머니는 잠시 말을 멈췄고, 윌리엄은 그사이 어두워진 달과 하늘을 바라보았다.

윌리엄이 무언가를 생각하다 물었다.

"그러니까 그 모든 게 결국은 태양이 중심에 있고, 지구가 움직인다는 말인 셈이네요?"

"그렇지. 그러나 그보다는 진실을 주장할 권리가 누구에게 있느냐가 더 중요한 문제이기도 했지."

"진실을 주장한다고요? 그건 무슨 의미예요?"

"교회의 관점에서 보자면 자신들의 주장에 그 누구도 이의를 제기해서는 안 된다는 걸 분명히 하는 게 더 중요했다는 말이지."

"왜요?"

그 순간 거실의 괘종시계에서 나는 종소리가 다락방 바닥의 열린 출입문을 통해 들려왔다. 종소리는 모두 열두 번 울렸다.

"맙소사! 자야 할 시간이 한참 지났구나!"

이모할머니가 깜짝 놀라 소리쳤다.

"하지만…… 진실 이야기도 마저 해주셔야죠?"

윌리엄이 애원하듯 물었다.

"그 이야기는 하자면 끝이 없는 이야기야."

그렇게 말하며 윌리엄을 바라보던 이모할머니의 얼굴에 환한 미소가 떠올랐다.

"적어도 오늘 밤에는 더 이상 할 수 있는 이야기가 아니지. 그러니 어서 그만 자거라."

"그래도……."

윌리엄은 참아보려 했지만 허사였다. 윌리엄은 저도 모르게 하품을 했다. 이모할머니의 입에서 자라는 말이 나오자마자, 윌리엄은 마치 주문에 걸린 듯 갑자기 자신이 얼마나 피곤했는지 깨달았다. 무엇보다도 이모할머니에게는 그의 요청을 들어줄 의사가 전혀 없어 보였다. 이모할머니는 어느새 몸을 돌려 상자 몇 개를 뒤적이고 있었다. 마치 거실의 괘종시계가 이모할머니의 말하기 버튼을 음 소거 상태로 돌려놓은 것 같았다. 윌리엄은 다시 한번 하품을 하고는 온갖 잡동사니가 쌓여있는 미로를 지나 나무 사다리 쪽으로 갔다.

"안녕히 주무세요."

윌리엄이 인사했다.

"그래, 너도 잘 자고."

양치질을 마친 윌리엄은 곧바로 자기 방으로 들어가 잠옷으로 갈아입고는 창밖의 밤하늘을 올려다보았다. 그사이, 하늘에는 더 많은 별이 떠있었다. 줄지어 늘어선 집들의 작은 지붕 위에서 별들이 고요하고도 잔잔히 반짝이고 있는 모습은 참으로 아름다웠다. 별이 빛나는 평화롭기만 한 하늘이 그처럼 많은 문제를 일으켰다는 게 그저 신기하기만 했다.

"별님도 잘 자요."

윌리엄이 말했다.

"그리고 얌전히 처신하고요!"

그런 다음, 윌리엄은 이불 속으로 기어들었다. 부드러우면서도 기분 좋은 따뜻함과 시원함이 동시에 느껴졌다. 그의 머릿속은 갈릴레이와 그의 망원경, 새로운 발견들, 교회와 재판에 관한 이야기들로 여전히 가득 차있었다. 그리고 진실! 진실을 말하는 것이 그처럼 위험한 일이었다니! 그러나 그런 생각들은 더 이상 이어지지 않았다. 그것들은 작고 가벼운 구름처럼 윌리엄의 머리에서 밤하늘로 두둥실 흘러갔고, 그의 두 뺨은 부드러운 베개 속으로 가라앉았다. 그리고 윌리엄은 잠이 들었다.

갈릴레오 갈릴레이

1564년 피렌체 공국(현재 이탈리아) 피사에서 출생

1642년 토스카나 대공국(현재 이탈리아) 아르체트리에서 사망

가족 귀족 출신. 귀족이 아닌 여성과 사랑에 빠져 인생의 대부분을 함께함. 결혼하지는 않았던 그들에게는 세 자녀가 있었음.

전공 의학 및 수학

저서 많은 책을 펴냈으며, 그중 가장 유명한 책으로는 『별들이 전하는 소식』, 『프톨레마이오스와 코페르니쿠스의 2대 세계 체계에 관한 대화』, 『두 가지 새로운 과학에 대한 대담과 수학적 논증』이 있음.

연구 분야 수학, 물리학, 천문학, 철학 및 공학

과학계에 남긴 주요 업적 망원경의 성능을 개선해 천체관측을 위한 기기로 사용할 수 있도록 함.

목성의 위성

그는 '갈릴레이 위성'이라고 불리는 목성의 가장 큰 네 개의 위성을 발견했다. 이들의 이름은 이오, 유로파, 가니메데, 칼리스토로, 훗날 목성 주변에서는 60개도 넘는 더 많은 위성이 발견되었다.

태양으로 인한 손상

그는 노년에 장님이 되었는데, 이는 아마도 망원경으로 계속해서 태양을 보았기 때문일 것이다.

볼록렌즈

돋보기는 광선을 모으는 볼록렌즈이다. 광선이 한데 모이는 곳에서는 빛이 나는 작은 점이 하나 생겨나는데, 이를 초점이라고 한다. 이 초점에 많은 빛이 모이면, 무언가에 불을 붙일 수도 있다. 갈릴레이는 망원경의 앞부분에 이 볼록렌즈를 사용했다.

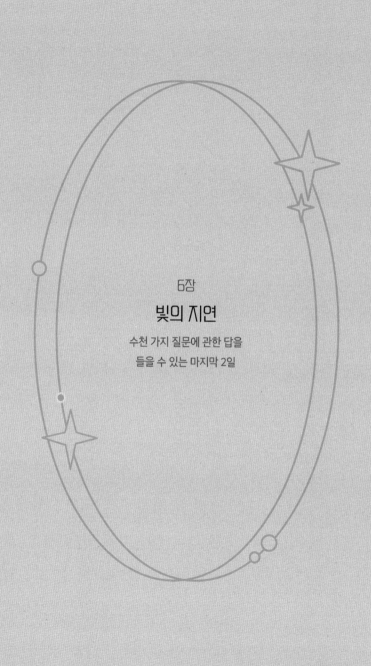

6장

빛의 지연

수천 가지 질문에 관한 답을
들을 수 있는 마지막 2일

다음 날 아침 윌리엄은 아래층 부엌에서 들려오는 떠들썩한 소리에 눈을 떴다.

윌리엄은 침대에서 벌떡 일어나 잠옷을 입은 채로 계단을 뛰어 내려갔다. 이모할머니가 다시 사라지기 전, 어떻게든 붙잡고 말을 걸고 싶었기 때문이다.

윌리엄은 밤새도록 태양계, 진실, 마녀, 그리고 교회가 나오는 꿈을 꿨다. 단지 하늘이 어떤 곳인지에 대해 다른 생각을 가졌다는 이유만으로 사람들이 다른 사람들을 죽이거나 감옥에 가둘 수 있었다는 생각은 여전히 윌리엄의 머릿속을 떠나지 않았다. 갈릴레이가 무언가를 훔쳤다거나 사람을 죽였다면 충분히 그럴 수도 있는 일이었다. 하지만 그는 단지 자기가 망원경으로 본 것을 책에 적었을 뿐이다. 그런데도 그 같은 벌을 받았다니! 정말 정말 이해할 수 없었다.

"안녕히 주무셨어요."

이모할머니는 긴 유리관이 달린 코르크 마개를 커피 메이커의 플라스크에 끼우고 있었다.

"좋은 아침! 너도 잘 잤고?"

이모할머니는 쳐다보지도 않고 말했다.

"어…… 네."

"잘했구나. 나도 아주 푹 잘 잤거든."

"그런데요……. 곰곰이 생각해 봤어요. 어제 말씀하신 진실에 대해서요."

윌리엄이 식탁에 앉으며 말했다.

그제야 이모는 고개를 돌려 윌리엄을 바라보았다.

"아침도 먹기 전에 진실 이야기가 듣고 싶은 거야?"

"예."

"아이고! 정말 못 말리겠구나! 그렇다면 어쩔 수 없지. 들려주는 수밖에……. 자, 어디부터 시작하나? 그래, 우리는 어떤 방식으로든 진실을 추구한단다. 그런데 역사는 진실이라는 것이 계속해서 변한다는 사실을 가르쳐주지."

"끊임없이 변하는 것이 어떻게 진실이 될 수 있어요?"

"정말 좋은 질문이구나."

윌리엄은 자신이 이해하지 못한 것을 어떻게든 정리해 보려고 애썼다.

"갈릴레이는 진실 때문에 감옥에 갇혔어요. 그러니까 다른 사람들이 말했던 것과 다른 무언가를 말했기 때문에요. 그렇죠?"

"어느 정도는 그렇다고 할 수 있지. 성경에는 나와있지 않은 진실을 자연이 인간에게 보여줄 수 있다고 믿었기 때문에 갈릴레이는 감옥에 갇혔던 거야. 그리고 교회는 그것을 허용하고 싶지 않았던 거고."

"하지만 그건 너무 억울해요! 그는 분명 아무런 잘못도 저지르지 않았거든요! 그런데 왜 교회 사람들은 누군가가 자신들과 다른 의견을 갖는 것을 두려워하는 거예요?"

"글쎄다."

이모할머니는 잠시 뭔가를 생각했다.

"먼저 분명히 짚고 넘어갈 점은 갈릴레이 시대의 사람들에게 종교보다 더 중요한 것은 아무것도 없었다는 사실이야. 그리고 유럽에서 교회만큼 막강한 권력을 가진 사람은 아무도 없었고 말이다."

"그랬어요? 왜요?"

윌리엄은 당시의 교회가 그렇게 강력한 힘을 가질 수 있었다는 게 좀처럼 이해가 되지 않았다. 그는 기껏해야 크리스마스 예배에 몇 번 참석했을 뿐이고, 그 기억은 약간 지루했을 뿐 분명 그처럼 '강력한' 것은 아니었다. 권력이란 단어를 들었을 때, 윌리엄에게는 제일 먼저 왕이나 군대가 떠올랐다.

이모할머니가 말했다.

"물론 당시에는 왕이나 제후도 마찬가지로 권력을 갖고 있었지. 그들에게는 돈과 토지와 군대가 있었고, 그것이 바로 그들이 지닌 힘이었어.

그러나 교회의 힘은 달랐어. 물론 내가 말하는 교회는 단순히 교회 건물을 의미하는 게 아니야. 교회란 사제와 주교, 수도원 등 그와 관련된 모든 것을 지칭하는 것이지. 교회는 돈과 토지도 가지고 있었지만, 무엇보다도 생각과 감정 등 인간의 내면세계 가장 깊은 곳을 지배하는 힘을 가지고 있었어.

신에 대한 믿음은 삶의 모든 영역에서 사람들과 함께했어. 이는 물론 오늘날의 우리로서는 이해하기 어려운 일이지. 왜냐하면 여전히 많은 사람들이 신을 빈는다고 해도, 종교는 우리의 일상에서 더 이상 예전과 같은 중요한 역할을 하지 못하기 때문이야. 크리스마스와 부활절이나 되어야 좀 더 관심을 끌 뿐이지."

"부활절에요?"

윌리엄의 머릿속은 다시금 혼란스러워졌다. 부활절이란 말이 계속해서 나왔다. 부활절은 신과 무슨 관계가 있는 것일까?

이모할머니는 숨을 크게 한번 들이마셨다. 그러고는 커피 두 잔을 따른 다음, 식탁에 앉았다. 이모할머니는 대답하기 전에 커피를 한 모금 맛있게 마셨다.

이모할머니가 윌리엄을 빤히 바라보며 말했다.

"부활절은 예수그리스도가 부활한 것을 기념하고 축하하는 날이야. 그래서 학교도 쉬는 거고. 설마 아이들에게 부활절 달걀을 선물해 준다는 부활절 토끼를 찾느라 학교마저 문을 닫는다고 생각한 건 아니겠지?"

윌리엄은 뭐라 대답해야 할지 선뜻 떠오르지 않았다. 어리석기 짝이 없는 말처럼 들렸지만, 실제로 그는 이모할머니가 말했듯 그렇게 생각하고 있었기 때문이다.

"그러나 네 질문은 내가 말하려고 하는 것이 현실임을 어느 정도 확인시켜 주는구나."

이모할머니가 계속해서 말했다.

"오늘날 대부분의 사람들의 삶에서는 신이나 교회가 거의 등장하지 않아. 따라서 르네상스 시대에 이 두 가지가 얼마나 중요했는지, 당시에는 교회가 어째서 그토록 강력했는지 이해하기 어려울 때도 많지. 무엇보다도 당시 사람들의 마음속에는 지옥에 갈지도 모른다는 두려움이 늘 도사리고 있었어. 그리고 기도를 하지 않거나 착한 일을 하지 않은 사람은 모두 지옥에 간다고 믿었고 말이다."

"모두가요?"

"응."

"하지만 오늘날에는 사람들이 더 이상 지옥에 가지 않잖아요? 아닌가요?"

이모할머니는 뭔가 생각하는 듯한 눈빛으로 윌리엄을 바라보았다.

"그건 누구한테 묻는가에 따라 조금씩 달라지기도 한단다."

이모할머니가 대답했다. 윌리엄은 이모할머니가 하는 말의 의미가 선뜻 이해되지 않았다. 하지만 별다른 질문을 하지 않고 그냥 넘어가기로 마음먹었다.

그 대신, 윌리엄이 물었다.

"하지만 교회가 그처럼 많은 권력을 가지고 있는데, 사제들은 왜 그렇게 화를 냈던 거예요? 갈릴레이가 무슨 말을 하든 굳이 신경 쓸 이유가 없잖아요?"

"교회의 힘은 하느님과 예수 그리고 영원한 삶에 관한 위대한 진리를 오직 그들만이 알고 널리 전할 수 있다는 사실에 근거하는 거야."

이모할머니는 커피를 한 모금 마시며 계속해서 말했다.

"그러므로 하느님의 말씀을 의심하는 것은 누구일지라도 허용되지 않았어. 일단 사람들이 교회가 말하는 것이 하느님에게서 직접 나온 것인지 의심하기 시작한다면, 다른 모든 것에도 의문을 품기 시작할 테고, 결국 성직자가 설교하는 것에 대한 믿음

또한 잃어버리게 될 수 있기 때문이야. 한마디로, 그것이 어떤 결과로 이어지게 될지 상상할 수 없었기 때문이지.

교회는 무슨 수를 써서라도 그런 일이 일어나지 않도록 막으려 했어. 그리고 그것이 갈릴레이의 의도는 전혀 아니었다 할지라도, 그는 실제로 성경에 있는 일부 즉 하느님이 사람들에게 말씀하신 것이 사실이 아님을 증명하려고 했어. 더욱이 당시에는 하느님을 어떻게 믿어야 하는지, 지옥에 가지 않는 가장 좋은 방법은 무엇인지에 대해 많은 다른 의견이 있었어. 그리고 어느 시점에 이르자 기독교 교회는 종교개혁이라는 커다란 분쟁을 거쳐 두 개의 교회로 분열될 정도로 상황은 악화되고 말았지.

옛 교회의 지지자들은 이제 '가톨릭' 즉 구교도라고 불렸고, 새로운 교회의 추종자들은 '프로테스탄트' 내지 '개신교' 즉 신교도라고 불렸어. 왜냐하면 그들은 오래된 신앙에 반대했기 때문이야. 그리고 종교개혁이라는 이 거대한 논쟁이 한창일 때, 코페르니쿠스는 천체의 운동에 관한 책을 발표했던 것이지.

그 일은 당시의 가톨릭교회가 지녔던 힘을 크게 약화시켰고, 그로 인해 교회는 하느님의 말씀에 도전하는 모든 것에 특히 민감하게 반응했어.

당시 사람들은 코페르니쿠스의 책이 그저 뛰어난 계산 기술일 뿐, 세상의 진정한 모습을 보여주는 것은 아니라고 말하면서 자신들의 입장을 변호했지. 그런데 이제 갈릴레이가 나타나서, 자신의 망원경을 통해 세상을 보았는데 세상이 정말로 코페르니쿠스가 말한 것처럼 보인다고 주장했던 거야. 더구나 갈릴레이가 지구가 움직인다고 말한 것은 그동안 지구가 정지해 있다고 말해왔던 성경이 틀렸다고 지적하는 것이기도 했어."

윌리엄이 말했다.

"하늘이 다르게 보인다고 말했다는 이유로 누군가를 감옥에 가둔다는 건 진짜 잘못된 일인 것 같아요. 나쁜 일을 저지른 건 전혀 아니잖아요?"

"일반적으론 그렇지. 하지만 상황에 따라서는 아닐 수도 있었던 거야. 물론 우리의 일상생활에서는 지구가 태양의 둘레를 공전하든, 그 반대로 태양이 지구 둘레를 공전하든 큰 차이가 없어. 그러나 인간이 우주 안에서 맡게 되는 역할과 관련된 이미지에는 큰 영향을 미치지. 그래서 사람들은 새로운 발견을 가톨릭교회의 세계상에 반영하는 대신, 갈릴레이의 입을 막으려고 시도했던 거야. 그렇게 해서 모든 비판적인 목소리를 잠재울 수 있기를 바랐던 것이지. 그러나 교회는 원했던 것과는 정반대의 결과를 얻고 말았어."

"어째서요? 갈릴레이는 결국 감옥에 가야 했잖아요?"

"물론 갈릴레이는 감옥에 가야 했지. 그러나 갈릴레이의 재판은 그 후로 많은 이들이 종교를 과학과 반대되는 것으로 보는 결과를 낳고 말았어. 갈릴레이의 재판 전까지만 해도 존재하지 않았던 커다란 틈이 종교와 과학 사이에 생겨난 것이야.

코페르니쿠스, 갈릴레이, 케플러와 같은 르네상스 시대의 위대한 과학자들은 대부분 종교적으로 믿음이 깊은 사람들이었어. 그들의 공통된 목표는 신성한 진리를 찾고 이해하는 것이었고. 예를 들어, 케플러는 그의 책에서 종교적인 주장의 근거를 열심히 활용했어. 하지만 오늘날에는……."

이모할머니는 잔에 남아있던 커피를 마지막으로 한 모금 마시며 결론지었다.

"종교와 과학은 본질적으로 서로 분리된 것으로 간주되곤 한단다."

그런 다음, 이모할머니는 자리에서 일어나 빵과 치즈를 식탁에 올려놓았다.

"저는……."

윌리엄은 그 빵을 먹으면 안 된다고 말을 하려다가 다시 입을 다물고는 글루텐이 들어있지 않은 빵이 든 가방을 얼른 집어 들었다.

"그건 뭐니?"

이모할머니가 의아한 눈빛으로 마른 빵 조각이 들어있는 봉지를 바라보며 물었다.

"글루텐이 들어있지 않은 빵이에요."

"글루텐이 안 들어간 빵? 그런 빵도 있어?"

"네. 저는 글루텐을 잘 소화하지 못하거든요."

"아하. 그럼 불편하고 힘들겠구나."

"네, 조금은요."

두 사람은 치즈를 얹은 빵을 먹으면서 한동안 말없이 앉아있었다. 윌리엄은 그새 차갑게 식어버린 커피를 홀짝이며 머릿속으로 그들이 방금 이야기했던 내용을 정리해 보려 했다.

"종교와 과학……. 그러면…… 그 둘은 생각하는 바가 절대로 일치될 수는 없는 건가요?"

"그렇지는 않아. 서로의 의견이 일치될 수도 있지. 그러나 갈릴레이의 재판과 같은 불편한 논쟁을 피하기 위해서는 두 개의 영역을 서로 분리된 것으로 간주하는 것이 아마도 더 나을 거야. 이미 말했듯, 종교를 믿는 많은 과학자들이 종교와 과학은 서로 모순된 것이 아니라고 믿고 있지. 그와 달리 과학적 세계상이 종교와는 전혀 어울리지 않는다고 믿는 사람들도 많이 있고 말이다."

"그럼 두 부류 가운데 지금은 어느 게 맞는 거예요?"

"아마도 두 편 다 잘못되지 않았다고 말하는 게 적절할 것 같구나. 과학자들은 우주를 이해하기 위해 설명하고 분석하려고 노력할 수 있어. 오늘날 우리는 예전의 갈릴레이나 케플러보다 우주에 대해 훨씬 더 많은 것을 알고 있어. 그런데도 우리는 우주가 왜 존재하는지 그 이유는 여전히 알고 있지 못하지. 그래서 그걸 아는 것은 신의 영역이라고 생각하는 과학자들도 많지. 그러나 다른 한편, 아직도 신이 존재한다는 것을 믿는 사람들이 있다는 것을 완전히 정신 나간 짓이라고 생각하는 과학자들도 많이 있단다.

그 같은 사람들의 생각이 반드시 서로 일치할 필요는 없어. 왜냐하면 종교는 믿음의 문제이기 때문이야. 따라서 과학자들은 단지 측정하고, 무게를 달고, 관측할 수 있는 것에 대해서만 합의하면 되는 거야. 우리가 확인하고 조사할 수 있는 영역에서 말이다. 그 밖의 다른 모든 것에서는 각자 자신이 원하는 것을 믿으면 되는 거지."

"그럼 이모할머니 생각은요?"

이모할머니는 비어있는 잔에 커피를 더 따랐다.

"그건 아무래도 상관없어. 심지어 내 믿음과 내 연구를 서로 뒤섞지만 않는다면 나는 거대하고 반짝이는 오소리가 마법의 양탄자에서 재채기를 했을 때 우주가 창조되었다고 믿을 수도 있어. 어차피 정확히 어떤 일이 일어났는지 증명할 수 없다면 말이다.”

이모할머니가 말했다.

윌리엄은 이모를 바라보았다.

“하지만…… 설마 진짜로 그렇게 생각하는 건 아니지요?”

이모할머니는 콧등으로 흘러내리는 안경테 너머로 눈을 치켜
뜨며 윌리엄을 바라보았다.

“물론 그렇지는 않지. 과학은 네가 벽장 뒤에서 찾던 것보다
훨씬 더 마법 같은 세계로 들어갈 수 있는 문을 그동안 우리에
게 제공했어. 우리가 아는 한, 마녀도 없고 말하는 사자도 없단
다. 그러나 우리 태양계에만 해도 우리가 상상할 수 없을 정도로
우리 지구와는 다른 많은 행성이 존재하지.

예를 들어 해왕성은 길릴레이의 재판이 끝난 후 200년이 지
나서야 발견되었단다. 해왕성은 지구보다 훨씬 크지만 실제로는
대부분 가스로 이루어져 있어. 그렇기 때문에 우리는 해왕성 위
에 서있을 수가 없어. 만약 해왕성 위에 있다면, 우리는 그 안으
로 빠지고 말 거야. 반면에 해왕성의 내부 압력은 너무 높아서,
그 안에서는 다이아몬드가 마치 비처럼 쏟아져 내릴 것이야.”

“우아.”

윌리엄이 치즈 빵을 입에 가득 문 채 중얼거렸다.

“오늘날 우리는 현대식 망원경의 도움을 받아 태양계보다 훨

썬 더 멀리까지 '여행'할 수 있단다. 망원경을 이용해 우리는 우리 몸으로 직접 방문하는 것은 꿈도 꾸지 못할 세계를 들여다볼 수 있는 거야. 너무 멀어서 평생을 날아가도 죽기 전에는 결코 가 닿을 수 없는 그런 세계를 말이다.

그러나 우리는 그 세계를 볼 수는 있지. 그리고 더 나아가, 이미 오래전에 사라져버린 세계의 시간을 되돌아볼 수도 있고 말이다."

"시간을 되돌아본다고요? 그게 어떻게 가능한 건데요?"

윌리엄이 깜짝 놀라 되물었다.

"그건 빛이 지연되기 때문에 가능한 일이란다."

"빛이 지연된다고요? 그게 무슨 뜻이에요?"

"빛이 지연된다는 것은 쉽게 말해 빛은 무한히 빠른 것이 아니라 우리에게 도달하는 데 일정한 시간이 걸린다는 것을 의미하는 거야. 그러니까 빛은 일정한 속도로 움직인다는 말이지. 정확하게는 1초당 30만 킬로미터 정도의 속도로 말이다."

이모할머니는 윌리엄을 바라보며 마지막 빵 한 조각을 입에 넣었다.

"그래서 냉장고 문을 열 때, 냉장고의 불이 켜지기까지는 시간이 좀 걸리는 거야."

"진짜요?"

"아니, 농담이야."

"농담이라고요?"

"응."

"농담이면 웃겨야 하는 거 아닌가요?"

"흠, 아무래도 그렇겠지?"

이모할머니가 미소 지으며 대답했다.

"내 농담에서 재미있는 것은 냉장고 불이 켜지는 데 오래 걸린다는 것이지. 그러나 그것은 빛의 속도와는 사실 아무 상관이 없고, 단지 전구가……. 아니, 지금 한 말은 잊어버리거라. 그러나 분명한 건 빛이 지연된다는 사실이야."

윌리엄은 믿지 못하겠다는 듯 이모할머니를 바라보았다. 하지만 이모할머니는 그런 그를 무시하고 계속해서 말을 이어갔다.

"태양에서 출발한 빛이 우리 지구까지 오는 데에는 일정한 시간이 걸려. 정확히 말하면 8분 정도 걸리지. 그리고 태양광이 태양계의 가장 바깥쪽 행성인 해왕성까지 이동하는 데에는 약 4시간이 필요하고 말이다. 그 말은 결국 멀리 볼수록 그만큼 더 먼 과거의 시간을 되돌아본다는 것을 의미해."

윌리엄은 그 같은 상황을 상상해 보려 했다. 그는 손에 여행 가방을 들고 태양에서 해왕성까지 여행하는 작은 태양 광선을 머릿속에 떠올렸다. 그러나 식탁에 매달린 등을 생각하거나 여름날 그를 따뜻하게 덥혀주는 햇빛을 생각하면, 그 빛이 움직이고 있다는 것을 상상하기가 쉽지 않았다.

"하지만…… 빛이 지연된다는 걸 어떻게 알아요?"

윌리엄이 물었다.

"빛이 지연된다는 걸 어떻게 알 수 있냐고? 아하!"

이모할머니의 입가에 미소가 떠올랐다.

"올라우스 뢰메르라는 이름의 덴마크 청년이 그 사실을 알아냈거든. 그 밖에도 그는 또한 망원경의 도움을 받아……."

그 순간, 거실에서 댕! 하고 시계 종소리가 나며 이모할머니의 말을 가로막았다.

"이런! 그건 다음에 또 이야기하자. 이제는 일해야 할 시간이거든."

이모할머니가 말을 하며 단숨에 커피 잔을 비웠다.

"뭘 하시는데요?"

"내가 방금 말했잖아. 일을 한다고."

"그러니까 무슨 일을 하시는 거냐고요?"

"말하자면 긴 이야기란다."

이모할머니가 일어서며 말했다.

"저한테 말씀해 주신 것들은 대체 어떻게 해서 다 아시는 거예요?"

윌리엄은 이모할머니를 붙잡기 위해 새로운 질문을 던졌다.

"글쎄다, 나는 오랫동안 연구를 해왔거든."

이모할머니가 대답했다.

"연구요?"

"그래, 맞다. 대학에서 일했거든. 물리학자로서 천체물리학을 연구했지. 그래서……."

이모할머니는 갑자기 말꼬리를 돌리려 하는 것처럼 보였다.

"아, 그러셨군요."

윌리엄은 한숨을 내쉬었다. 그것은 분명 이모할머니가 더 말하고 싶어 하는 것이 아니었고, 그는 더 이상 꼬치꼬치 캐묻지 않았다. 윌리엄은 빵을 다 먹고 나서 식탁을 정리했다.

"안녕, 냉장고."

윌리엄이 치즈를 치우며 말했다.

"네 빛이 지연된다는 말이 재미있었어. 너도 알고 있었어?"

냉장고는 대답하지 않았다.

"그래, 네가 무슨 생각을 하는지 나도 알아."

윌리엄은 그렇게 말하며 냉장고 문을 다시 닫았다.

그런 다음 윌리엄은 정원을 내다보았다. 하늘은 흐렸지만 비는 오지 않는 것처럼 보였고, 그는 밖으로 나가서 할만한 일을 찾아보려 했다. 그는 창고에서 크리켓 공과 방망이를 발견했다.

그러나 정작 크리켓 경기장을 만드는 데 필요한 나무 기둥은 보이지 않았다. 윌리엄은 대신해서 쓸만한 것이 있는지 주변을 둘러보았다.

결국 그는 창고에서 찾은 오래된 빗물받이 조각 몇 개를 정원으로 가져갔다. 그것들은 크리켓 공이 굴러 지나갈 만큼 충분히 높았다. 이모할머니가 누구와 크리켓을 하는지 궁금해하며, 윌리엄은 빗물받이 조각을 이어 붙여 풀밭 위에다 경기장 라인을 만들었다.

옆집 정원에서 누군가의 목소리가 들려왔다. 전에 들었던 옆집 소녀의 목소리임이 분명했다. 아마도 놀러 온 친구와 함께 있는듯했다.

"미라를 잡아! 조심해! 하하하!"

어울려 놀며, 흥에 겨워 질러대는 소리가 윌리엄이 있는 곳까지 울려 퍼졌다.

윌리엄은 혼자서 크리켓을 한다는 것이 갑자기 한심하게만 느껴졌다. 게다가 비가 내리기 시작했고, 윌리엄은 크리켓 경기장을 버려둔 채 이 층 자신의 방으로 올라갔다.

윌리엄은 아이패드를 힐끗 쳐다보았지만, 켜고 싶은 생각은 들지 않았다. 그사이 거세진 빗줄기가 유리창을 타고 주르륵주르륵 흘러내리고 있었다. 정말이지 변덕스럽기 짝이 없는 여름

날씨였다. 굵은 빗방울이 작은 지붕창을 연신 두들기고 있었고, 하늘에서는 첫 번째 번갯불이 번쩍이더니 그 뒤를 이어 커다란 천둥소리가 들려왔다.

윌리엄은 담요를 집어 들고 창가에 앉아 천둥 번개가 치는 광경을 바라보았다. 연이어 늘어선 집과 사람이라곤 찾아볼 수 없는 작은 정원들 위로 세찬 비가 쏟아지고 있었다.

이웃집 정원만큼은 예외였다. 그곳에서는 미라라는 이름의 소녀가 빗속에서 춤을 추며 뛰어놀고 있었다. 소녀의 검은 머리카락은 어느새 완전히 젖어있었다. 소녀의 친구는 어디에서도 보이지 않았지만, 얼마 지나지 않아 소녀를 집으로 불러들이는 듯한 소리가 들렸고, 세상은 다시금 텅 비었다.

날은 점점 더 흐려지고 우울해졌다. 두 번째 번갯불이 번쩍이고 얼마 지나지 않아 윌리엄은 천둥소리를 들을 수 있었다. 그것은 천둥 번개가 그리 멀지 않은 곳에 있다는 것을 의미했다. 번개가 다시 번쩍였다. 윌리엄은 시계를 보며 천천히 초를 쟀다.

번개가 또다시 번쩍였다. 엄마는 윌리엄에게 천둥 번개가 몇 킬로미터쯤 떨어져 있는지 알고 싶다면 번개가 번쩍이고 천둥이 치는 사이의 초를 세고, 그 숫자를 3으로 나누면 된다고 알려주었다. 그래서 윌리엄은 천천히 초를 쟀다.

"하나, 둘, 셋."

그러자 우르릉 천둥 치는 소리가 들려왔다. 이제 그가 해야 할 일은 3을 3으로 나누는 것뿐이었다. 아주 간단했다.

"번개야, 안녕! 너는 여기서 1킬로미터 떨어져 있구나. 그런데 왜 사람들은 너를 보고 나서야 뒤늦게 천둥소리를 듣는 걸까?"

윌리엄이 번개한테 물었다.

번개가 대답하기까지는 잠시 시간이 걸렸다. 잿빛 하늘이 번쩍였고, 거대한 번개가 구름 위를 휙 스치고 지나갔다. 하지만 그렇다고 해서 조금이나마 더 분명해진 것은 없었다.

뒤이어 천둥 치는 소리가 들려왔다. 천둥소리는 지붕 전체가 흔들릴 정도로 엄청나게 컸다.

"이봐, 천둥! 너라면 이 모든 것이 어떻게 연결되어 있는지 설명해 줄 수 있겠니?"

윌리엄이 중얼거렸다.

천둥은 분명 몇 번인가 시도했지만, 아쉽게도 그렇게 해줄 수 없었다. 윌리엄이 들을 수 있었던 것은 천둥이 내지르는 사납고 거친 포효뿐이었다. 윌리엄은 천둥 번개와 나누던 대화에 싫증이 났고, 창틀에서 내려와 이모할머니를 찾아가기로 마음먹었다.

이모할머니는 다락방에도 없고 욕실에도 없었으며, 위층의 다른 방에서도 보이지 않았다. 거실에도, 주방에도, 손님용 화장실에도 없었다. 윌리엄은 부엌 옆에 있는 방문을 노크했다. 아무 대답도 들리지 않았다. 그래서 조심스럽게 문을 열었다.

문 뒤편은 침실이었지만, 이모할머니는 그곳도 거실과 마찬가지로 서재로 사용하고 있는 것 같았다. 벽에는 좁은 침대가 하나 놓여있었고 가운데에는 큰 책상이 있었는데, 그 위에는 집 안의 다른 곳과 마찬가지로 책과 서류, 낡은 잡동사니들이 산처럼 쌓여있었다. 단지 이모할머니만 거기에 없었다.

이모할머니는 대체 어디에 계신 걸까? 정원에 있을 리는 만무했다. 윌리엄은 부엌을 지나 뒷문으로 나가 창밖을 내다보았지만, 비와 상당히 쓸쓸해 보이는 크리켓 경기장 외에는 아무것도 보이지 않았다.

그때, 뒤편에서 무슨 소리가 들렸다. 윌리엄은 돌아봤고, 그곳에는 이모할머니가 서있었다.

"어디 계시다 온 거예요?"

"내 방에 있었지. 왜?"

"하지만 제가……."

윌리엄은 주춤했다. 그는 묻지도 않고 방을 들여다보았던 자신의 행동에 대해 이모할머니가 어떻게 생각할지 확신이 서지 않았다.

"계속 찾고 있었거든요."

"아, 그랬니? 왜? 뭐 특별히 원하는 거라도 있는 게냐?"

이모할머니가 식탁 위에 빵과 버터를 올려놓으며 물었다.

"빛은 정확히 어떤 거예요?"

"빛이 뭐가 어떠냐는 건데?"

이모할머니가 자리에 앉으며 되물었다.

"그러니까 지연된다는 것 말이에요."

"아!"

이모할머니는 호밀빵에 버터를 바르며 뭔가 생각하는 듯했다.

"세상에서 가장 빠른 게 무엇이라고 생각하니?"

이모할머니가 물었다.

"치타요!"

윌리엄이 재빨리 대답했다.

"아니, 잠깐만요. 치타가 아니라, 로켓이겠네요!"

이모할머니는 고개를 저었다.

그럼 뭐지? 윌리엄은 이모할머니와 이미 주고받았던 이야기를 모두 생각해 보았다. 우주를 쏜살같이 질주하는 지구가 떠올랐다.

"그럼 지구인가요?"

"아니. 지구도 물론 빠르지. 하지만 우리가 아는 가장 빠른 것에 비하면 지친 거북에 불과할 거야."

윌리엄은 눈을 가늘게 뜨고 좀 더 집중했다.

"제가 충분히 추측할 만한 것인가요?"

윌리엄이 물었다.

"아마도."

"가장 빠른 거라…….."

윌리엄은 중얼거렸다.

"빠르다……. 번개처럼 빠르…… 번개! 번개 아닌가요?"

"흠, 아니야. 아쉽지만 정답은 아니다."

이모할머니가 말했다.

"번개는 한 곳에서 다른 곳으로 점프하는 거대한 전기불꽃이야. 아주아주 빠르기는 하지만, 가장 빠르지는 않지. 그래도 번개처럼 빠르다는 말처럼, 번개는 가장 빠른 것을 설명하는 좋은 방법이기도 하단다. 천둥 번개가 칠 때 가장 먼저 알아차리는 것은 무엇일까?"

"음, 번개를 먼저 봐요. 그러고 나서 천둥소리가 들리고요. 그럼 번개가 천둥보다 빠르단 말이네요?"

"말하자면 그런 셈이지. 어쨌거나 내가 말하고 싶은 것은 번개가 칠 때 번쩍이는 빛이 천둥 치는 소리보다 더 빨리 너한테 도달한다는 사실이야. 두 가지가 동시에 발생했는데도 말이다. 결국 빛은 소리보다 빠르고, 그것이 네가 천둥소리를 듣기 전에 번갯불부터 먼저 보게 되는 이유이지. 오늘날 우리가 알고 있는 한, 세상에서 가장 빠른 것은 바로 빛이야. 그 빛이 나오는 원천이 번개인지, 아니면 태양이거나 멀리 떨어진 별인지, 그도 아니면 냉장고에 있는 전구인지는 중요하지 않아."

"빛!"

윌리엄이 이마를 치며 말했다.

"그렇군요. 빛이 세상에서 가장 빠른 거였어요. 그런데 빛은 보통 얼마나 빠른 속도로 움직이는 거예요?"

그렇게 묻기는 했지만, 윌리엄은 빛이 움직인다는 것이 여전히 생소하게만 여겨졌다.

"빛은 초당 거의 30만 킬로미터의 속도로 이동한단다. 우리의 눈이 보는 모든 것이 빛이라고 말했던 거 기억나니?"

이모할머니가 물었다.

"예. 하지만 빛이 어떻게 그렇게 빠를 수 있는지는 이해가 안 돼요. 빛은…… 그냥 빛일 뿐인 거 아니에요?"

"네가 그렇게 생각하는 것도 어찌 보면 당연한 일이란다. 학자나 과학자들도 수백 년 동안이나 머리를 싸매고 고민했거든. 가장 명백하고 타당한 설명은 빛이 있을 때 빛은 그곳에 존재하고, 빛이 사라지면 빛은 그곳에서 사라진다는 것이야.

갈릴레이는 빛이 정말로 무한히 빠른 속도로 이동하는지 알아내기 위해 일종의 실험을 했어. 그래서 등불을 든 두 사람을 마주 보이는 언덕에 각각 서있게 했어. 그리고 그중 한 사람에게는 다른 사람에게 등불 빛으로 신호를 보내라고 지시했고, 다른 한 사람에게는 그 불빛 신호를 보는 즉시 다시금 등불 빛으로 신호를 보내 응답하라고 시켰어.

그리고 갈릴레이는 빛의 신호가 오가는 사이에 걸린 시간을 측정하였고, 그 결과 빛의 속도가 실제로 거의 무한에 가깝다는 결론에 도달했지."

이모할머니가 의미심장한 표정으로 계속해서 말했다.

"빛은 그저 빛인 것만이 아니라, 해결되지 않은 흥미로운 질문들로 가득 찬 완전히 특별한 세계란다. 그리고 그 같은 사실을 이해하기 위해 사람들은 한 언덕에서 다른 언덕을 바라보는 것보다 훨씬 더 멀리 내다봐야만 했어."

"그럼 얼마나 멀리까지 볼 수 있어야 했는데요?"

"목성까지 볼 수 있어야 했지."

"또 목성이 등장하네요? 어제도 망원경으로 목성을 관측했는데. 그러면…… 갈릴레이도 그렇게 할 수 있었던 건가요?"

윌리엄은 문득 듣고 있는 이야기들이 뒤죽박죽 엉키는 것 같다는 느낌이 들었다.

"그래, 맞다. 물론 그가 목성을 관측한 것은 빛의 빠르기와는 완전히 다른 이유에서였지. 갈릴레이는 목성의 위성을 관측하기는 했지만, 지구와 목성 사이의 거리를 조건으로 삼는 빛의 실험을 한 것은 아니었어."

윌리엄은 이모할머니가 방금 했던 말에 대해 잠시 생각하고는 물었다.

"그런데 지구에서 목성까지의 거리는 얼마나 돼요?"

"그건 지구와 목성이 태양의 둘레를 도는 공전궤도의 어느 지점에 있느냐에 따라 조금씩 달라져. 하지만 대략 계산하면 평균 잡아 7억 킬로미터쯤이라고 말하곤 한단다."

"와! 꽤 먼 거리네요. 그렇죠?"

"그럼! 7억 킬로미터라면 아주아주 먼 거리이지. 흠, 어떻게 하면 그 거리를 좀 더 실감 나게 느낄 수 있을까? 맞다! 우리가……."

이모할머니는 부엌 안을 두리번거렸다. 그러더니 식탁에 놓인 봉지에서 사과 하나를 꺼냈다.

"여기 이 사과가 지구라고 가정해 보자."

이모할머니는 그렇게 말하며 손가락으로 사과의 크기를 재보았다.

"그렇다면 목성은 아마도……."

이모할머니는 다시 주위를 둘러보았다. 그러고는 부엌에서 사라졌고, 잠시 후 제법 큰 분홍색 공 하나를 가지고 돌아왔다.

"그게 뭐예요?"

"물리치료사가 나한테 팔아먹은 필라테스 공이야. 이제야 쓸모가 있게 되었구나. 그러니까 이 사과가 지구라면 여기 이 필라테스 공은 목성인 셈이야."

"목성이 지구보다 그렇게나 더 큰가요?"

윌리엄이 불쑥 물었다.

"응. 목성은 무척 커. 태양계의 행성 중에서 가장 부피가 크고 제일 무거운 행성이니까. 지름이 지구의 거의 11배쯤에 달하고, 부피는 1300배쯤 되지. 그리고 지구가 사과이고 목성이 필라테스 공이라면……."

이모할머니가 잠시 생각했다.

"사과와 필라테스 공 사이의 거리는 약 3킬로미터쯤 될 거야."

"그 정도면 얼마나 먼 건가요?"

"3킬로미터?"

"네."

"그러니까 여기에서 너희 집까지의 거리 정도일 거야. 아니다! 차라리 필라테스 공을 태양이라고 해보자. 그렇다면 목성은 대충 이 사과 크기일 거야. 그러면 지구는……."

이모할머니는 부엌 안을 둘러보며 무언가를 찾더니, 냉동고를 열고는 봉지에서 완두콩 한 알을 꺼냈다. 이윽고 이모할머니의 눈은 조리대 위에 걸려있던 두툼한 끈 뭉치에 가닿았다.

이모할머니가 필라테스 공, 완두콩, 끈 뭉치의 끝을 윌리엄의 손에 건네주며 말했다.

"여기 이 끈을 꽉 잡거라. 너는 이제 완두콩 크기의 지구인 거야. 그리고 나는 사과 크기의 목성이고. 나는 이제 300미터 정도 뒤로 물러날 거야."

그러고 나서 이모할머니는 끈 뭉치를 풀면서 뒤로 걸어가기 시작했다. 부엌문을 지나가다가 하마터면 계단에 부딪힐 뻔하더니 현관문에 다다르자 이모할머니는 더듬더듬 손잡이를 잡아 돌린 다음 뒷걸음질 쳐 밖으로 나갔다.

윌리엄은 그대로 가만히 서있어야 하는 건지 확신이 서지 않았다. 그러나 이내 덜커덩하는 소리가 들려왔고, 윌리엄은 가서 무슨 소리였는지 확인하기로 마음먹었다. 어느새 비는 그쳤고, 이모할머니는 집 앞에 서서 엉덩이를 문지르며 커다란 물웅덩이에 넘어져 있는 고물 자전거를 노려보고 있었다.

"내가 어디까지 이야기했더라?"

윌리엄이 자신을 보고 있는 것을 눈치챈 이모할머니가 중얼거렸다.

"그래, 그냥 처음부터 다시 시작하자. 저 길 끝의 갈라지는 지점까지면 아마 70미터쯤 되지 않을까?"

윌리엄이 대답할 틈도 없이 이모할머니는 그의 손에서 필라테스 공을 받아 길 쪽으로 힘껏 걸어찼다. 커다란 분홍색 필라테스 공은 통통 튀며 자동차가 돌아 나오는 길목과 접한 작은 공원 바로 앞에 있던 또 다른 커다란 물웅덩이에 떨어졌다.

"그래, 저거야말로 멋진 태양이구나. 다음에는 수성과 금성이 있고."

이모할머니가 말했다.

"그리고 여기는 우리의 지구야."

이모할머니는 완두콩과 끈을 든 윌리엄을 옆집 정원 문 앞에 서게 했다.

"지금 있는 곳에 가만히 있거라. 이제는 움직이면 안 돼!"

이모할머니는 그렇게 말하고는 반대 방향으로 걸어가기 시작했다. 윌리엄은 멍하니 서서, 안경을 이마 위로 올리고 단추를 잘못 꿴 셔츠를 입은 이모할머니가 사방으로 곱슬머리를 휘날리며 뒷걸음질로 이웃집을 지나쳐가는 모습을 바라보았다. 끈을 풀어가며 걸어가면서, 이모할머니는 마치 세상에서 가장 자연스러운 일을 하고 있다는 듯 혼잣말을 중얼거리고 있었다.

윌리엄이 망원경으로 보았던 자두나무에 다다르자 이모할머니가 윌리엄을 향해 소리쳤다.

"여기가 화성이다!"

이모할머니는 자두 한 알을 따서 화성이 있어야 할 인도에 내려놓았다. 윌리엄은 이모할머니가 남의 집 자두를 따는 것을 본 사람이 있을까 걱정되어 주위를 둘러보았다.

"물론 우리가 정한 비율로 보면 너무 크기는 하지만, 다른 마땅한 것을 찾을 수가 없구나."

이모할머니가 소리쳤다.

그런 다음, 이모할머니는 계속해서 뒷걸음질했다. 이윽고 교차로에 다다르자 길모퉁이를 돌아섰고, 윌리엄은 더 이상 이모할머니의 모습을 볼 수 없었다. 잠시 후 윌리엄은 이모할머니가 자기를 부르는 소리를 들었고, 이모할머니가 이제 목성에 도달했음을 확신할 수 있었다.

"이제 나는 더 멀리 토성을 향해 가고 있다. 하지만 이 끈이 천왕성과 해왕성까지 갈 수 있을 만큼 충분한지는 모르겠구나. 운이 좋다면, 오늘 우리는 명왕성까지도 가볼 수 있을 거야. 그러면 태양계가 튀코 브라헤가 생각했던 것보다 얼마나 더 큰지 제대로 알게 되겠지. 하하하!"

그 순간 윌리엄의 뒤편에서 현관문이 열렸다.

윌리엄은 두 눈을 꼭 감고, 아무도 그를 보지 못하기를 기도했다. 마음 같아서는 그냥 그 자리에서 도망치고 싶었다.

"거기에서 뭐 하는 거야?"

윌리엄은 다시 눈을 뜨고, 옆집 여자아이의 눈을 똑바로 쳐다보았다. 그 아이의 짙은 갈색 눈은 호기심으로 반짝이고 있었다. 여자아이는 윌리엄의 앞에 서서 그의 손에 들려있는 완두콩과 끈을 가리켰다.

"그러니까⋯⋯."

윌리엄은 이모할머니가 사라진 길모퉁이 쪽을 바라보았다.

"나랑 이모할머니는 지구에서 목성까지의 거리를 알아보고 있는 중이야."

윌리엄이 당황한 목소리로 대답했다.

"목성까지의 거리라고?"

그렇게 되묻는 여자아이의 목소리에는 의심의 빛이 가득했다.

"응. 그러니까 여기 이게 지구야."

윌리엄은 손에 든 완두콩을 보여주며 말했다. 그러고는 곧바로 후회했다. 말도 안 되는 소리처럼 들릴 게 뻔했기 때문이다.

"그렇구나. 그런데 왜 잠옷을 입고 있어?"

여자아이가 물었다.

그제야 윌리엄은 자신이 아직 옷을 갈아입지 않은 채, 강아지 캐릭터 잠옷 바람으로 길 한가운데에 서있다는 것을 깨달았다.

"아! 그건⋯⋯."

윌리엄에게는 더 이상 아무 말도 떠오르지 않았다. 얼굴이 화끈 달아오르는 것이 느껴졌다.

"나도 같이해도 돼?"

윌리엄은 자기도 모르게 고개를 끄덕였다.

"그럼 나는 무얼 하면 되는 거야?"

여자아이는 대답도 기다리지 않고 끈을 잡아 들었다.

"이제 우리는 서로 돕는 거야. 그렇지?"

"그래, 알았어."

그리고 두 사람은 한동안 아무 말도 하지 않고 나란히 서서, 교차로 쪽을 바라보았다.

"조금 전 큰 소리로 외쳤던 분이 룬드 아주머니야?"

여자아이가 물었다.

"룬드 아주머니가 누군데?"

"우리 이웃집 아주머니."

"아! 맞아."

몇 분 후, 이모할머니가 돌아왔다. 이모할머니는 끈 뭉치를 인도에 내려놓았다.

"안녕하세요, 아주머니."

"미라구나. 너도 나와있었니?"

"네."

"아하, 그랬구나. 자, 이렇게 해서 우리의 태양계 여행은 끝이 났다."

이모할머니는 신이 나서 두 팔을 활짝 벌렸다.

"정말 짧은 산책이었지. 아쉽게도 끈이 짧아서 천왕성까지는 가볼 수 없었어. 근본적으로 태양계는 순전한 공간 낭비야. 끝없이 펼쳐진 텅 빈 공간이거든. 우주선을 타고 간다면 여기에서 목성까지는 몇 년이 걸릴 거야. 하지만 빛은 30분이면 충분히 가 닿을 수 있지. 너희도 한번 길모퉁이를 돌아 길을 따라 걸어가 보거라. 그러면 목성을 방문할 수 있을 거야. 여기 이 완두콩을 지구라고 가정한다면 말이다."

"근사해요!"

미라가 신기하단 듯 감탄했다. 바로 그때 현관문이 다시 열렸고, 미라의 어머니가 문 사이로 고개를 내밀었다.

"안녕하세요, 룬드 아주머니."

"안녕하세요."

"미라야, 이제 저녁 먹을 시간이야."

"아이, 참. 우리는 막 목성을 방문하려던 참이었어요."

"그랬어? 좋겠네! 하지만 목성은 다음번에 방문해도 되잖아. 아니면 함께 차를 마시자고 한번 우리 집에 초대해도 좋고. 언제든 환영이니까 말이다. 그러나 목성도 이제 곧 잠자리에 들어야 할 거야. 벌써 잠옷으로 갈아입고 있잖아? 그러니 오늘은 그만

들어가자. 룬드 아주머니도 편히 쉬시고요. 목성도 잘 자렴. 다음에 또 보자. 만나서 반가웠어."

미라의 어머니는 무슨 말을 해야 할지 몰라 그저 멍하니 서 있던 윌리엄에게 손을 흔들었다. 그래서 윌리엄도 그냥 손을 흔들어 인사했다.

윌리엄과 이모할머니는 닫힌 이웃집 현관문을 잠시 바라보았다. 그리고 윌리엄은 그사이 녹아서 제법 축축해진 손가락 사이의 완두콩을 내려다보았다.

그는 완두콩 표면에 있는 아주아주 작은 두 개의 작은 산을 상상했다. 그 위에는 두 명의 아주아주 작은 사람들이 등불을 들고 서있었지만, 너무너무 작아서 윌리엄은 그들을 알아볼 수 없었다.

윌리엄은 이동하는 데 걸리는 시간을 측정할 수 없을 만큼 빠르게 한쪽 산에서 다른 쪽 산으로 날아갈 수 있는 어떤 것도 떠올릴 수 없었다. 그러나 빛은 그렇게 할 수 있었다.

그런 다음, 윌리엄은 길이 갈라지는 지점에 놓여있는 커다란 필라테스 공을 바라보았다. 그의 시선은 계속해서 끈을 따라가다 대각선 맞은편 나무 높은 곳에 매달린 자두를 보았고, 그곳에서부터는 시야에서 사라진 길모퉁이 쪽을 바라보았다. 윌리엄은 사과, 즉 목성을 더 이상 볼 수 없었다.

윌리엄이 그가 조금 전 상상했던 아주아주 작은 사람들 중의 한 명이라면, 목성으로 가는 길은 정말로 멀고도 먼 길임이 분명했다. 그렇지만 윌리엄은 아주아주 오랜 시간이 걸릴지라도 두 명의 아주아주 작은 사람들이 목성까지 가는 그 먼 길을 걸어가는 모습을 떠올릴 수 있었다. 그게 목성을 향해 이동하는 빛을 상상하는 것보다는 훨씬 쉬웠다.

"빛은 어떻게 움직이나요?"

윌리엄이 물었다.

"좋은 질문이구나. 그 문제는 과학자들에게도 꽤 오랫동안 비밀에 싸인 수수께끼로 남아있었지. 과연 빛은 무엇으로 만들어졌을까?"

이모할머니는 그렇게 물으며, 윌리엄의 시선을 좇아 거리 쪽을 바라보았다. 그러고는 자기가 던진 질문에 스스로 대답했다.

"오늘날 우리가 아는 바로는, 빛은 입자나 파동의 성질을 가지고 있단다. 아니면 둘 다이기도 하고."

"둘 다라고요! 빛이 어떻게 입자와 파동, 둘 다일 수 있어요?"

윌리엄이 혼란스러운 얼굴로 물었다.

"그렇지? 그래서 과학자들도 그 같은 주장에 모두 다 동의하지는 않아. 그러나 빛은 분명 둘 다일 수 있는 것처럼 보인단다. 물론 동시에 둘 다인 것은 아니지만 말이다.

입자는 원래 눈에 보이지 않을 정도로 아주 작은 물체로서, 세상의 모든 물질을 구성하는 아주 작은 물체를 가리키는 용어야. 예를 들면 온갖 종류의 아주 작은 레고 블록이라고 생각할 수 있지. 빛이 어떻게 움직이는지 알고 싶다면, 입자로 이루어진 강물이 목성에서 너를 향해 흘러온다고 상상해 보렴. 그러나 빛을 일종의 파도라고 생각한다면 이해하기가 더 쉬울 거야. 여기를 봐봐!"

이모할머니는 몸을 구부려 이웃집 앞마당에서 조약돌을 한 줌 집어 들었다. 그런 다음 주위를 둘러보더니, 그중 가장 커 보이는 물웅덩이 쪽으로 걸어갔다. 윌리엄은 이모할머니를 따라갔다.

이모할머니가 윌리엄에게 조약돌 하나를 주며 말했다.

"이걸 웅덩이에 던져봐!"

윌리엄은 조약돌을 받아 웅덩이에 던졌다. 첨벙 소리가 나며 조약돌은 물속으로 가라앉았고, 조약돌이 사라진 자리의 물 표면에서는 거의 완벽한 형태의 동그라미들이 만들어졌다.

"저기 동그라미들이 보이지?"

이모할머니가 물었다. 윌리엄은 고개를 끄덕였고, 고대의 천문학자들이 원을 우주의 모양으로 간주했던 것이 그다지 놀라운 일도 아니라는 생각이 들었다. 동그라미 모양의 잔물결은 마침내 수면이 다시 잔잔해질 때까지 점점 더 커지며 사방으로 퍼져나갔다.

"이 동그라미들은 일종의 파동, 즉 물결의 움직임이야. 빛은 물론 다른 종류의 파동이지만, 예를 들어 번개가 칠 때 번쩍이는 빛은 물웅덩이에 생긴 잔물결처럼 모든 방향으로 퍼져나가. 그러나 너무 빨라서, 우리는 빛의 움직임을 거의 알아차리지 못하지.

소리도 마찬가지로 파동이야. 그러나 음파는 빛과는 약간 다르게 이동하지. 음파는 귀에 들리는 압력파의 형태로서 공기를 통해 전파되는 진동이야. 그리고 빛보다 훨씬 느려. 그래서 우리는 소리의 지연 현상 또한 쉽게 감지할 수 있어. 번개가 가까운 곳에서 칠수록 천둥소리를 그만큼 더 빨리 들을 수 있지. 소리가 그렇게 먼 거리를 이동할 필요가 없기 때문이야. 하지만 번개가 치는 곳이 멀어질수록, 빛과 소리가 우리에게 도달하는 시간은 그만큼 더 많이 차이가 난다고 말할 수 있어.

하지만 태양이나 목성에 비하면 번개는 결코 멀리 있다고 말할 수도 없어. 그래서 올라우스 뢰메르가 '빛의 지연'이라고 불렀던 현상을 보기 위해서는 먼저 그만큼 충분히 멀리까지 볼 수 있는 망원경이 필요했어."

"그 사람은 그걸 어떻게 알았대요?"

윌리엄이 불쑥 끼어들며 물었다.

"그건⋯⋯."

그 순간, 집 안에서 뭔가 폭발하는 것 같은 소리가 났다. 이모할머니는 깜짝 놀라 몸을 움츠리며 손에 들고 있던 끈 뭉치를 떨어뜨렸다.

"지금은 안 돼!"

이모할머니는 소리를 지르며 집 안으로 달려갔다.

윌리엄은 그런 이모할머니를 멍하니 바라보았다.

이상했다. 한편으로는 많은 것을 배우고 이해했다는 느낌이 들었다. 그러나 다른 한편으로는 오히려 전보다도 더 많은 질문이 생긴 것만 같았다. 무엇보다도 이모할머니가 하루 종일 무슨 일을 하는지, 그리고 그 이상한 소리는 또 무슨 소리인지 이해하지 못했다.

그러고 나자 올라우스 뢰메르라는 이름이 떠올랐다. 올라우스 뢰메르라면 룬데토른에서 보았던 그 행성 기계를 만든 사람이 아니던가? 그뿐만 아니라, 윌리엄은 다른 어디선가 이미 그 이름을 들어본 적이 있다는 생각이 들었다. 다만, 어디에서 들었는지는 기억나지 않았다. 그는 한숨을 내쉬고는 거리의 태양계를 치우기 위해 길을 따라 내려갔다.

끈, 사과, 훔친 자두, 그리고 커다란 분홍색 필라테스 공을 챙겨 들고 집으로 돌아오는 길에 윌리엄은 문득 생각이 났다. 마법의 옷장을 찾다가 우연히 그 이름을 보았던 것이다! 이모할머니의 창고 같은 방에 있던 예쁜 보물 상자 속에서였다. 그 상자는 신비로워 보였지만, 윌리엄은 그 속에서 따분한 편지들만 발견하곤 못내 실망했다. 그러나 그때 그는 분명 올라우스 뢰메르라는 이름을 읽었다.

윌리엄은 태양계의 슬픈 잔재를 부엌에 내려놓고는, 글루텐이 없는 빵에 무화과잼을 발라 먹었다. 이모할머니는 또다시 어디론가 감쪽같이 사라져 보이지 않았다.

윌리엄은 위층의 잡동사니가 가득 쌓인 큰 방으로 갔다. 그는 신발 상자와 다른 오래된 마분지 상자 뒤편에서 예쁜 보물 상자를 금세 찾아냈다. 그 상자는 다른 상자들과는 무척이나 달라 보였다. 그는 큼직한 나무 상자를 꺼내 밟고 올라섰고, 까치발을 하고 손을 뻗어 보물 상자를 끄집어 내렸다. 그는 바닥에 앉아 상자를 열었다.

상자의 맨 위에는 누렇게 변한 편지 더미가 철해져 있었고, 첫 페이지에는 정말로 '올라우스 뢰메르'라는 이름이 적혀있었다.

그는 한데 묶인 편지 철을 꺼내 훑어보기 시작했다. 종이마다 타자기로 쳐서 넣은 글씨들로 빽빽하게 채워져 있었고, 가장자리에는 누군가가 손으로 메모를 달아놓았다. 하지만 흘려 쓴 손 글씨인지라 무슨 글자인지 읽기가 어려웠다. 한 번 더 확인하기 위해 윌리엄은 상자 속을 다시 살펴보았다.

책 표지도 제목도 보이지 않는 것으로 보아, 상자 속의 나머지 것들도 마찬가지로 편지인 것처럼 보였다. 그리고 대부분의 편지는 '친애하는 군보르'로 시작하고 있었다. 또, 날짜도 적혀있었다. 윌리엄은 첫 번째 편지에서 '1965년 4월 3일 일요일, 코펜하겐에서'라고 적혀있는 걸 읽을 수 있었다.

1965년 4월 3일 일요일, 코펜하겐에서

친애하는 군보르!

네가 내 원고를 기꺼이 읽어보겠다고 동의해 주어서 얼마나 기뻤는지 몰라. 원고를 읽고 네가 뭐라고 말할지 궁금하고 긴장된다. 나는 이런 종류의 글을 쓰는 것이 익숙하지 않아. 그래서 네가 시간을 내어 원고 초안을 꼼꼼히 검토해 주는 게 더더욱 고맙기만 한 거야.

생각하면 할수록 올라우스 뢰메르의 이야기를 하는 것이 더욱 중요하게만 여겨져. 특히 아이들은 그의 이야기를 알아야만 할 것 같아. 아이들이야말로 우리의 미래를 만들어갈 주인공이니까 말이야. 튀코 브라헤가 과학사에서 항상 너무나 많은 관심을 받아왔다고 생각한다는 나의 주장을 놓고 우리는 틈만 나면 논쟁을 벌이곤 했지. 특히 아인슈타인의 상대성이론을 생각할 때면, 나는 훌륭한 올라우스 뢰메르가 빛을 받을 충분한 자격이 있다고 생각해. 빛 이야기는 그냥 하는 말이 아니야. 결국 그는 빛에 속도가 있다는 것을 증명했고, 그가 증명한 지식이 없었다면 상대성이론도 없었을 테니까 말이야.

나는 올라우스 뢰메르와 그의 중요한 발견에 관한 이야기를 들려줌으로써 우리 어린이들이 물리학에 관심을 갖도록 도움을 주고 싶다는 커다란 꿈이 있어. 그리고 그 일이 얼마나 중요한지에 대해 우리는 분명 같은 생각을 갖고 있지.

하지만 올라우스 뢰메르만으로 제한할 것이 아니라, 과학의 가장 위대한 업적 모두에 관한 이야기 모음을 써야 할 거야. 그 같은 아이디어에 대해 너는 어떻게 생각하는지 듣고 싶구나. 또한 네가 보기에는 어떤 발견이 특히 탁월하거나 어린이의 호기심을 불러일으킬 만하다고 여기는지 나와 함께 생각을 주고받았으면 좋겠어.

너의 한스가

윌리엄은 다른 편지들을 뒤적였다. 모두 한스라는 사람이 보낸 것들이었다. 그러다 문득 윌리엄은 다른 사람의 편지를 허락도 받지 않고 읽어서는 안 된다는 점을 떠올렸다. 게다가 그는 다시금 이모할머니의 물건에 함부로 손을 댔던 것이다!

윌리엄은 모든 것을 다시 싸서 치워버리려 했다. 그때, 어쩌면 올라우스 뢰메르의 소책자를 읽어도 괜찮을지 모른다는 생각이 들었다. 그건 결코 사적인 편지가 아니었기 때문이다.

이모할머니가 계속해서 그렇게 바쁜 것은 윌리엄으로서는 어쩔 수가 없는 일이었다. 그리고 이모할머니가 올라우스 뢰메르에 대해 이야기해 줄 시간이 없다면, 그는 차라리 지금 이 소책자를 읽는 것도 괜찮을 거라고 생각했다. 윌리엄은 편지가 들어 있던 상자를 제자리에 올려놓고, 올라우스 뢰메르에 관한 소책자를 가지고 방으로 돌아와 침대에 누웠다. 아래층 거실에서 오래된 괘종시계가 종을 울리며 시간을 알려주었다.

괘종시계는 모두 여덟 번 울렸다. 어느새 저녁 여덟 시가 되었던 것이다. 시계가 울리는 소리를 듣자, 윌리엄은 갑자기 자기가 얼마나 피곤했는지 깨달았다. 이때쯤이면 이모할머니는 분명 잠을 자야 할 시간이라고 말하며, 더 많은 이야기는 다음에 또 하자고 윌리엄을 타일렀을 것이다. 윌리엄은 나뭇잎을 바라보았다. 그리고 하품을 했다. 그러나 이모할머니는 여기에 없었다.

올라우스 뢰메르

덴마크 오르후스 출신의 세계적으로 유명한 천문학자이자 왕궁에서 존경받는 인물이 된 상인의 아들. *→ 도입부를 조금 더 흥미진진하게 꾸밀 수는 없을까?*

1644년, 올라우스라는 사내아이가 덴마크의 작은 항구도시인 오르후스에서 태어났어. 그는 형제자매와 함께 가난하지는 않지만, 부자도 아닌 부모님의 집에서 자랐어. 겨울이 되면 무척이나 추웠고, 난로와 석유램프에서는 연기가 자욱이 피어올랐지. 또 여름날은 더웠고, 어디를 가나 쓰레기 냄새가 가득했어.

상인이었던 그의 아버지는 오랫동안 바다에 나가 있는 일이 잦았어. 올라우스는 때때로 그런 아버지를 따라 바다로 나갈 수 있었어. 소년 올라우스에게 그보다 더 행복한 일은 없었지. 바다가 잔잔한 날, 돛에 바람이 거의 불지 않는 데도 배가 물살을 가르며 나아갈 때면, 올라우스는 저절로 무한함을 느꼈어. 어쩌면 하느님의 천국이 이런 모습이 아닐까? 하고 상상했지. 그만큼 바다는 고요하고 무한해 보였어. *→ 여기서 굳이 하느님이 나와야 할까? 내가 아는 한, 올라우스 뢰메르는 종교에 그다지 관심이 없었거든.*

윌란반도와 퓐섬 사이를 항해할 때 길을 찾는 것은 그리 어렵지 않았어. 왜냐하면 육지에는 항상 교회나 등대 같은 항로표지가 있어서 배가 올바른 방향으로 나아갈 수 있게 도와주었거든.

그러나 북쪽의 카테가트 해협을 항해할 때는 상황이 달랐어. 때때로 너무 먼바다로 나가서, 바닷물 말고는 눈으로 볼 수 있는 것이 아무것도 없었으니까. 그곳에는 단지 하늘과 바다, 바람과 파도만이 있었어. 그리고 별도.

비좁고 답답한 도시, 그 모든 소음과 악취는 저 멀리 어디론가 사라지고, 먼 곳을 바라보는 시선을 가로막는 것이 아무것도 없을 때면 올라우스는 행복했어. 하지만 위험도 도사리고 있었지. 노르웨이와 스웨덴의 해안에는 수많은 암초가 숨어있었고, 그래서 배의 항로를 제대로 계산하지 않는다면 순식간에 삶과 죽음이 뒤바뀔 수 있기 때문이야. 물론 아무것도 모르는 뱃사람들은 보이지 않는 암초를 두려워하지 않았어.

그의 아버지는 틈날 때마다 말했어.

"정확한 게 최고야! 그게 항해사가 갖춰야 할 가장 중요한 자질이지."

아버지의 배에는 바다에서 올바른 길을 찾는 데 도움이 되는 몇 가지 소중한 도구들이 있었어. 올라우스는 아버지가 나침반을 주의 깊게 주시하거나, 천체관측기구인 황금빛 사분의를 사용해 태양의 위치를 신중하게 계산하는 모습을 지켜보았지. 또, 날이 어두워지면 아버지와 함께 갑판에 올라 별들을 측정했어.

언제나 같은 자리에 떠있는 북극성의 위치를 기준 삼으면, 얼마나 북쪽으로 항해했는지 알 수 있었어. 사분의를 사용해 별이 수평선에서 얼마나 높이 있는지 계산했고, 그 수치를 통해 다시금 자신들이 위치한 위도를 알아냈어.

그에 반해 어느 경도에 있는지, 그러니까 동쪽이나 서쪽으로 얼마만큼 항해했는지 알아내는 것은 훨씬 더 어려웠어. 별들도 그것만큼은 도와줄 수 없었지.

태양은 경도선을 가로질러 움직여. 따라서 현재 시간만 알고 있다면 지금 위치한 경도를 계산하는 것은 실제로 아주 쉬운 일이야. 배가 출항한 시간과 비교하기만 하면 되니까. 그러나 그 당시에는 그만큼 정확하고 배의 움직임에 영향을 받지 않는 시계가 없었지.

다행히 올라우스의 아버지는 노르웨이로 가는 길을 잘 알고 있었고, 어느 위도에 위험하기 짝이 없는 암초가 숨어있는지도 잘 알고 있었어. 그들이 해야 할 일은 충분히 북쪽으로 항해한 다음 침착하게 동쪽으로 향하는 것뿐이었어. 그러면 노르웨이 해안에 무사히 도착할 수 있었지. 그 과정에서 동쪽이 어디인지는 나침반이 알려주었고.

올라우스는 이 모든 기구를 좋아했어. 이 도구들이야말로 정말 근사하다고 생각했지. 그리고 이들 도구가 수학과 정확한 측정값,

꼼꼼하게 작성해 준비한 계산표의 도움을 받아 헤아릴 수 없는 바다를 건너 안전한 항구로 가는 길을 보여준다는 사실에 홀딱 반하고 말았어.

그가 보기에 세상은 멋지고 놀라운 연결고리들로 가득 차있는 것처럼 보였어. 마치 언제고 발견되기만을 기다리는 고정된 규칙과 리듬을 따르는 거대한 시계 장치처럼 말이야. 그 같은 규칙과 리듬을 더 많이 이해하고 인식할수록, 인간들의 세상은 그만큼 더 나아졌어. 모든 것에는 의미가 있었지. 질서가 있었고. 그리고 이 의미와 질서를 이해하는 것은 우리 인간들의 몫이었어.

올라우스의 학교생활

올라우스는 라틴어 학교에 다녔고, 성적도 우수한 모범생이었어. 아버지가 함께 바다를 항해하는 동안 이미 수학에 대해 많은 것을 가르쳤지만, 그는 호기심이 많았어. 더 많은 것을 알고 싶어 했지.

그는 수학에 나름의 독특하고도 놀라운 질서가 존재한다는 사실을 발견했어. 특히 기하학, 원과 삼각형 및 사각형에 대한 법칙과 연구에서 그 모든 모양이 서로 맞아떨어지는 것이 신기하기만 했어.

그리고 주변 환경에서 어떤 기하학적 모양을 발견하면 마치 세상을 다 가진 것처럼 좋아했어. 하나의 체계를 인식하거나 연관성을 이해할 때도 마찬가지였지.

언뜻 보기에는 혼란스럽기만 한 세계를 찾아내기는 비록 쉽지 않았지만, 작고 의미 있는 규칙으로 이루어져 있음이 밝혀질 때면 더더욱 행복했어.

당시 덴마크 왕인 프레데리크 3세는 스웨덴과 전쟁 중이었어. 올라우스가 이제껏 경험했던 것 중 가장 추웠던 겨울에 발트해의 일부가 얼어붙었지. 당시 생활은 고단했고, 그는 예전처럼 아버지와 함께 바다로 나가고 싶어 했어.

그러나 어느 날 마침내 전쟁이 끝났을 때, 그의 아버지는 세상을 떠났어. 아버지는 이제 더 이상 평화를 경험할 수 없었고, 별이 빛나는 밤에 아들과 함께 카테가트 해협을 항해할 수 없었지. 하지만 올라우스는 그곳에서 본 별들을 잊지 못했어.

왕의 도시에서

라틴어 학교를 졸업한 후, 올라우스는 왕의 도시인 코펜하겐에 있는 대학에서 공부할 수 있는 허가를 받았어. 그의 나이는 열여덟 살이었고, 그가 대학에서 놀라운 비밀을 끌어낼 것이라고는 아무도 기대하지 않았어. 더구나 대부분의 학교 친구들처럼 성직자가 아니라 수학자로서 말이야.

코펜하겐의 모든 것은 그가 이전에 알고 있던 것과 사뭇 달랐어.

성벽 뒤의 마을은 좁고 지저분했지. 그리고 사람들은 올라우스가 시골인 오르후스 출신이기 때문에 이상하게 말을 한다고 조롱하고 비웃었어.

올라우스의 눈에는 말하고 걷고 행동하는 방법에 관한 보이지 않는 법이 그 도시를 지배하고 있는 것처럼 보였어. 하지만 그에게 그 모든 규칙을 설명해 줄 사람은 아무도 없었지.

그는 하마터면 자신감을 잃고 좌절할 뻔했어. 다행히 그의 교수인 라스무스 바르톨린Rasmus Bartholin은 올라우스가 수학에 특별한 재능을 가지고 있다는 사실을 알아차렸어. 그는 올라우스를 자기 집으로 데려가 함께 연구하고 토론했어. 하지만 바르톨린 교수의 일을 도와주는 것도 올라우스의 임무 중 하나였지.

바르톨린 교수의 어린 딸은 늘 올라우스를 미소 짓게 했어. 그 아이는 겨우 세 살이었고, 아직은 세상에 대해 아무것도 몰랐어. 그러나 고집이 셌고, 모든 것을 이해하고야 말겠다는 지칠 줄 모르는 욕구를 지니고 있었어. 그 아이는 찬장이든 서랍이든, 집 안 구석구석을 하나도 빼놓지 않고 탐구했어. 그리고 눈에 보이는 모든 것을 분해했지. 그 아이의 어머니와 언니, 오빠들은 무척이나 힘들어했어. 올라우스는 그 어린 여자아이가 세상을 탐험하는 것 말고는 아무것도 하려 하지 않는다는 사실을 금세 알아차렸어. 그 아이는 모든 규칙을 이해하려 했고, 결코 포기할 줄을 몰랐어.

그런 아이의 모습을 지켜보며, 올레는 세상은 보이지 않는 규칙으로 가득 차있고, 사람들은 그 규칙을 발견해 내야만 한다고 생각했던 자기 자신을 떠올렸어. 그리고 그는 그런 생각이 도시의 보이지 않는 법에도 똑같이 적용될 수 있다는 점을 깨달았고, 자신도 어린 여자아이와 마찬가지로 끈질긴 투지를 발휘해 도시의 규칙과 우주의 규칙 모두를 찾아내기로 결심했어. *이 부분은 왠지 좀 감정적인 것 같지 않아? 자서전 같기도 하고. 조금 덜어내도 좋을 듯.*

튀코 브라헤의 유산

바르톨린 교수의 집에서 얼마간의 시간을 보낸 후, 장차 올라우스 뢰메르의 삶에 결정적인 영향을 미치게 될 일이 일어났어. 왕이 튀코 브라헤가 남긴 모든 자료와 기록을 구입한 다음, 바르톨린 교수에게 그것들을 선별해 정리할 것을 부탁한 거야. 그렇게 해서 누구나 공유할 수 있는 책을 만들려 했지. 그 작업은 상당히 힘든 과제였어.

튀코 브라헤는 16세 때부터 55세의 나이로 사망할 때까지 거의 매일 밤하늘을 관측했어. 구름이 짙게 껴 거의 아무것도 볼 수가 없던 날이 아니라면 말이야. 그렇다면 그런 관측 결과를 기록한 문서의 분량이 어느 정도일지 상상이 되니?

바르톨린 교수는 올라우스에게 도움을 요청했어. 올라우스는 아주 기뻐하며 기꺼이 그렇게 하겠다고 대답했지. 그는 유명한 천문학자의 발자취를 따르는 것보다 더 영예로운 활동을 결코 상상할 수 없었어.

그리고 그는 정말로 더없이 영광스러운 업적을 이뤄내고야 말았어. 비록 올라우스 뢰메르라는 이름이 오늘날 그리 유명하지는 않다 할지라도, 그는 오늘날 우리가 세상을 바라보는 방식을 확립하는 데 중요한 공헌을 했어. 물론 그 당시에는 누구도 짐작할 수 없었지만.

올라우스는 마치 튀코 브라헤 본인이 되었다고 해도 좋을 만큼 튀코 브라헤의 생각에 깊이 빠져들었고, 살아생전에 그가 남긴 노트를 아주 철저하게 연구했어. 올라우스는 세계의 연관성을 진정으로 이해하고 싶다면 오랜 기간에 걸쳐 체계적이고 치밀하게 세계를 분석하고 연구하는 것이 무엇보다 중요하다는 사실을 점점 더 뼈저리게 느꼈어. 그러나 그의 머릿속에서는 또 다른 생각이 떠올랐지. 튀코 브라헤가 그 당시에 이미 그토록 많은 것을 알아낼 수 있었다면, 당시보다 훨씬 더 발전된 도구를 사용할 수 있게 된 지금은 그보다도 훨씬 더 많은 것들을 알아낼 수 있지 않을까?

망원경은 새로운 지평을 열어주었고, 시계와 측정 장비 또한 발전을 거듭했어. 그렇다면 이제는 튀코 브라헤가 미처 이뤄내지 못했던 것을 증명하는 것이 가능하지 않을까? 니콜라우스 코페르니쿠스의 이론이 옳았으며, 태양이 우주의 중심이라는 사실을 말이야. 그리고 지구와 다른 행성들이 태양의 둘레를 돈다는 사실도. 몰라보게 성능이 개선된 도구들을 사용하여 어쩌면 지구와 항성 사이의 거리를 측정하고, 그렇게 해서 지구가 움직인다는 것을 증명할 수 있지 않을까?

그러던 어느 날, 올라우스가 대학에서의 연구 활동을 마치기 훨씬 전에 세상이 그의 방문을 두드렸어. 장 피카르Jean Picard라는 프랑스인이 코펜하겐으로 찾아온 거야.

장 피카르는 루이 14세가 설립한 프랑스 왕립과학아카데미의 천문학자였고, 중요한 질문 하나를 품고 왔어. 튀코 브라헤는 벤섬에 있는 우라니엔보르 천문대에서 대부분의 천체 관측을 수행했는데, 그의 관측 자료는 천체들의 좌표를 표로 정리한 새로운 천문표와 요하네스 케플러가 계산한 행성궤도의 기초 자료로 활용되었어.

그러나 튀코 브라헤의 기록을 적절히 활용하기 위해 프랑스 왕립과학아카데미는 우라니엔보르의 정확한 위치가 필요했어. 정확한 위치를 알지 못하면 튀코 브라헤의 관측을 파리에서 행한 자신들의 관측과 비교할 수가 없었으니까. 그래서 장 피카르는 천문대가 자리하고 있는 지점의 정확한 경도와 위도를 알아보기 위해 덴마크를 방문한 거야. 그리고 그 같은 임무를 수행하기 위해서는 벤섬과 코펜하겐 모두에서 최신 장비와 가장 정확한 시계를 사용하여 일련의 다양한 측정 작업을 진행해야 했어.

그러나 장 피카르는 이미 나이가 든 노인이었고, 벤섬은 더 이상 튀코 브라헤의 전성기 때 모습이 아니었어. 우라니엔보르 천문대는 허물어졌고, 거센 바람이 몰아치는 들판과 바람이 스며드는 몇 개의 지하 창고만이 남아있었지. 장 피카르의 지친 몸에는 그곳 작은 섬이 너무나 추웠어. 그래서 그는 젊은 올라우스를 그곳으로 보냈어.

장 피카르는 올라우스가 보기 드문 재능과 훌륭한 판단력을 가진 영리한 학생이라는 것을 금세 알아보았어. 그리고 마침내 수많은 측정을 성공적으로 마무리하게 되자, 그는 올라우스를 파리로 데려갔어. 덴마크 왕은 안타깝게도 튀코 브라헤가 세상에 남긴 관측 자료들을 책으로 출판할 돈이 없다는 사실을 깨달았고, 튀코 브라헤의 자료를 파리로 가져가 책으로 출판하고 싶다는 장 피카르의 제안에 동의할 수밖에 없었어. 그렇다면 튀코 브라헤의 귀중한 자료를 책으로 인쇄하는 과정에서 오류가 발생하지 않도록 확인할 사람이 필요했고, 바로 그 임무를 올라우스가 맡게 되었던 거야.

이로써 올라우스의 인생에서 최고의 시간이 될 10년이 시작되었어. 그는 프랑스 왕립과학아카데미에 들어가, 당시 최고의 학자로 이름을 날리던 사람들을 만났어. 네덜란드의 천문학자이자 물리학자이며 수학자였던 크리스티안 하위헌스Christiaan Huygens와도 친구가 되었어. 하위헌스는 무엇보다도 진자시계를 발명한 것으로 유명한데, 이 시계 덕분에 왕립과학아카데미가 측정한 데이터는 다른 어떤 측정값보다 훨씬 더 정확도를 자랑할 수 있었지.

태양왕 궁전의 빛이 지연되다

프랑스 왕 루이 14세는 태양왕이라고도 불렸어. 그의 궁전에서는 그 누구도 태양이 우주의 중심임을 의심하지 않았기 때문이야. 왕은 태양과 마찬가지로 왕국의 한가운데에 앉아있었고, 왕의 광채는 온 백성을 비추고 있었어.

당시는 계몽주의 시대였으며, 프랑스는 더 이상 암흑 같은 무지 속에 놓여있어서는 안 됐어. 태양왕은 세계와 자신의 나라에 대해 더 많이 알게 됨으로써 자신의 권력이 한층 더 강력해질 것임을 잘 알고 있었기 때문이야.

그래서 태양왕은 왕립과학아카데미에 아주 구체적인 것들을 알아내도록 임무를 부여했어. 왕립과학아카데미는 빛이 무한히 빠른 속도로 퍼져나가는지와 같은 빛의 속성을 연구했지. 또한 바람과 물과 화약의 힘을 연구했고, 항성의 지도를 만들었으며, 더욱 정확한 지구의 지도를 만들 수 있는 방법을 모색했어. 그리고 지구의 크기를 측정하는 방법에 관해서도 연구했지.

또한 왕립과학아카데미는 물체가 어떻게 떨어지는지, 공기의 무게는 얼마나 되는지, 소리는 또 어떤 관련이 있는지 등 아주 많은 것들을 연구했어.

그러나 왕립과학아카데미에서 올라우스가 맡은 임무는 평범했어. 그는 태양왕의 베르사유 궁전에 깨끗한 물을 공급하는 일을 담당했어. 그리고 왕의 아들에게 천문학을 가르쳤지.

첫 번째 과제에 대한 해결책으로 그는 대단히 아름답고 웅장한 분수를 개발했어. 두 번째로 그는 어린 왕자가 이해하는 데 도움이 되도록 행성의 움직임을 보여주고 예측할 수 있는 기발한 기계를 만들었지.

그리고 올라우스는 밤하늘을 관측하고 우주 시계를 만드는 데 사용할 데이터를 수집하는 임무를 맡았어. 바로 그 임무로 인해 올라우스가 빛의 지연을 발견하게 된 거야.

그 당시 과학자들을 사로잡았던 커다란 문제 중 하나는 시계였어. 시간을 정확히 지키는 것이 중요해서가 아니라, 아직 누구도 바다에서 경도를 확인하는 방법을 찾지 못했기 때문이야.

대양을 항해하는 것은 당시 유럽에서 엄청난 부를 얻는 가장 중요한 경로 중 하나였어. 큰 바다를 건넌 배는 식민지와 전 세계의 무역 시장에서 값진 물품과 돈을 가져왔기 때문이야.

현재 위치하고 있는 지점의 위도가 얼마인지는 비교적 쉽게 알아낼 수 있었어. 그러나 경도를 계산해 내는 것은 여전히 불가능했지. 그런 상황에서 정말로 정확히 가는 시계가 있다면 아주 큰 도움이 될 수 있었어. 그러나 배의 격한 움직임에 영향을 받지 않는 시계는 아직 없었어.

당시만 해도 시계가 하루에 몇 분씩 빨라지거나 늦어지는 것은 너무나 당연한 일이었어. 따라서 시계가 정확히 가게 하려면 날마다 시계를 조정해야 했어. 일반적인 시계에는 대부분 분침조차 없었어. 뭍에서는 시계가 정확하지 않더라도 그다지 큰 문제가 없었기 때문이야. 그러나 바다에서라면 정확하지 않은 시계는 끔찍한 결과를 초래할 수도 있었지.

하위헌스는 진자 즉 시계추가 좌우로 왔다 갔다 하며 시간을 측정하는 진자시계를 발명했어. 그 시계는 그때까지 존재했던 어떤 시계보다 훨씬 더 정확했지. 그야말로 자연과학의 위대한 승리라 할 수 있었어.

그러나 이 시계의 정확도는 시계추가 좌우로 한결같이 일정한 속도로 움직일 수 있는가에 달려있었지. 예를 들어 거친 파도에 떠밀려 위아래로 흔들리는 배에다 진자시계를 놓으면 진자의 진동은 순식간에 본래의 일정한 리듬을 잃어버리고 말아. 그러면 당연히 시계는 더 이상 제대로 작동하지 않지.

따라서 흔들리는 갑판에서도 정확한 시간을 알려주는 또 다른 형태의 시계가 필요했어.

그래서 왕립과학아카데미의 연구원들은 경도를 확인하는 방법을 열심히 찾았어. 올라우스는 그 시계가 얼마나 중요한지 누구보다도 잘 알고 있었지. 그는 생각했어.

'세상은 온갖 기발한 연관성으로 가득 차있어. 그렇다면 지구상의 어떤 것에도 영향을 받지 않는 우주 시계가 존재하지 않을 이유가 없잖아? 영원한 천체와 그 움직임만 봐도 언제나 알 수 있는 시계 말이야.'

갈릴레오 갈릴레이도 가장 큰 네 개의 위성이 거대한 목성 둘레를 도는 것을 처음으로 보았을 때 그와 비슷한 생각을 했었어. 그렇게 해서 프랑스 왕립과학아카데미에서는 네 개의 갈릴레이위성이 해상시계로 사용될 수 있는지 알아보기 위한 연구를 시작했어.

올라우스의 임무는 네 개의 위성 중 가장 안쪽에 있는 이오가 언제 목성 뒤로 사라지고 언제 다시 나타나는지 정확한 시간을 표로 정리하는 것이었어. 사람들은 이 표가 완성된다면, 지구상의 어느 곳에 있든 관계없이 우주 시간을 확인할 수 있을 거라 기대했지. 물론 하늘이 맑아 아무 방해도 받지 않고 별들을 관측할 수 있다면 말이야.

몇 년 동안 올라우스는 이오가 목성 뒤로 사라지는 시간과 다시 앞으로 나타나는 정확한 시간을 꼼꼼히 기록했어. 그 과정에서 하위헌스의 진자시계로부터 큰 도움을 받았고, 따라서 그는 자신의 측정 데이터가 정말로 정확하다는 것을 자신할 수 있었어. 그러나 어느 맑은 날 그는 이오를 우주 시계로 사용할 수 없다는 사실을 깨닫고는 크게 실망하고 말았어.

바로 지구가 목성에서 멀어질수록 이오가 그만큼 늦게 나타나고, 반대로 지구가 목성에 가까워질수록 그만큼 더 일찍 나타난다는 사실을 발견했기 때문이야. 즉 '목성 시계'는 지구와 목성이 얼마나 멀리 떨어져 있는지에 따라 너무 느리거나 너무 빠르게 갔던 거야. 이쯤에서 그 후 항해용 시계 크로노미터가 개발됐다는 사실을 설명하는 게 좋을 것 같아. 어떻게 경도를 측정하게 됐는지 알 수 있게 말이야.

올라우스는 계산하고 계산하고, 관측하고 또 관측한 끝에 마침내 놀라운 결론에 도달했어. 그가 관측했던 시간 차이를 설명해 줄 수 있는 유일한 논리는 둘 사이의 거리가 멀어질수록 목성의 작은 위성에서 오는 빛이 지구에 도달하는 데에는 더 오랜 시간이 걸린다는 것이었어. 그것은 결국 빛에 속도가 있다는 명백한 증거였어. 그리고 그가 묘사했듯이 빛이 '지연'된다는 것을 보여주는 증거였지.

올라우스의 발견은 당시 왕립과학아카데미에서 큰 파문을 일으켰어. 천문대 책임자는 그의 주장에 동의하지 않았지만, 절친한 친구인 하위헌스는 전혀 의심할 여지가 없는 사실이라며 그를 지지했어.

오랫동안 빛을 연구해 왔던 하위헌스는 '빛이 보내지는 데 시간이 걸린다.'는 사실을 보여주는 올라우스의 발견에 흥분했어. 그의 발견은 빛의 속성을 밝혀줄 퍼즐을 맞출 수 있는 중요한 조각이었고, 젊은 천문학자들 사이에서 커다란 기대감을 불러일으켰어.

발명가 올라우스

그러나 올라우스는 파리에 머무를 수 없었어. 뛰어난 분수 건설자이자 행성 기계 제작자로도 알려진 그의 다채로운 재능은 덴마크 왕의 관심을 끌었어. 그래서 프레데리크 3세는 자신의 광채가 덴마크에서 환히 빛날 수 있도록 재능 있는 신하를 다시 고향으로 데려오려 했어.

그리고 그럴만한 충분한 이유가 있었지. 코펜하겐은 오랜 전쟁 끝에 망가지고 가난한 도시가 되어있었어. 거리는 더럽고 진흙투성이였지. 사람들은 요강의 오물을 길옆의 하수구에 쏟아버렸고, 식수는 성벽 밖에 있는 코펜하겐 호수에서 가져왔어.

호수의 물은 썩어서 벌레가 먹는 바람에 속이 텅 빈 나무줄기를 이용해 흘러오도록 만들었어. 하지만 그 물에서는 썩은 냄새가 났고, 몸을 씻는 것조차 그다지 유쾌하지 않았어. 그러니 그 물로 음식을 요리하는 것이 얼마나 끔찍했을지는 누구나 충분히 상상할 수 있지. 당시 대부분의 사람들이 물보다 맥주를 더 즐겨 마셨던 것도 당연한 일이었을 거야.

다재다능했던 올라우스는 덴마크에 돌아와 상하수도 관리자가 됐어. 그는 깨끗한 식수를 도시로 끌어오고, 빗물이나 도로 곳곳에 고여있는 더러운 물들은 도시 밖으로 흘러가도록 해야 했지. 그때부터 왕이 그에게 맡기는 일은 한도 끝도 없이 이어졌어.

올라우스는 진정한 발명가였어. 그는 믿을 수 없을 만큼 많은 기발한 기계를 발명했지. 또한 길이와 부피 및 무게의 측정과 관련해 덴마크의 표준화된 단위를 개발했어. 이를 사용해 땅을 측량하거나 정확한 무게를 잴 수 있게 된 사람들은 더 이상 다툴 필요가 없었지. 이제 온 나라에는 질서가 찾아왔어.

그 밖에도 그는 튀코 브라헤가 주장했던 새로운 달력인 그레고리우스력을 덴마크에 도입했고, 그때까지만 해도 제대로 된 경찰 제도가 없었던 코펜하겐의 경찰서장이 되기도 했어.

그러나 그 모든 왕의 요구와 지시를 수행하느라, 올라우스는 정작 천문학을 위해서 그리 많은 시간을 낼 수가 없었어. 그는 코펜하겐대학교의 천문학 교수가 되었지만, 룬데토른은 관측하기에 좋은 곳이 아니었어.

그나마 탑으로 올라가는 입구가 넓고 평평한 경사로 형태로 만들어져 있어, 무거운 측정 장비를 수레를 이용해 맨 꼭대기까지 옮길 수 있었어.

그러나 룬데토른은 교회 탑이기도 했어. 교회 종을 칠 때면 탑이 부르르 진동하며 흔들렸는데, 그럴 때마다 망원경도 함께 떨리는 바람에 정확한 측정이 불가능했지.

그래서 올라우스는 자신이 머물던 교수 숙소에 작은 규모의 천문대를 마련했어. 하지만 그곳에서도 별을 제대로 보기란 쉽지 않았어. 길 건너편의 건물이 시야를 가로막았기 때문이지. 결국 그는 하늘을 보는 것을 방해하던 건물을 사서 지붕에 구멍을 뚫었고, 마침내 하늘을 다시 관측할 수 있게 되었어.

그러나 그가 평생 얻지 못한 것이 있었어. 바로 자녀였지. 유명한 천문학자가 되어 코펜하겐으로 돌아온 그는 옛 스승인 바르톨린의 딸과 결혼했어. 한때 그로록 끈질기게 집 구석구석을 탐험했던 바로 그 어린 소녀와 말이야. 두 사람 모두 호기심이 많은 사람들이었지만, 바로 그 점이 그들을 서로 멀어지게 만들고 말았어. 올라우스의 아내는 그가 아내를 위해서는 전혀 시간을 내지 않는다며 불평불만을 늘어놓았어. 낮에는 왕을 위해 일하고, 밤에는 별만 쳐다본다고 말이야.

아내가 죽은 다음에는 아내의 사촌과 재혼하게 되는데, 여기서 굳이 그런 사실까지 언급할 필요는 없을 거야.

올라우스가 그의 재능과 시간을 모두 천문학 연구에만 쏟아부을 수 있었다면 얼마나 대단한 업적을 쌓을 수 있었을지, 아쉽게도 우리는 알 방법이 없어. 그가 죽은 지 여러 해가 지난 1728년, 코펜하겐에 커다란 화재가 발생하며 그가 기록했던 자료가 대부분 타버렸기 때문이야. 그래서 오늘날에는 단지 그가 노년기에 관측했던 자료 일부만이 남아있어.

어느 해 가을, 그의 가족이 소유했던 시골 별장에서 보낸 사흘 밤 동안에 만들어진 자료였지. 올라우스는 외딴 그곳에 작은 천문대를 세웠어. 그리고 그곳에서 '자오환'이라고 불리는 특별한 관측 기기를 개발했어. 그 자신도 사흘 밤 동안 자오환으로 천체를 관찰한 것이 인생에서 가장 중요한 순간이었다고 말하기도 했지.

올라우스는 사실임을 절대적으로 확신할 수 없는 것은 결코 출판하려 하지 않았어. 그래서 그 사흘 밤 동안의 관측을 그가 왜 그렇게까지 중요하다고 생각했는지는 지금까지도 밝혀지지 않았어. 어느 누구도 그가 남긴 기록을 찾아낼 수 없었거든.

그러나 그가 밝혀낸 '빛에는 속도가 있다.'는 사실은 현대 자연과학의 가장 중요한 발견 중 하나였어.

훗날 밝혀졌듯이 빛은 그저 속도를 가지고 있는 것이 아니라, 항상 똑같은 속도를 가지고 있어. 그리고 이 사실은 물리학자 알베르트 아인슈타인이 현대 물리학의 기반이 되는 상대성이론을 만들어내게 했던 발견 중의 하나야.

빛이 이동하는 데 시간이 걸린다는 사실에는 흥미진진한 또 다른 무언가가 숨어있어. 다음에 별이 빛나는 하늘을 올려다볼 때 한번 생각해 봐. 우주에서 온 빛이 지연되어 우리 지구에 도달한다면,

이는 또한 우리가 별을 볼 때 과거를 본다는 말이야.

그렇다면 더 멀리 볼 수 있을수록, 우리는 그만큼 더 먼 과거를 보는 거야. ➘ 훌륭하고 고훈적인 이야기네. 좀 지나치다 싶을 만큼 고훈적이야. 그런 부분을 조금 덜어낼 수 있을까?

읽기를 마친 윌리엄은 똑바로 드러누워 천장을 올려다보았다. 이제 그는 올라우스 뢰메르가 누구인지 알게 되었다.

그러나 상대성이론이란 무엇일까? 그 이론은 빛의 속도와 어떤 관련이 있는 걸까? 그리고 빛에는 속도가 있다는 사실이 현대 물리학에서 그렇게 중요했던 이유는 대체 무엇일까? 윌리엄이 생각하기에는 그 사실이 그다지 큰 변화를 가져온 것 같지 않았다. 실제로는 분명 큰 변화가 있었겠지만…….

별이 빛나는 하늘을 보는 게 결국은 과거를 들여다보는 것이라는 말이 정말 사실인 걸까? 그렇다면 우주의 시작은 과연 어떤 모습이었을까?

그리고 그 모든 글을 쓴 한스는 누구였을까? 윌리엄은 누군가가 이모할머니에게 편지를 보냈다거나, 이모할머니에게도 그런 친구가 있었다는 사실을 상상하기가 쉽지 않았다.

커다란 괘종시계가 아래층 거실에서 다시 울렸다. 모두 열

번. 윌리엄은 시계가 무슨 이유로 발명되었던 것인지 그 이유에 대해 생각해 본 적이 없었다. 시계는 그냥 있을 뿐이었고, 우리가 학교에 늦지 않거나 너무 늦게 잠자리에 들지 않도록 도와주었다.

윌리엄은 세상에서 길을 찾는 데 시계가 실제로 도움이 될 거라는 생각은 전혀 해본 적이 없었다. 그러나 그는 당시 사람들이 그 문제를 해결할 수 있었는지 알고 싶었고, 다시 한번 추로 움직이는 괘종시계를 자세히 살펴보고 싶어졌다.

그는 침대에서 일어났지만, 자리에 주저앉고 말았다. 하품 때문에 몸의 균형을 잃고 넘어질 뻔했다. 그리고 다시 한번 하품을 했다. 아마도 시계는 다음번에 조사해야만 할 것 같았다. 그는 눈을 비비며 화장실로 갔고, 그러면서 계단 쪽을 슬쩍 엿보았다.

양치질을 하고 다시 방으로 돌아와 진짜 멍청한 잠옷으로 갈아입은 다음, 윌리엄은 창가로 가서 창문을 열었다. 밤하늘은 맑았고, 달 말고도 여기저기 흩어져 있는 별들을 볼 수 있었다. 엄마가 가끔씩 불러주곤 했던 자장가의 한 구절이 기억났다.

"엄마, 저 아이들이 나를 내려다보고 있는 것 같아요? 그리고 저 아이들에게도 잠잘 수 있는 침대가 있다고 생각하세요?"

아주 어렸을 적에 윌리엄은 종종 자신과 같은 어린아이들이 별에 누워 자기를 내려다보고 있다는 상상을 했다. 하지만 이제 그는 하늘을 바라보며 과거를 보게 된다면, 그건 별에 있는 아이들에게도 마찬가지로 적용될 거라고 생각했다. 그 말은 저 위 별에 있는 아이들은 몇 년 뒤 윌리엄이 어른이 되고 나서야 비로소 그의 지금 모습을 볼 수 있게 될 것이란 사실을 의미했다. 그리고 그가 지금 이 순간 별에서 볼 수 있었던 아이들 또한 지금 그곳에서 실제로 살고 있는 아이들의 모습이 아니었던 것이다. 그런 생각이 윌리엄을 어지럽게 만들었다.

윌리엄은 심호흡을 했다. 비가 온 뒤의 온화하고 축축한 저녁 공기에서는 짙은 여름 냄새가 났다. 그는 다시 한번 한숨을 내쉬고는 창문을 닫고 이불 속으로 들어갔다.

이 모든 생각을 파고든다는 것은 엄청난 일이었다. 어쩐지 이모할머니가 윌리엄은 미처 생각지도 못했던 일들로 그의 머리를 가득 채워놓는 것만 같았다. 그럼에도 불구하고 변한 것은 전혀 없다고 윌리엄은 생각했다. 모든 게 이제껏 늘 그래왔던 것과 똑같았다. 단지 그가 좀 더 많이 알게 되었을 뿐이었다.

그러나 그가 덮고 있는 이불은 푸근했고, 먼지 냄새가 조금 나고 양 냄새가 조금 났다. 우주에 생명체가 있든 없든, 빛이 지연되었든 아니면 무한히 빨랐든 상관없었다. 그리고 저 위 별에 있는 누군가가 오늘 아니면 백 년 후에 그를 볼 수 있는지 아닌지 여부는 중요하지 않았다.

그는 이모할머니의 작은 집 침대에 누워있었다. 그리고 피곤했다. 그의 생각은 기꺼이 별을 향해 날아갈 수 있었고, 별에 있는 아이들이 원한다면 그곳에서 놀 수도 있었다. 그는 하품을 했다. 그리고 다음 순간 잠이 들었다.

올라우스 뢰메르

1644년 덴마크 오르후스에서 출생

1710년 덴마크 코펜하겐에서 사망

가족 상인의 아들. 스승인 라스무스 바르톨린의 딸과 결혼함. 아내가 사망한 후, 아내의 사촌과 재혼함.

연구 분야 수학

저서 없음. 그는 왕이 지시한 많은 명령을 수행하느라 너무 바빴고, 자신의 관측 장비가 측정 결과를 발표할 만큼 정확하지 않다고 느꼈음. '빛의 지연에 대한 발견'은 프랑스 왕립과학아카데미 주간 회의에서 메모 형식으로 발표되었음.

활동 영역 천문학자, 발명가, 분수 건설자, 코펜하겐대학교 교수, 경찰서장

관측 장비 자오환

과학계에 남긴 주요 업적 빛의 지연, 즉 빛은 속도가 있고 무한히 빠르지는 않다는 사실을 발견함.

다재다능한 발명가

거리를 측정하는 마차를 만들어 덴마크의 땅을 측량하도록 하고, 모든 덴마크인이 동일한 무게 단위를 사용하도록 함. 온도계를 개선함. 행성 기계를 개발함. 덴마크에 오늘날 사용하는 달력인 그레고리우스력을 도입하고, 천문학에서 가장 중요한 관측 장비 중 하나인 자오환을 발명함.

태양광이 태양계의 행성에 도달하는 데 걸리는 시간

수성: 3분 13초

금성: 6분

지구: 8분 19초

화성: 12분 40초

목성: 43분 15초

토성: 1시간 37분 19초

천왕성: 2시간 39분 35초

해왕성: 4시간 9분 58초

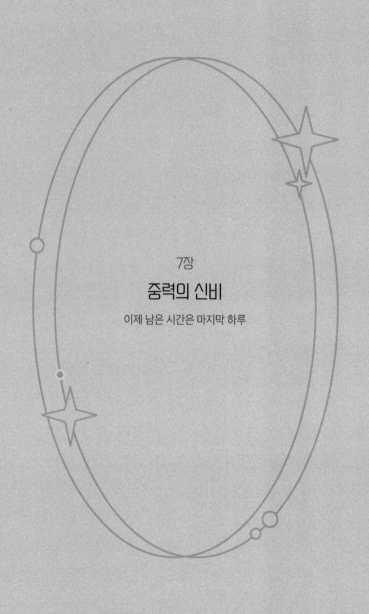

7장

중력의 신비

이제 남은 시간은 마지막 하루

윌리엄은 잠에서 깨어났지만 정신이 들기까지 조금 더 누워 있었다. 그는 아주아주 작은 사람들로 이루어진 행성과 빛이 나오는 어수선한 꿈을 밤새 잔뜩 꿨는데, 그 사람들은 눈에 띄지 않기 위해 가능한 한 빨리 달려가고 있었다.

꿈속에서 그는 갑자기 우주선에 타고 있었다. 그 우주선은 시간보다도 더 빠르게 날아갔다. 그리고 우주선이 어느 행성을 향해 날아가는 동안, 그는 단지 며칠 더 나이가 먹었을 뿐인데 그 행성의 주민들은 순식간에 어른이 되고 늙어버렸다.

윌리엄은 꿈인지 생시인지 여전히 혼란스러웠다. 그때 아래층 거실에서 괘종시계가 종을 치는 소리가 들려왔고, 그는 아침 식사를 하러 가는 길에 이모할머니 방에 잠깐 들러보기로 마음먹었다.

"시계야, 안녕?"

윌리엄이 인사했다.

"똑딱."

시계가 대답했다.

"그러고 보면 너는 과학에서 정말 중요한 역할을 했어."

똑딱똑딱. 윌리엄은 이리저리 왔다 갔다 하는 시계추를 바라보며 말했다.

"하지만 배에서 쓰는 항해용 시계로는 아무 쓸모가 없었고. 그렇지?"

그런 다음 윌리엄은 부엌으로 갔다. 이모할머니는 이미 아침을 먹은 뒤였고, 평소와 마찬가지로 어디에서도 보이지 않았다. 그래서 윌리엄은 혼자 빵을 먹으며, 이모할머니가 어디에 있을지 생각했다. 또 당시 선원들이 바다 위 어디에 있는지 자신들의 현재 위치를 알아내는 데 성공했는지도. 그 밖에도 진자시계가 시간을 측정하는 방법, 빛이 과학에 있어서 그렇게 중요한 이유, 빛과 상대성이론 사이의 관계 등에 대해 생각했다. 그리고 한스가 누구인지에 대해서도.

윌리엄은 어떻게 하면 이모할머니의 물건을 뒤져본 것을 들키지 않고 그런 것들에 대해 물어볼 수 있을지 좋은 생각이 떠오르지 않았다. 그래서 이모할머니를 찾는 대신 정원에 앉아 생각에 잠겼다.

해가 쨍쨍 내리쬐는 화창한 날이었지만, 윌리엄이 만든 크리켓 경기장은 여전히 젖어있었다. 빗물받이 조각들에는 물이 고여있었다. 윌리엄은 그중 하나를 집어 물이 흐르도록 살짝 기울였다. 그러자 빗물은 허공에 예쁜 작은 반원을 그리며 풀밭으로 졸졸 흘러내렸다. 그는 다른 빗물받이 조각들도 차례대로 들어 똑같은 짓을 반복했다. 그러다 갑자기 한 가지 생각이 떠올랐다. 크리켓 경기장을 무조건 평평한 바닥에 만들어야만 하는 걸까?

윌리엄은 창고에 들어가, 오래된 상자와 빈 화분 그리고 다른 몇 가지 물건을 챙겼다. 그런 다음 그 모든 것을 풀밭에 내려놓고, 빗물받이의 한쪽 끝이 비스듬히 위쪽을 향하도록 설치했다.

그는 또 장애물을 만들었는데, 그 장애물에 빠진 공은 한 번의 타격으로 빗물받이 조각을 지나 위쪽으로 갔다 커브를 그린 다음 다시 다음번 빗물받이 조각을 통해 아래로 내려와야 했다. 그렇게 되도록 설치하는 것은 쉬운 일이 아니었다. 모든 것이 제대로 작동하도록 하는 방법을 알아내기까지 윌리엄은 꽤 여러 번 시도해야 했다.

그 일을 하느라 그는 잡생각뿐만 아니라 시간도 잊어버렸다. 그래서 이모할머니가 점심으로 먹으려고 래디시를 캐러 나올 때까지 정원에 있었으면서도 그새 시간이 얼마나 흘렀는지 전혀 의식하지 못했다.

"배 안 고파?"

이모할머니가 물었다. 이모할머니는 꼭 필요한 말만 툭 던졌고, 그걸로 봐서 대화 버튼이 아직 눌리지 않은 게 분명했다.

윌리엄은 물론 배가 고팠기 때문에 이모할머니를 따라 부엌으로 들어갔다. 그러나 래디시를 올린 훈제 치즈에는 손을 대지 않았다. 그는 차라리 신선하지는 않더라도 병아리콩 후무스를 바른 빵을 먹고 싶었다.

식사 시간 내내 이모할머니는 깊은 생각에 빠져있었다. 윌리엄은 그런 이모할머니를 가만 내버려두고, 대신 어떻게 하면 크리켓 경기장을 좀 더 멋지게 꾸며놓을 수 있을지 고민했다.

그는 유리컵에 나이프를 기대어놓고, 실험 삼아 래디시가 나이프 칼날을 따라 아래로 굴러내리도록 해보았다. 그러나 속도가 너무 빨라 래디시는 식탁을 굴러 방바닥으로 떨어지고 말았다. 다행히도 생각에 잠긴 이모할머니는 전혀 눈치채지 못했고, 윌리엄은 바닥에 떨어진 래디시를 몰래 집어 다시 한번 시도했다. 그러다 그만 실수로 유리컵을 건드렸고, 그 바람에 모든 것이 탁! 소리를 내며 식탁 아래로 떨어졌다. 엎질러진 물과 산산조각이 난 유리 조각이 바닥 여기저기에 흩어져 있었다. 그리고 그 소란 통에 이모할머니는 깊은 생각에서 깨어났다.

"대체 무슨 일이니?"

"제가…… 잘못해서 유리컵을 떨어뜨렸어요."

"왜? 중력이 모든 유리컵에 작용하는지 시험해 보고 싶었던 거야?"

이모할머니는 바닥에 흩어져 있는 깨진 유리 조각을 화난 표정으로 응시했다.

"죄송해요."

윌리엄은 기어들어 가는 목소리로 중얼거리며 빗자루를 가지러 갔다.

"괜찮아. 그게 걔가 원래 하는 일이니까."

"네? 누가 무엇을 해요?"

"중력. 중력이 작용해서 그런 거야."

윌리엄은 이모할머니가 무슨 말을 하는 건지 전혀 갈피를 잡지 못했다. 하지만 지금 막 이모할머니에게 좋은 아이디어 하나가 떠올랐다는 것을 알 수 있었다. 이모할머니는 미간을 잔뜩 찌푸린 채, 깨진 유리 조각 너머를 바라다보고 있는 것 같았다.

"이리 와보거라."

이모할머니가 말을 하고는 정원으로 나갔다. 윌리엄은 재빨리 깨진 유리 조각들을 쓸어 담고는 이모할머니를 따라 밖으로 나갔다.

"네가 유리컵을 넘어뜨리자 어떤 일이 일어났니?"

이모할머니는 채소밭 사이를 걸어가며 물었다.

"깨졌어요."

윌리엄이 기죽은 목소리로 대답했다.

"그래, 맞아. 그건 당연한 결과거든. 그러나 우리는 지금 엔트로피에는 관심이 없어. 유리가 깨지기 전에 무슨 일이 일어났지?"

"그러니까…… 제가 컵을 밀쳐 넘어뜨렸나요?"

윌리엄이 자신 없는 목소리로 되물었다.

"내 말은, 네가 유리컵을 밀쳤을 때 무슨 일이 일어났냐는 거야. 유리컵이 깨지기 직전에 말이다."

"식탁에서 떨어졌어요. 그래서……."

"떨어졌다! 그렇지!"

이모할머니가 윌리엄의 말을 단호하게 가로막고 나섰다.

"떨어졌어. 그럼 유리컵은 왜 떨어졌을까?"

윌리엄은 그런 이모할머니를 난감한 눈빛으로 바라보았다. 이모할머니가 무슨 말을 듣고 싶어 하는 것인지 윌리엄은 전혀 감을 잡지 못했다. 그러나 놀랍게도 이모할머니는 고개를 끄덕이며 계속해서 말했다.

"너는 당연히 알 수가 없겠지. 물체가 땅으로 떨어지는 이유를 인류가 알아내는 데 500만 년이라는 시간이 걸렸어. 그러니 평범하기만 한 어린아이가 혼자서 그 이유를 찾아낼 수 있을 거라고 기대하는 것은 아무래도 지나친 욕심이겠지?"

윌리엄은 선뜻 대답하지 못하고 머뭇거렸고, 이모할머니는 계속해서 말을 이어갔다.

"드디어 인류는 처음으로 세계의 연관성을 파악하고, 우주가 어떻게 생겼는지 떠올리며, 위성이 행성을 공전하고 행성이 태양을 공전한다는 사실을 이해하기 시작했어. 그리고 그 뒤를 이어 영국의 수학자인 아이작 뉴턴Isaac Newton은 달이 지구 둘레를 공전하게 하고 지구가 태양 둘레를 공전하게 하는 바로 그 힘이 또한 물체가 땅으로 떨어지는 원인이 된다는 사실을 발견했어. 비록 그 힘이 무엇인지는 모르지만, 너도 분명 그것을 아주 잘 알고 있지."

윌리엄은 혼란스러웠다. 이모할머니는 계속해서 말했다.

"중력은 모든 인간이 하는 가장 초기의 경험 중 하나이기 때문이야."

"그래요?"

"저기 한번 앉아보렴!"

이모할머니가 사과나무 아래에 있는 벤치를 가리키며 말했다. 윌리엄은 벤치로 가 앉았다. 이모할머니는 처음에는 그냥 거기 서서 눈살을 찌푸린 채 나무 꼭대기를 쳐다보았다. 그러다가 이모할머니는 나지막이 "여름."이라고 중얼거리고는 창고로 들어갔다가 가지치기할 때 사용하는 전지가위를 입에 물고 돌아왔다. 그러고는 나무로 올라갔다. 윌리엄은 걱정과 놀라움이 뒤섞인 눈으로 이모할머니를 올려다보았다. 그런 모습이 나무도 이모할머니도 그다지 편해 보이지는 않았다.

"제가 좀 도와드릴까요?"

윌리엄이 일어나며 물었다.

"아니다."

이모할머니가 입을 다문 채 이 사이로 웅얼거렸다. 그러고는 거칠게 숨을 헐떡이며 나뭇가지에 올라앉아서는, 입에 물었던 가위를 손에 들고 주위를 둘러보았다.

"다시 가만히 앉아서, 내가 없는 척 조용히 있거라!"

윌리엄은 다시 벤치에 앉았고, 허공을 응시하며 바로 위에 있는 사과나무에 이모할머니가 앉아있지 않은 척히려고 했다. 그러다 그만 간이 떨어질 만큼 깜짝 놀랐다. 사과 한 알이 바로 그의 코앞을 쌩! 하고 스치며 발아래 풀밭에 떨어졌기 때문이다.

"무슨 일이에요?"

윌리엄이 깜짝 놀라 소리쳤다. 이모할머니가 유리컵을 깬 자기를 혼내려는 것인가?

"그래, 그게 바로 내가 너한테서 듣고 싶은 대답이야."

이모할머니가 활짝 웃으며 대답했다.

"방금 무슨 일이 일어났니?"

"어, 이모할머니가 나무에 올라가 사과 한 알을 꺾어 떨어뜨렸고, 그 사과는 하마터면 내 머리로 떨어질 뻔했어요."

"과장하지 마. 사과는 네 머리하고 충분한 간격을 두고 떨어졌거든. 너는 내가 그 정도도 생각 안 하고 사과를 떨어뜨렸다고 생각하는 거니?"

"흠……."

"가을이 되고 사과가 익어 저절로 떨어질 때까지 기다릴 수는 없잖아. 그래서 오늘 나는 가을 놀이를 한 거야."

"그런데 왜요?"

"중력을 발견하게끔 사과가 뉴턴에게 아이디어를 주었다는 것을 너한테 직접 보여주기 위해서지. 내가 사과를 잘랐을 때 어떤 일이 벌어졌지?"

"사과가 땅으로 떨어졌어요."

"맞다! 그런데 나무에서 떨어진 사과는 왜 위로 떨어지지 않았을까? 지구는 우주 공간을 자유롭게 떠다니고 있는데 말이야. 너와 내가 위로 떨어지지 않는 이유는 무엇일까?"

"그건…… 우리가 무겁기 때문인가요?"

윌리엄이 조심스레 대답했다.

"흠. 적어도 틀린 말은 아니구나."

이모할머니는 전지가위를 다시 입에 물고 나무를 내려오기 시작했다. 이모할머니의 뼈마디와 사과나무에서 모두 삐거덕거리는 소리가 났지만, 이모할머니는 다행히도 단단한 땅을 밟고 다시 서있을 수 있었다. 그런 다음 이모할머니는 나무에서 딴 사과 하나를 윌리엄에게 건네주었다. 윌리엄은 언뜻 어제의 완두콩 실험과 비슷한 시나리오가 반복될지도 모른다는 생각이 들었다.

그러나 그때 이모할머니는 윌리엄이 만들다 만 크리켓 경기장을 발견했다.

"저게 뭐지?"

이모할머니가 물었다.

"저건 제가 만들고 있던 크리켓 경기장이에요."

그렇게 대답하던 윌리엄은 문득 자기가 이모할머니의 창고를 함부로 뒤졌다는 게 마음에 걸렸다.

"그렇구나."

이모할머니는 중얼거리며 윌리엄이 만든 장애물 중 하나를 향해 다가갔다.

"잘 만들었구나. 대단해. 이게 바로 지금 우리에게 필요한 것이거든. 물론 뉴턴이 혼자 힘으로만 중력을 발견한 것은 아니란 사실은 너도 잘 알고 있을 거야. 그 같은 맥락에서 그는 아주 유명한 말을 했단다."

이모할머니는 목소리를 낮추고 진지한 표정으로 말했다.

"내가 다른 사람들보다 더 멀리 보았다면, 그건 단지 내가 거인의 어깨에 올라앉아 있었기 때문일 것입니다."

"뉴턴은 무슨 의미로 그렇게 말했던 거예요?"

윌리엄이 물었다.

"그보다 앞서 살았던 다른 사람들이 이미 발견한 것들이 자기가 발견하게 된 것의 기초가 되었다는 의미야. 뉴턴은 아마도 최대 라이벌이었던 로버트 훅Robert Hooke을 염두에 두고 그렇게 말했을 거야. 훅은 병을 앓는 바람에 성장이 정지해, 거인이기는커녕 보통 사람보다도 유난히 키가 작았거든. 그러니까 뉴턴은 자기한테 편지를 보내 은근히 자신의 업적을 자랑했던 훅에게 그의 업적은 단지 그보다 앞서 살았던 철학자 르네 데카르트René Descartes의 업적에 곁가지를 얹은 것에 지나지 않음을 키가 매우 작았다는 훅의 신체적 약점에 빗대어 말하려 했던 것이야."

"음, 그런 거군요. 하지만 그래도 그렇게 말하면 안 되는 것 아닌가요?"

윌리엄이 물었다.

"물론이지. 어쨌거나 상대방의 약점을 건드리는 건 좋은 방식은 아니니까. 사실 뉴턴과 훅은 같은 분야를 연구하면서 동시에 많은 것을 알아냈어. 그들은 누가 먼저 중력의 미스터리를 풀 것인가를 놓고 경쟁했고, 한 사람이 다른 사람의 발견을 훔칠까 걱정하기도 했지."

"왜요? 두 사람 다 연구하는 주제가 너무 흥미로웠다면 왜 서로를 돕지 않았을까요?"

윌리엄이 물었다.

"좋은 질문이로구나. 어쨌든 그 이야기는 그만하자꾸나. 훅에 대해서는 더는 너랑 이야기하고 싶지 않단다. 뉴턴이 직접적으로 감사함을 표하지는 않았지만, 뉴턴의 발견에 매우 중요한 영향을 끼친 또 다른 거인이 한 명 있었단다. 그게 누군지 혹시 짐작할 수 있겠니?"

윌리엄은 고개를 저었다.

"갈릴레오 갈릴레이야."

이모할머니가 의미심장한 얼굴로 말했다.

"갈릴레오 갈릴레이요?"

"응, 갈릴레오 갈릴레이."

이모할머니가 확인해 주었다. 윌리엄은 언제 말해도 재미있는 그 이름을 한 번 더 되풀이하려다 그만두었다. 대신에 윌리엄이 물었다.

"망원경 때문인가요?"

"아니야. 망원경도 물론 중요했지. 하지만 그보다는 갈릴레이가 집에 갇혀있으면서 수행했던 그 모든 실험 결과가 뉴턴에게는 더 큰 영향을 주었단다.

가톨릭교회는 종교재판을 통해 갈릴레이가 더 이상 천문학 연구를 하지 못하도록 금지시켰어. 그러나 갈릴레이가 발견했던 매우 중요한 사실은 하늘과 땅이 이전 사람들이 믿었던 것처럼 서로 완전히 다르지는 않다는 것이었지. 그러니까 하늘에서 유효했던 것이 땅에서도 유효했고, 그 반대의 경우도 마찬가지였던 거야. 그래서 갈릴레이는 하늘을 살피는 대신, 지구에서 그의 눈에 띄는 것은 무엇이든 탐사하기 시작했지. 그리고 그는 자신의 별장에서 낙하 실험을 하는 동안 가장 중요한 몇 가지 사실을 발견했던 거야."

"낙하 실험요?"

윌리엄이 물었다.

"그건 떨어지는 물체를 대상으로 수행하는 실험이란다. 그와 관련해 가장 유명한 이야기 중 하나는 갈릴레이가 피사의 사탑에서 두 개의 다른 공을 떨어뜨리는 실험을 했던 일이야. 두 개의 공 가운데 하나는 무거운 공이었고, 다른 하나는 속이 비어 가벼운 공이었지."

"그런데 방금 갈릴레이는 이미 그의 별장에 갇혀있다고 하지 않으셨어요?"

윌리엄이 이모할머니의 말을 가로막으며 물었다.

"맞아, 그랬지. 하지만 자신의 주장을 조금 더 믿음이 가게끔 하기 위해 갈릴레이는 자신이 젊었을 때 그 사실을 발견했다고 말했어. 기울어진 피사의 사탑은 그의 이야기 전체를 조금 더 인상적으로 느끼게끔 해주었단다. 물체가 높은 곳에서 낙하할수록 그만큼 그의 이야기는 더욱 확실해지는 것이었지. 그래서 그는 피사의 사탑에 서있었고……."

이모할머니는 하던 이야기를 멈추고 크리켓 공을 집어 이미 덜 익은 사과를 들고 있던 윌리엄에게 건넸다.

"어떤 게 더 무겁니?"

이모할머니가 물었다. 윌리엄은 손에 들고 있던 사과랑 크리켓 공의 무게를 가늠해 보았다.

"크리켓 공요."

윌리엄은 망설이지 않고 대답했다.

"그럼 그 둘을 높은 탑에서 떨어뜨리면 어떤 게 더 빨리 떨어질 것 같아?"

"크리켓 공요."

윌리엄은 이번에도 주저하지 않고 대답했다.

"그래? 그럼 우리 한번 직접 실험해 볼까? 그런데 분명한 건 코페르니쿠스에 이르기까지 자연에 대한 거의 모든 지식의 기반이 된 이론을 정립했던 아리스토텔레스도 너랑 똑같이 생각했었다는 사실이야."

그 순간 윌리엄은 그처럼 대단한 인물이었던 아리스토텔레스와 자기 생각이 똑같았다는 점이 반드시 좋은 결과를 가져오는 것은 아닐지도 모른다는 막연한 생각이 들었다. 하지만 윌리엄이 미처 대답을 바꾸기도 전에 이모할머니는 또다시 나무로 올라가고 있었다.

"아쉽지만 우리한테는 높은 탑이 없거든."

이모할머니는 끙끙대며 안전한 곳을 찾았다. 그러고는 윌리엄을 향해 말했다.

"크리켓 공과 사과를 나한테 주거라. 그런 다음 얇은 널빤지를 하나 가져다 나무 아래에 깔고. 창고에 가면 분명 하나쯤은 있을 거야."

"널빤지요? 그게 왜 필요한데요?"

"그게 없으면 둘이 같은 속도로 떨어졌는지 아닌지 들을 수가 없거든. 갈릴레이에게는 정확한 시간을 잴 수 있는 시계가 없었다는 점을 잊지 말거라."

"아! 네."

윌리엄이 고개를 끄덕였다.

"시계는 올라우스 뢰메르의 친구인 크리스티안 하위헌스가 비로소 처음 발명한 거니까요."

이모할머니는 의외라는 듯 깜싹 놀란 눈빛으로 윌리엄을 내려다보았다.

"그래. 맞다! 우리가 어제 올라우스 뢰메르에 대해 이야기했었지? 우리가 빛의 지연에 관해 이야기했던 게 기억나는구나. 그런데 내가 하위헌스에 대해서도 설명했었나?"

이모할머니가 물었다. 정확히 기억이 나지 않는 것 같았다. 그리고 윌리엄은 어제저녁에 있었던 일을 굳이 꼬치꼬치 다 말할 필요를 느끼지 못했다.

"어쨌거나 네 말이 맞아. 하위헌스는 진자시계를 발명했지. 그리고 그 진자시계의 도움을 받아 올라우스 뢰메르는 빛의 지연을 측정할 수 있었고 말이다. 그러나 그 모든 일은 갈릴레이가 이미 세상을 떠난 뒤에 일어났단다."

"그런데…… 하위헌스는 어떻게 진자시계를 만들려고 생각하게 되었을까요?"

윌리엄은 마침내 머릿속에 담고 있던 몇 가지 궁금증에 대해 이모할머니에게 물을 수 있게 된 것이 반가웠다. 더구나 지난밤에 있었던 일을 들키지 않고서도 말이다.

"기계식 시계는 14세기에 이미 발명되었단다."

이모할머니가 나뭇가지에 앉은 채로 말했다.

"하지만 그것들은 모두 너무 빠르게 가거나 너무 느리게 가서 정확하지 않았어. 갈릴레이 시대에는 심지어 몇 분인지를 알려주는 분침도 없었고 말이다. 사실 하위헌스가 진자시계를 만들도록 영감을 준 것은 갈릴레이의 발견 중 하나였어."

이모할머니는 계속해서 설명했다.

"그와 관련해 또 다른 유명한 이야기가 있단다. 그러니까 갈릴레이는 어느 날 교회에 앉아있었고, 천장에 매달린 거대한 샹들리에는 바람결에 이리저리 흔들리고 있었지.

옛날에는 교회 미사가 종종 지루하리만큼 아주 오랫동안 진행되기도 했어. 그럴 때면 갈릴레이는 성당에 앉아 손목의 맥박을 재거나, 천장의 거대한 샹들리에를 바라보며 시간을 보내기도 했지. 그런데 어느 날은 그렇게 앉아있던 동안 갈릴레이의 머릿속에 뭔가가 떠올랐던 거야!"

이모할머니가 갑자기 하던 말을 멈추었다. 마치 뭔가를 발견한 것 같았다.

"너도 이리 올라와 보렴."

이모할머니가 말했다. 윌리엄은 나무 위로 올라가 이모할머니 옆에 있는 나뭇가지에 앉았다.

"저길 보렴."

이모할머니가 이웃집 정원을 가리키며 말했다. 미라는 집에

놀러 온 친구와 함께 그네를 타고 있었다.

"누가 탄 그네가 더 높이 올라가는 것 같니?"

이모할머니가 물었다.

"미라요?"

윌리엄이 대답했다. 이모할머니는 그렇게 말하는 윌리엄을 안경 너머로 묘하게 바라보았다.

"맞다. 미라가 탄 그네가 친구 것보다 더 높이 올라가는구나."

이모할머니가 말했다.

"미라의 친구가 탄 그네는 그에 비해 올라갔다 내려가는 거리가 상대적으로 짧고 말이다. 하지만 한번 자세히 보자! 미라가 앞뒤로 이동하는 데에는 미라의 친구가 짧은 거리를 이동하는 것과 거의 똑같은 만큼의 시간이 걸리는구나. 너도 그걸 볼 수 있지?"

"네. 제가 보기에도 그런 것 같아요."

"그래, 그것이 바로 갈릴레이가 성당에 앉아 샹들리에를 지켜보다 알아차린 것이란다. 바람이 샹들리에를 강하게 흔들었든 약하게 흔들었든 관계없이, 갈릴레이는 샹들리에가 진자 운동을 하는 동안 언제나 똑같은 횟수로 맥박을 잴 수 있었던 거야.

샹들리에와 그네는 모두 진자와 똑같은 원리로 움직여. 결국 갈릴레이는 진자가 멀리 흔들리든 짧게 흔들리든 흔들리는 데 걸리는 시간은 어차피 항상 똑같다는 사실을 깨달은 거지. 진자가 한 번 왔다 갔다 하는 데 걸리는 진동주기는 단지 진자의 길이에 의해서만 영향을 받는 거야. 아마도 어렸을 때 아버지를 도와 악기를 조율하던 경험이 진동에 대한 갈릴레이의 그 같은 관심을 불러일으켰겠지."

이모할머니가 생각에 잠겨 말했다.

"어쨌든 갈릴레이는 그렇게 해서 진자를 이용하여 시곗바늘이 일정한 속도로 움직이는 시계를 만들 수 있을지도 모른다는 아이디어를 얻게 된 거야.

그리고 하위헌스는 그 같은 갈릴레이의 아이디어를 기반으로 삼아 자신의 과학 지식과 기술적인 능력을 결합할 수 있었던 것이고. 하위헌스는 정밀도를 자랑하는 진자와 함께 톱니바퀴에 의해 움직이는 아주 정확한 시계를 발명했어. 너무 빠르게 가지도 않고 너무 느리게 가지도 않는 시계를 말이야. 그렇게 해서 17세기 자연과학에서 가장 중요한 발명품 중 하나인 진자시계가 탄생하게 된 거란다."

"그래서 이모할머니의 거실에도 그렇게 오래된 괘종시계가 있는 거예요?"

"글쎄다. 어쨌거나 그 시계가 있어서 나는 시간이 얼마나 되었는지 정확히 알 수 있단다. 일하다 보면 종종 시간을 잊어버리곤

해. 따라서 정시가 되면 시계가 종을 울려 알려주는 것이 나한테
는 아주 편리하지. 물론 과학적인 연구를 위해서는 거실의 괘종
시계보다 훨씬 더 정확한 최신 시계를 사용하지만 말이다."

"그럼 바다에서 길을 찾을 때도 하위헌스가 발명했다는 그 현
대식 시계를 사용할 수 있었던 건가요?"

윌리엄이 물었다. 이모할머니는 그렇게 묻는 윌리엄을 어리둥
절한 표정으로 바라보았다.

"그러니까 진자시계로는 그렇게 할 수 없기 때문에 묻는 거예
요."

윌리엄이 자신의 질문 의도에 대해 덧붙여 설명했다.

윌리엄은 이모할머니가 그를 바라보는 눈길이 미심쩍은 것인
지 아니면 감동을 받은 것인지 감이 오지 않았다.

"아니, 그렇지는 않단다."

이모할머니가 말했다.

"네가 말한 그 문제는 하위헌스가 최초의 진자시계를 만든 지
약 100년 지난 후인 18세기 중반에 들어서야 비로소 해결되었
지. 목수의 아들로 태어나 독학으로 기계학을 배웠던 영국의 시
계 제작자인 존 해리슨John Harrison은 진자 대신 태엽으로 움직이
는 시계를 개발했어.

해리슨이 개발한 시계는 바다에서도 파도의 영향을 전혀 받

지 않았어. 그리고 그가 만든 시계를 보며 당시의 과학자들은 자신들이 아니라 일개 장인이 그처럼 대단한 시계를 발명했다는 사실에 넋이 나갔어. 물론 기술은 그 후로도 훨씬 더 발전했지. 다시 말해 우리 또한 거인의 어깨에 앉아있는 거야. 이제는 휴대전화만 있어도 세계 어느 곳에서든 우리가 어디에 있는지 정확하게 알 수 있거든."

이모할머니는 혼자 고개를 끄덕이며, 여전히 자기 손에 들려 있던 크리켓 공과 사과를 내려다보았다.

"하지만 그건 완전히 다른 이야기이구나. 지금 우리는 갈릴레이가 당시 마음대로 사용할 수 있었던 것만을 사용해 그의 낙하실험을 그대로 따라 해보며, 무거운 공과 가벼운 사과 중 어느 것이 더 빨리 떨어지는지 알아내야만 한다. 갈릴레이에게는 진자시계도 없었고, 휴대전화나 그와 유사한 것이 없었거든. 갈릴레이가 상들리에의 진동주기를 측정하는 데 사용했던 맥박수만으로는 충분하다고 할 만큼 정확하지 않아. 그래서 우리는 여기이 크리켓 공과 사과가 동시에 땅에 떨어지는지 주의 깊게 들여봐야만 하는 거고. 그러기 위해서는 널빤지가 필요한 거지. 자, 어서 해보자!"

윌리엄은 그 짧은 시간 동안에 자신의 머릿속으로 밀려 들어온 모든 단어를 정리하는 데 도움이 되기라도 한다는 듯 고개를 연신 저어댔다. 그런 다음 그는 나무에서 내려와 창고로 들어갔다. 그는 잔디 깎는 기계 뒤에서 나무판자 하나를 발견하고는, 가지고 나와 사과나무 아래에 깔았다. 모든 것이 준비되자 이모할머니는 두 팔을 쭉 뻗었다.

"자, 이제 잘 보거라. 그리고 무엇보다 잘 들어보고!"

이모할머니는 그렇게 말하며 사과와 공을 동시에 나무판자 위로 떨어뜨렸다.

투퉁. 크리켓 공과 사과가 나무판자로 떨어지며 요란한 소리를 냈다.

"어느 게 먼저 떨어졌니?"

이모할머니가 물었다.

"거의 동시에 떨어졌어요."

윌리엄이 대답했다.

"정확하다."

그사이 윌리엄은 아무 생각 없이 나지막한 나뭇가지에 매달린 잎사귀를 하나 뜯어 만지작거리다 손에서 놓았다. 그러자 그 나뭇잎은 허공을 유유히 날아다니다가 마침내 풀밭에 떨어졌다. 그는 곰곰이 생각했다.

"그런데 나뭇잎은 왜 공이나 사과처럼 빨리 떨어지지 않는 거예요?"

윌리엄이 물었다.

"정말 정말 좋은 질문이구나! 아리스토텔레스와 고대 그리스인들이 다른 사람들과 마찬가지로 무거운 것이 가벼운 것보다 더 빨리 떨어진다고 믿었던 것도 바로 지금 네가 관찰했던 현상 때문이란다. 그러나 진공상태의 공간에서는 크리켓 공이나 사과나 나뭇잎은 그렇게 다르게 떨어지지 않지."

"그건 또 무슨 말이에요?"

"지구 대기권의 공기가 떨어지는 물체의 속도를 늦춰준다는 뜻이야. 낙하산을 메고 하늘에서 뛰어내리면, 공기의 저항으로 인해 낙하 속도가 훨씬 더 느려지는 것과 똑같은 원리이지.

공기의 저항은 여러 가지 조건에 따라 달라진단다. 그중에서도 특히 떨어지는 물체가 얼마나 빨리 움직이는지, 그리고 물체가 얼마나 무겁고 그 표면이 얼마나 큰지 등에 의해 영향을 받는 거야. 다시 말해 표면의 면적이 넓을수록 그리고 무거울수록 공기의 저항은 세지고, 그래서 그 물체의 낙하 속도는 그만큼 늦춰지는 거야."

이모할머니는 두 팔을 흔들어가며 신이 나서 설명했다.

윌리엄은 그러다 이모할머니가 나무에서 떨어지는 것은 아닌지 덜컥 겁이 났다. 다행히도 이모할머니는 다시 팔을 모았고, 나무에서 내려오며 계속해서 설명했다.

"그래서 무게에 비해 표면적이 매우 넓은 나뭇잎은 땅을 향해 아주 천천히 떨어지는 것이지. 하지만 공기의 저항이 거의 없는 달에서 나뭇잎을 떨어뜨린다면, 나뭇잎은 사과나 크리켓 공과 똑같은 속도로 떨어질 거야.

그러나 사과와 크리켓 공은 크기가 거의 같고, 크리켓 공이 훨씬 무거움에도 불구하고 공기의 저항은 거의 같아. 그래서 그 둘은 여기 지구에서도 거의 같은 속도로 떨어지는 거야."

윌리엄은 이모할머니가 하는 말을 이해하려 애쓰면서 고개를 끄덕였다. 공기가 없으면 공기의 저항을 받지 않는다는 것이 이론적으로는 이해되었지만, 그래도 나뭇잎이 사과나 크리켓 공과 똑같은 속도로 떨어질 것이라고 상상하는 것은 아무래도 쉽지 않았다.

"이 실험은 중력을 이해하기 위한 매우 중요한 단계였어. 하지만 갈릴레이는 더 많은 낙하 실험을 했지."

이모할머니는 크리켓 경기장을 신중하게 바라보며 말을 이어 갔다.

"또 다른 중요한 단계는 공이 비스듬한 경사면을 굴러 내려가게 하는 실험이었어. 마침 네가 만든 크리켓 경기장은 그 실험을 해보기에 적합하구나. 여기 있는 빗물받이를 가져다가⋯⋯."

이모할머니는 주위를 둘러보았다.

"저기 벤치에 올려놓거라. 그래, 비스듬하게 세우면 된다."

윌리엄은 이모할머니가 시키는 대로 아래쪽 끝이 벤치에 놓이도록 빗물받이를 세워놓았다. 이제 그 모습은 윌리엄이 아침을 먹으면서 유리컵과 나이프로 시도했던 것과 거의 똑같아 보였다. 그러자 이모할머니가 크리켓 공 하나를 집어 들고는 윌리엄이 래디시를 가지고 했던 것과 마찬가지로 빗물받이를 따라 굴러떨어지게 했다.

크리켓 공은 순식간에 빗물받이를 타고 아래로 굴러 내려갔고, 가속도가 붙으며 벤치와 난간을 훌쩍 넘어 완벽한 반원을 그리며 공중을 날아 마침내 풀밭에 떨어졌다.

"봤어?"

이모할머니가 신이 나서 물었다.

"예?"

"무슨 일이 일어났냐고?"

이모할머니가 다시 물었다.

"음, 공이 굴러떨어지다가 허공을 날아 땅에 떨어졌어요."

윌리엄이 조금은 자신 없는 목소리로 대답했다.

"제대로 봤구나. 그런데 공은 그냥 똑바로 공중으로 날아가다가 방향을 바꿔서 갑자기 땅에 떨어진 게 아니었어. 그렇지? 그보다는 앞쪽을 향해 똑바로 날아가는 동시에 아래를 향해 날아갔다고 할 수 있을 거야. 땅에 닿을 때까지 말이다. 공이 벤치를 떠났을 때는 속도가 붙었고, 그 속도로 인해 공은 수평 방향으로 움직이게 되었지. 동시에 공은 아래로 움직이게 하는 힘의 영향을 받았어.

이때 공을 아래로 잡아당기는 것은 지구인데, 갈릴레이는 공이 땅에 떨어지기 전에 공중에서 포물선을 그린다는 사실을 발견했어. 포물선이 뭔지는 아니?"

이모할머니가 윌리엄을 빤히 쳐다보며 물었다.

"아니요."

윌리엄이 대답했다.

"그렇겠구나. 아직은 배웠을 리가 없지. 그러니까…… 포물선은…… 어떻게 하면 포물선을 알기 쉽게 설명할 수 있을까? 그것은…… 타원과 비슷한 일종의 곡선이야. 우리가 이야기했던 것 중에 타원이 있었는데, 뭐였는지 혹시 기억하고 있니?"

이모할머니가 물었다. 이번에는 윌리엄도 곧바로 대답했다.

"행성의 궤도요!"

"그래, 맞았다! 이렇게 해서 우리는 다시 뉴턴과 뉴턴의 사과로 돌아왔구나."

이모할머니가 말했다.

"그리고 우리는 이제 17세기 후반에 와있는 거야. 인쇄기와 자신의 생각을 기록으로 남겨 다른 사람들과 공유하기를 원했던 호기심 많은 과학자들 덕분에 우리는 태양이 태양계의 중심에 있다는 코페르니쿠스의 세계상에 대해 알게 되었어. 그리고 지구가 태양의 둘레를 돌고 있다는 것도 말이다.”

이모할머니는 크리켓 경기장 쪽을 바라보았다. 그러더니 계속해서 설명하면서 크리켓 경기장을 돌기 시작했다.

“우리는 튀코 브라헤에게서 세상을 이해하려면 정확한 관측이 필요하다는 것을 배웠어. 그리고 케플러로부터는 행성의 궤도가 타원형이며, 행성이 태양에 가까워질수록 그만큼 더 빠르게 움직이고 태양으로부터 멀어질수록 그만큼 느려진다는 것을 배웠고.

우리는 이제 가벼운 물체와 무거운 물체가 진공상태의 공간에서는 똑같은 속도로 낙하한다는 것도 알고 있어. 그 밖에도, 수직으로 떨어지지 않는 물체는 공중에 포물선을 그린다는 것을 알고 있지. 그러나 우리는 왜 그런 것인지 그 이유는 알지 못한단다.”

이모할머니는 잠시 말을 멈추고, 의미심장한 표정으로 윌리엄을 바라보았다.

“낙하하는 물체를 아래로 끌어당기는 힘은 무엇일까?”

이모할머니가 힘주어 말했다.

"그리고 달이 궤도를 따라 지구 둘레를 공전하도록 붙잡아 두는 힘은 무엇일까? 지구와 다른 행성들이 궤도를 따라 태양의 둘레를 공전하도록 하는 힘은 무엇일까? 그렇다면 이제는 고대 그리스인이 가졌던 투명한 공 모양 껍질과 관련된 이론은 그 효력을 상실한 걸까?

케플러는 그 힘으로 태양에서 흘러나오는 일종의 자기력(자석이나 전류가 끌어당기거나 밀어내면서 서로에게 미치는 힘)을 상상했어. 그러나 그 자기력이 태양에서 나온 것이라면, 지구와 목성이 자신의 위성을 끌어당기는 현상은 또 어떻게 설명할 수 있을까?"

이모할머니는 대답을 기다리지 않고, 계속해서 크리켓 경기장을 따라 걸으며 설명했다.

"바로 그에 대한 답을 아주 젊은 청년이었던 아이작 뉴턴은 1665년의 어느 가을날, 부모님 집의 정원에 있는 사과나무 아래 앉아있다 발견했어. 적어도 뉴턴은 자신의 이야기를 그렇게 묘사했지.

런던에 흑사병이라는 끔찍한 전염병이 걷잡을 수 없이 퍼져나가고 대학이 일 년 내내 문을 닫게 되었을 때, 뉴턴은 케임브리지대학교에 다니는 대학생이었어. 그는 전염병을 피해 어쩔 수 없이 어머니와 의붓아버지가 살고 있던 시골집으로 내려가야 했어. 하지만 그는 부모님과 사이가 좋지 않았고, 그래서 하루빨리 대학이 다시 문을 열기만을 고대하면서 학문적인 성찰의 세계로 도피했어.

그리고 그는 그곳 시골에서 자신의 설명에 따르면 모든 고전 물리학의 기반이 되는 가장 획기적인 몇 가지 발견을 했어. 그중 하나가 바로 중력인 거야."

그사이 크리켓 경기장을 벌써 몇 바퀴째 돈 이모할머니는 이제 윌리엄의 옆, 사과나무 아래 벤치 앞에서 멈춰 섰다.

이모할머니가 말했다.

"뉴턴은 과수원을 거닐면서 당시 많은 자연과학자들을 사로잡고 있던 문제, 즉 달이 궤도를 따라 지구 둘레를 돌게 하는 힘은 무엇인가라는 문제에 대해 숙고했어.

그가 사과나무 아래에 있는 벤치에 앉아 잠시 쉬고 있을 때, 그 계절에는 결코 드문 일이 아니며 이전에도 이미 수백만 번이나 일어났던 일이 벌어졌어. 나무에 매달렸던 잘 익은 사과 한 알이 젊은 뉴턴의 코앞으로 떨어졌던 거야."

이모할머니는 긴 집게손가락을 뻗어 윌리엄의 가슴을 쿡 찔렀고, 윌리엄은 벤치 한쪽으로 밀려났다.

이모할머니는 계속해서 말했다.

"하지만 이번에는 다른 때는 일어나지 않았던 일이 일어났어. 그 순간 뉴턴은 사과를 떨어뜨리는 것과 동일한 힘이 달 또한 지구에 붙잡아 놓고 있다는 것을 깨달았던 거야. 바로 그 힘을 우리는 중력이라고 부르고 있지.”

이모할머니는 윌리엄 옆에 앉았다.

“중력이란…… 무언가가 질량이 있으면 늘 생겨나는 힘이야. 음, 전에 네가 말했듯이 무게가 나갈 때마다 말이다. 즉, 중력은 우리가 무겁다고 느끼게 만드는 힘이지. 알겠니?

두 물체 사이의 중력은 질량의 크기와 두 물체 사이의 떨어진 거리라는 두 가지 요인에 따라 달라져. 무언가가 무거울수록 그리고 서로 떨어진 거리가 가까울수록 중력, 즉 끌어당기는 힘은 그만큼 커지는 거야.

지구는 달을 끌어당겨. 사과나 나와 너도 끌어당기고. 그리고 그 힘 때문에 우리는 우주를 떠돌지 않는 거야. 마찬가지로 달도 지구를 끌어당기지. 하지만 달이 지구를 끌어당기는 힘은 지구가 달을 끌어당기는 것만큼 분명하게 드러나지 않는데, 그건 지구가 달보다 훨씬 크기 때문이야. 하지만 밀물과 썰물을 보면 달이 끌어당기는 힘을 확인할 수 있단다. 밀물과 썰물이 발생하는 주된 이유는 달이 지구 표면에 있는 물을 끌어당기기 때문이거든.”

“그건…… 왠지 이모할머니가 지어낸 이야기 같아요.”

윌리엄이 말했다.

"그래⋯⋯. 뭐, 그럴 수도 있겠구나. 실은 너뿐만 아니라 그 당시 많은 과학자들도 그렇게 생각했거든."

이모할머니가 대답했다.

"올라우스 뢰메르와 크리스티안 하위헌스 또한 무언가가 단지 질량이 있다는 이유만으로 존재한다는 신비한 힘에 대해 말하는 것은 좀처럼 믿기 어려운 마법처럼 들린다고 생각했어. 뉴턴은 그 후 몇 년 동안 자신의 이론을 증명해 줄 계산 방법을 개발하기 위해 노력했어. 그러나 그는 노인이 될 때까지도 자신의 연구 결과를 발표하지 않았어.

그 대신 그는 자신의 연구 결과를 모두 모아『자연철학의 수학적 원리』라는 책에 담았어. 사람들은 그 책을『프린키피아 Principia』라고 부르는데, '프린키피아'는 라틴어로 '원리'나 '기본'을 뜻하는 말이야. 자연과학사에서 가장 유명한 책 중 하나인데, 그 이유는 그 책에 담긴 수학적 증명이 우리 주변에서 볼 수 있는 거의 모든 것을 설명해 준다는 사실이 시간이 갈수록 점점 더 분명해지고 있기 때문이지."

윌리엄은 이모할머니가 방금 한 말들에 대해 잠시 생각했다.

"하지만⋯⋯ 그럼 달은 왜 사과처럼 지구로 떨어지지 않는 거예요?"

윌리엄은 이야기의 맥락을 놓치지 않기 위해 한껏 집중하며 말하기 시작했다.

"아하, 그게 바로 뉴턴이 발견한 것이란다. 갈릴레이의 낙하 실험을 떠올리면서, 뉴턴은 달이 중력을 가로질러 움직이기 때문에 떨어지지 않고 궤도에 머물러 있다는 것을 깨달았어. 여기 사과를 좀 봐봐."

윌리엄은 그들 앞에 놓인 나무판자에 놓여있는 작은 사과를 바라보았다.

"사과가 움직이니?"

이모할머니가 물었다.

"아니요."

"네가 사과를 높이 들었다가 놓아버리면 어떻게 될까?"

"그럼 아래로 떨어지겠죠."

윌리엄이 대답했다.

"그렇겠지. 그런데 직선으로 떨어질까?"

"음, 네. 그럴 거 같은데요."

"그럼 한번 시도해 봐!"

윌리엄은 일어서서 사과를 들었다가 떨어뜨렸다. 사과는 똑바로 떨어졌다.

"사과는 나무에서 멀리 떨어지지 않는다는 말이 있단다."

이모할머니가 한마디 덧붙였다.

"뭐라고요?"

"물론 그 말은 원래 뜻과는 달리 자식은 부모를 닮는다는 뜻으로 사용되곤 하지. 하지만 그건 내가 그냥 해본 말이니 잊어버리거라. 어쨌든 사과는 움직였지? 사과는 중력의 영향을 받아 지구를 향해 직선으로 움직였어. 자, 이번에는 사과를 저기 풀밭을 향해 던져보거라."

윌리엄은 사과를 조심스럽게 풀밭에다 던졌다.

"이번에는 어떤 일이 벌어졌지?"

"사과를 집어던졌어요. 그랬더니……."

윌리엄은 선뜻 대답을 하지 못하고 머뭇거렸다. 이모할머니가 다시 물었다.

"그랬더니?"

"날아가다가 땅에 떨어졌어요."

"그럼 사과가 땅을 향해 아래로 똑바로 떨어졌니?"

이모할머니가 계속해서 물었다.

"아니요. 사과는 먼저 반원을 그리며 날아가다 떨어졌어요."

"그래, 정확히 봤구나. 그 모습은 갈릴레이가 경사로를 굴려 떨어뜨렸던 공과 똑같았지. 조금 전 우리가 빗물받이를 사용해 실험했던 크리켓 공도 마찬가지였고. 그리고 뉴턴은 그 같은 현상을 설명할 수 있는 몇 가지 운동에 관한 자연법칙을 정리해 제시했어.

그중 하나는 '관성의 법칙'이라고 불린단다. 즉, 모든 물체는 외부의 힘이 작용하지 않는 한 정지하거나 직선으로 움직인다는 것이지."

"아…… 그런 거군요."

윌리엄이 중얼거렸다.

"다시 말하면 네가 조금 전 집어 들어 던지기 전에는 그 사과는 먼저 정지 상태에 있었다는 말이야. 그러다가 네가 사과를 던지며 힘으로 영향을 주었기 때문에, 그 사과는 직선운동을 하게 된 거지. 그리고 그 같은 직선운동은 그 사과에게 영향을 끼치는 다른 어떤 힘이 작용하지 않는 한 무한히 계속될 것이야.

그런데 그 사과가 그냥 계속해서 똑바로 날아가지 않게 한 힘은 무엇이라고 생각하니?"

이모할머니가 기대에 찬 눈빛으로 윌리엄을 바라보며 물었다.

"중력인가요?"

윌리엄이 자신 없는 목소리로 대답했다.

"맞아!"

이모할머니가 환한 미소를 지으며 소리쳤다.

"거기에 시간이 지남에 따라 사과의 속도를 늦춰 멈추게 하는 공기의 저항도 한몫 거들었지. 어쨌거나 지구의 중력이 사과를 끌어당기는 거야. 그래서 사과는 반원을 그리며 허공을 날아가 다 땅을 향해 움직이게 되는 거고.

하지만 네가 그 사과에다 지구 표면의 반대편까지 날아갈 만 큼 충분한 추진력을 가했다면 어떻게 되었을까?"

이모할머니는 질문을 하고는 윌리엄의 얼굴을 빤히 바라보 았다.

"흠…… 그러면 어떻게 될까요?"

윌리엄은 무슨 말을 해야 할지 전혀 갈피를 잡지 못했다.

"그럼 이번에는 이 사과를 있는 힘껏 던져보거라."

이모할머니가 나무에서 사과 한 알을 더 따 윌리엄에게 건네 주며 말했다.

윌리엄은 이모할머니가 시키는 대로 작은 사과를 정원 창고 벽을 향해 냅다 던졌다. 벽에 부딪힌 사과는 완전히 으깨져 땅바 닥에 떨어졌고, 이모할머니는 땅에 떨어진 사과의 잔해를 씁쓸 한 표정으로 바라보았다. 그러고는 다시 사과를 따 윌리엄에게 건네주며 말했다.

"이번에는 조금 더 높이 던져보거라. 저쪽으로 말이다."

윌리엄은 던질 방향을 제대로 조준하고, 있는 힘을 다해 다시 던졌다. 사과는 쌩! 하고 소리를 내면서 나무 울타리 위로 높다 란 반원을 그리며 날아가 더 이상 보이지 않았다. 1000분의 1초쯤 후, 윌리엄과 이모할머니는 커다란 비명을 들었다.

"아야!"

윌리엄과 이모할머니는 순간 눈빛을 주고받고는, 채소밭을 지나 재빨리 집으로 도망쳤다. 집 안으로 들어선 두 사람은 가쁜 숨을 몰아쉬며 바깥소리에 귀를 기울였다. 윌리엄은 작은 창문으로 밖을 내다보았다. 그는 울타리 뒤에서 미라의 검은 머리가 나타나 주위를 둘러보는 것을 보고는 얼른 몸을 숙였다. 둘 다 아무 말도 하지 않았다. 그러다 윌리엄은 이모할머니를 쳐다보았고, 이모할머니의 눈이 반짝거리는 걸 보았다.

"하마터면 들킬 뻔했구나!"

이모할머니가 나직이 속삭였다.

그 순간 두 사람은 누가 먼저랄 것도 없이 낄낄거리기 시작했고, 한번 터진 웃음은 좀처럼 가라앉을 줄을 몰랐다. 두 사람은 여전히 낄낄거리며 문에서 물러나 부엌 식탁에 앉았다. 이모할머니가 안경을 벗고 눈에서 눈물을 닦았다. 윌리엄은 배를 움켜쥐었다.

이모할머니가 애써 웃음을 참으며 말했다.

"미라한테는 미안한 일이지만……."

하지만 웃음이 다시 터져 나왔고, 이모할머니는 딸꾹질을 하며 말했다.

"하지만 그 아이를 맞히지 않았다면, 네가 던진 사과는 아마 지구 반 바퀴를 더 날아갔을 거야."

이모할머니는 다시 눈을 비비고는 안경을 쓰고 진지한 표정을 지으려고 노력했다. 하지만 그 모습에 윌리엄은 또다시 웃음을 터뜨릴 수밖에 없었다.

"그래서 뉴턴은……."

이모할머니가 몇 차례 목을 가다듬은 뒤 말했다. 그런 다음 만족스러운 듯 깊은 한숨을 내쉬었다. 윌리엄은 몸을 똑바로 했다. 그는 정말로 이모할머니의 설명을 계속해서 듣고 싶었다.

"……아주 높은 산에서 대포알을 쏘는 상황을 상상했어. 그런 다음 그는 대포알이 지구 표면을 따라 계속해서 날아갈 수 있기 위해서는 대포알의 속도가 얼마나 빨라야 하는지를 계산했어. 즉, 중간에 어딘가로 떨어지지 않고 지구를 한 바퀴 돌려면 말이야.

뉴턴은 또한 속도가 더 빨라진다면 대포알이 지구를 완전히 떠나 우주로 날아갈 것이라고 계산했어. 당시 그가 한 실험은 실행 가능성이나 입증 가능성에 구애받지 않고 생각만으로 수행하는 생각 실험이었어. 아직 엔진이 없었고, 대포알을 지구 밖으로 보낼 만큼 큰 힘을 낼 방법이 없었거든. 그러나 오늘날에는 그가 했던 계산을 사용해 인공위성이나 로켓을 우주로 보내고 있단다."

윌리엄은 로켓을 발사하는 장면을 담은 영상을 본 적이 있었다. 로켓 발사대는 산이 아니라 어떤 사막에 자리하고 있었다. 그는 뉴턴의 대포가 로켓에 비하면 얼마나 작은지 상상했다.

이모할머니는 계속해서 말했다.

"그리고 그가 해낸 계산은 또한 달을 궤도에 붙잡아 두는 힘은 무엇인가라는 수수께끼를 풀었어. 왜냐하면 뉴턴은 달의 움직임이 정확히 같은 방식으로 설명될 수 있다는 사실을 발견했기 때문이지.

생각 실험의 대포알과 마찬가지로 달은 엄청난 속도로 중력을 가로질러 움직이고, 그래서 달의 반원형 낙하 곡선은 언제나 지구를 만나지 못하는 거야. 그렇기 때문에 달은 실제로는 항상 떨어지고 있지만, 사과처럼 지구에 떨어지지 않고 자신의 타원형 공전궤도를 그대로 유지하고 있는 것이지.

중력은 두 물체가 얼마나 무겁고, 또 서로 얼마나 떨어져 있는지에 영향을 받는다고 했던 말 기억하지?"

윌리엄은 고개를 끄덕였다. 이모할머니가 계속해서 말했다.

"무언가가 지구에 가까울수록 떨어지지 않기 위해서는 더 빨리 움직여야만 해. 똑같은 원리가 태양과 다른 행성들 사이에도 그대로 적용돼. 우리 태양계에서는 태양이 가장 무겁단다."

윌리엄은 고개를 끄덕이며 손가락 사이에 쥐고 있던 작은 완두콩에 비해 필라테스 공이 얼마나 컸는지 생각했다.

"그래서 모든 행성이 태양의 둘레를 도는 거예요?"

윌리엄이 물었다.

"맞아. 그리고 타원궤도를 따라 도는 행성은 태양에 가까워질수록 그만큼 더 빨리 움직여. 그렇지 않으면 태양을 향해 돌진해 충돌하게 될 것이기 때문이지. 그런 사실을 케플러는 그가 찾아낸 자연법칙들을 통해 우리에게 증명해 보였어. 그래서 태양계의 안쪽에 있는 행성들 또한 바깥쪽에 있는 행성들보다 더 빠르게 태양의 둘레를 공전하는 거야.

그러나 달이 지구를 끌어당기는 것처럼, 행성들도 태양을 끌어당겨. 결국 태양과 행성들은 서로를 끌어당기고 있는 거야. 한마디 덧붙이자면, 튀코 브라헤가 공간의 낭비라고 주장했던 말 혹시 기억하니? 중력은 또한 그 같은 텅 빈 공간이 존재하는 이유를 설명해 줄 수 있지. 우주의 모든 물질은 서로를 끌어당기기 때문이야."

이모할머니가 말했다.

"물질이면……."

윌리엄이 고개를 갸우뚱하며 중얼거렸다.

이모할머니는 뭔가 잠시 생각하다 말했다.

"물질은 물체를 구성하는 요소로, 공간을 차지하고 질량을 갖는 실체를 말해. 물질은 바위와 먼지 등 모든 것을 의미할 수 있어. 그리고 우리가 알 수 있는 한, 우주가 처음 생겨날 때 물질은 균등하게 분배되지 않았고, 중력으로 인해 이러한 물질로부터 덩어리가 형성되었으며, 그 덩어리들로부터 다시금 별과 행성들이 생겨난 거야. 달과 소행성들도 마찬가지고. 그리고 처음부터 물질이 그리 많지 않았던 곳은 더더욱 텅 비게 된 거야. 튀코 브라헤가 생각했던 것보다도 훨씬 더 큰 공간이 말이야.

너와 나 그리고 작은 사과도 서로를 끌어당기고 있어. 우리는 너무 작기 때문에 단지 그런 사실을 느끼지 못할 뿐이지. 아! 그러고 보면 조금 전에 사과의 끌어당기는 힘을 느낀 사람도 있긴 하구나. 누군지는 너도 알지?"

그렇게 물으며 이모할머니는 다시 낄낄대기 시작했다. 하지만 바로 그때, 갑자기 이상한 소리가 들려왔다. 처음에는 낮고 리드미컬하게 덜커덩거리더니, 잠시 후 쾅! 하고 뭔가가 폭발하는 것 같은 소리가 났다. 그 소리는 아래에서 들려오는 것 같았다. 그리고 바로 그 순간, 이모할머니가 벌떡 일어나더니 부엌에서 사라졌다. 한마디 말도 설명도 없이.

당황한 윌리엄은 일어나서 복도 쪽으로 가 이모할머니의 모습을 찾았다. 하지만 이모할머니는 감쪽같이 사라져 그림자도 보이지 않았다. 그러다 윌리엄은 갑자기 지난번에 들었던 서툴고 기이한 피아노 소리를 다시 들었다. 몇 가지 다른 악기 소리도 들렸다. 그 소리를 듣자 언젠가 엄마가 데려갔던 음악회가 떠올랐다. 엄마는 그게 전위음악이라고 말해줬지만, 그게 무엇을 의미하든 윌리엄은 그 음악회가 전혀 마음에 들지 않았다.

윌리엄은 소리가 어디서 나는지 더 잘 듣기 위해 눈을 감았다. 하필이면 그 순간 아쉽게도 들려오던 소리는 다시 조용해졌다. 하지만 왠지 계단 아래 신발장에서 들려온 것 같다는 느낌이 들었다. 물론 그럴 리는 절대 없었지만 윌리엄은 어쨌든 신발장을 열었다.

처음 그 신발장 안을 들여다보았을 때와 마찬가지로, 그가 본 것은 평범하기 짝이 없는 낡은 신발들뿐이었다. 사람들의 눈에 띄지 않는 곳에서 신발들이 파티를 여는 게 아니라면, 역시나 신발장 안에서 그 이상한 소리가 나왔을 리는 없었다.

윌리엄은 한숨을 내쉬며 정원으로 나가는 문 쪽으로 갔다. 바깥 상황은 다시 정상으로 돌아와 있는 것처럼 보였다. 윌리엄은 문을 열고 나가 울타리 쪽으로 조심조심 다가갔다. 윌리엄은 미라와 미라의 친구가 더 이상 거기에 있지 않은지 확인하기 위해 목을 길게 빼고 주변을 살폈다.

윌리엄은 안도의 한숨을 내쉬었고, 창고 앞에 떨어져 있던 사과의 슬픈 잔해를 보았으며, 그의 크리켓 경기장이 어떻게 되었는지 보러 갔다. 그러다 갑자기 사과를 던지고 중력에 대해 이야기하는 게 자신을 얼마나 피곤하게 했는지 깨달았다.

월리엄은 크리켓 경기장을 둘러보는 대신, 풀밭에 누워 하늘을 올려다보았다. 해는 밝게 빛났고, 오후의 날씨는 기분 좋을 만큼 따뜻했다. 뭉실뭉실한 흰 구름들이 머리 위로 지나갔다. 이런 하늘이 신비와 그에 대한 답으로 가득 차있다는 것이 월리엄은 믿기지 않았다. 하지만 지금만큼은 그저 아름답고 푸르른 여름 하늘이었다. 월리엄은 두 눈을 감았다.

뭔가가 월리엄의 코를 간지럽혔다. 손으로 그곳을 툭 쳤지만, 간지럼은 멈추지 않았다. 오히려 이번에는 뺨을 간지럽혔다. 월리엄은 눈을 부릅뜨고는 간지럽히는 게 무엇인지 알아보려 했다. 월리엄은 그의 얼굴 위를 오가는 풀잎을 보았다. 그리고 한 쌍의 검은 눈과 머리가 그의 얼굴 쪽으로 수그리고 있는 것을 보았다.

"안녕, 목성."

그 머리가 말했다.

미라였다. 월리엄은 당황해 눈만 깜박였다. 월리엄은 자신이 아직 정원에 누워있다는 것을 깨달았다. 그 사이 풀밭에는 그늘이 드리워졌고, 미라는 그의 옆에 앉아 풀잎으로 그의 얼굴을 간질이고 있었다.

"잘 잤어, 목성?"

"응. 내 이름은 목성이 아니야."

"알아. 진짜 이름이 뭐야?"

"윌리엄."

윌리엄이 나지막이 대답하며 벌떡 일어나 앉았다.

"혹시 아까 내 친구한테 사과 던졌어?"

미라의 목소리는 화가 난 것처럼 들리지는 않았지만, 윌리엄은 얼굴을 붉혔다. 그렇다고 지금은 도망칠 수도 없었다.

"음, 미안. 일부러 그런 게 아니라 그냥……."

"괜찮아. 어차피 나도 그 아이랑 더 이상 놀고 싶은 생각이 없었어. 그 아이는 내내 투덜거리기만 했거든. 그 아이가 얼마나 큰 소리로 우는지 혹시 들었어?"

"아니. 그 아이가 많이 아파했어?"

"나도 몰라. 우리 같이 놀래?"

그때 옆집에서 미라의 어머니가 미라를 부르는 소리가 또다시 들렸다.

"미라! 미라아아아! 저녁 먹을 시간인데, 어디 있니?"

"어휴, 그새 엄마가 또 부르시네."

미라는 살짝 짜증 섞인 목소리로 중얼거렸다. 그러고는 고양이처럼 가볍게 나무 울타리를 넘었다.

"안녕, 목성."

미라는 아쉬운 듯 작별 인사를 하고 집 쪽으로 사라졌다.

"안녕, 미라."

윌리엄도 미라가 사라진 곳을 바라보며 중얼거렸다. 그런 다음, 윌리엄은 일어나 옷을 털고는 부엌으로 들어갔다. 부엌에서는 이모할머니가 저녁으로 먹을 생선가스를 튀기고 있었다.

"냉장고에서 타르타르소스와 삶은 감자 좀 갖다줄래?"

윌리엄이 문을 열고 들어서는 것을 본 이모할머니가 말했다.

"네, 물론이죠."

윌리엄은 중얼거리며 냉장고 문을 열었다. 냉장고 문이 열리고 아주 잠깐이 지나서 냉장고 안에 불이 들어왔다. 그제야 윌리엄은 냉장고에 들어있던 것들을 볼 수 있었다. 윌리엄은 다시 문을 닫았다가 다시 열며 불이 들어오는 것을 유심히 지켜보았다. 그리고 똑같은 짓을 다시 한번 했다.

"거기서 뭐 하는 거니?"

"아, 아무것도 아니에요."

윌리엄이 냉장고 문 여닫는 놀이를 멈추고는 중얼거리듯 대답했다. 이모할머니가 한 손은 프라이팬 손잡이에, 다른 한 손은 허리에 올려놓은 채 그를 바라보았다.

"그냥 빛을 보고 싶었어요. 빛이 지연되는 것을……."

"하지만 그건 냉장고와는 아무 상관이 없어. 그냥 농담한 거라고 이미 말했잖니."

이모할머니가 말했다.

"알아요. 그냥 막 그게 생각이 나서요. 그런데요, 우주를 들여다보면 과거가 보인다는 말은 어느 정도 이해한 것 같아요. 하지만 그게 다인 건가요? 빛의 지연이 과학에서 그토록 중요한 것으로 인정받는 유일한 이유냐고요?"

윌리엄은 잠시 생각했다.

"내가 그렇게 말했었니?"

"어, 모르겠는데요? 저는…… 그러니까, 어……."

윌리엄은 이모할머니의 질문에 답을 하다 보면 자기가 이모할머니의 편지를 마음대로 읽어보았다는 사실을 인정하게 될까봐 마음에 걸렸다. 그래서 선뜻 대답하지 못하고 더듬거렸다.

"저는…… 오래된 신문을 찾아봤는데, 거기에 올라우스 뢰메르에 대한 이야기가 있었어요. 거기서 그렇게 읽은 것 같아요. 그리고 그 기사를 읽으며 그런 생각이……."

이모할머니가 윌리엄의 말을 끊고 물었다.

"올라우스 뢰메르에 대한 이야기라고?"

화를 내는 대신 이모할머니의 시선은 먼 곳을 떠돌았다. 마치 이모할머니의 생각이 더 이상 작은 부엌이 아니라 아주 먼 어딘가에 머물러 있는 것처럼 보였다.

"그걸 어디서 찾았는데?"

이모할머니가 멍하니 물었다.

"음, 제 방에서였던 것 같아요."

"그랬구나. 알겠다."

이모할머니는 여전히 멍하니 허공만 바라보고 있었다. 그러다 무언가가 타는 것 같은 냄새가 나기 시작했다. 그리고 그 냄새가 이모할머니를 다시금 부엌으로 끌어당겼다.

"오. 저녁 준비가 다 된 것 같구나. 감자는 가져왔니?"

이모할머니가 여전히 깊은 생각에 잠겨 중얼거렸다.

윌리엄은 냉장고 문을 다시 열었다. 그러고는 감자와 타르타르소스를 꺼내 식탁에 올려놓았다.

"저는 그냥 알고 싶었을 뿐이에요. 그 발견이 왜 그렇게 중요한 거죠?"

윌리엄이 자기 자리에 앉으면서 다시 물었다.

"무슨 발견 말이니?"

이모할머니가 불에 탄 생선가스를 타르타르소스에 찍으며 중얼거렸다.

"빛의 지연요. 그 발견이 뭐가 그렇게 중요했던 건가요? 그리고 상대성이론은 또 뭐예요?"

윌리엄은 끈질기게 질문을 되풀이했다.

"상대성이론! 그건 설명하기가 상당히 어렵겠구나."

어느새 현실로 되돌아온 이모할머니가 대답했다.

"상대성이론을 이해하려면 오늘 저녁 우리가 열심히 공부해 얻을 수 있는 것보다 훨씬 더 많은 기초적인 물리학 지식이 필요하거든. 어쨌거나 너도 알베르트 아인슈타인Albert Einstein에 대해서는 들어본 적이 있을 거야."

윌리엄은 고개를 끄덕였다. 적어도 그는 올라우스 뢰메르에 관한 편지에서 그 이름을 읽었다. 그러나 그는 아인슈타인이라는 이름을 분명 다른 곳에서도 접했던 것 같았다. 갑자기 윌리엄의 머릿속에 포스터 한 장이 떠올랐다. 그 포스터는 친구인 에이일의 아버지가 서재에 걸어둔 것이었다. 그 포스터에는 완전히 헝클어진 흰 머리에 콧수염을 기른 노인의 사진이 있었고, 그 아래에는 창의성이 지식보다 중요하며, 물고기는 나무에 오르지 못한다는 말이 적혀있었다. 물고기 이야기는 사람마다 타고난 능력이 다르며, 그래서 저마다 적합한 교육이 필요하다는 것을 강조하고 있는 것 같았다. 어쨌거나 그 사람이 바로 알베르트 아인슈타인이었다.

"아인슈타인은 유명한 독일 출신의 물리학자로, 20세기의 가장 위대한 천재 중 한 명으로 여겨지는 인물이야."

이모할머니가 말했다.

윌리엄은 왠지 그 말에 전적으로 수긍하고 싶지는 않았지만, 다시 고개를 끄덕였다. 아마도 포스터에 나와 있던 물고기와 관련된 인용문이 그토록 대단했다는 아인슈타인의 천재성과는 조금 거리가 있는 것처럼 느껴졌기 때문이다.

"아인슈타인은 고전물리학 전체와 지난 며칠 동안 우리가 이야기했던 모든 것들을 완전히 뒤엎는 몇 가지 이론을 생각해 냈어. 그리고 그는 빛의 속도에 관해 연구하면서 이른바 '특수상대성이론'을 비롯한 그만의 독창적인 몇 가지 이론을 제시했어. 그 결과, 빛의 속도는 무한한 게 아니라 일정한 속도로 제한되어 있을 뿐만 아니라 항상 똑같다는 것이 밝혀졌지.

적어도 진공상태인 공간에서는 말이야. 아인슈타인은 가만히 서있거나 움직여도 빛은 빨라지거나 느려지지 않는다는 결론을 끌어냈어. 아울러 빛을 내는 물체 자체가 움직이느냐 움직이지 않느냐는 빛의 속도에 아무런 영향도 주지 않는다는 사실도 밝혀냈지. 다시 말해, 동일한 사건을 관찰하는 두 사람이 그 사건과 관련된 자신의 위치와 속도에 따라 그 사건이 언제 일어나고 얼마나 오랫동안 지속되는지에 대해 서로 다른 의견을 가질 수 있다는 것이야. 빛의 속도는 그럼에도 불구하고 항상 일정하고 말이야.

그러니까 빛의 속도는 상대적이지 않아. 하지만 시간, 거리, 질량에는 그 같은 원칙이 적용되지 않지. 왜냐하면 그것들은 빛의 속도와는 달리 완전히 상대적인 성질이거든. 즉 아인슈타인의 이론에 따르면 빛의 속도에 가까운 속도로 움직이게 될 때, 시간은 느리게 가고 거리는 짧아지며 물체는 무거워진다는 거야. 우리는 움직일 때마다 실제로 아주아주 미미하게나마 시간여행을 해. 물론 우리는 그렇게 빨리 움직이지 못하기 때문에 그 같은 시간 여행을 전혀 알아차리지 못하는 것뿐이야. 하지만 예를 들어 인공위성을 이용해 길을 찾아주어 자동차 운전을 도와주는 프로그램인 내비게이션을 사용할 때 그 같은 상황을 고려하지 않는다면, 위치 추적 장치인 GPS는 계속해서 우리를 잘못된 장소로 안내하게 될 거야.

그 밖에도 빛이 입자와 파동으로 구성되어 있음을 발견한 사람도 아인슈타인이었어. 그리고 아인슈타인은 훗날 '일반상대성이론'을 발표했는데, 이는 무엇보다도 우주 형성의 원인이 중력이 아니었다고 주장하고 있어. 아인슈타인에 따르면, 우리가 중력이라고 이해하는 것이 사실은 질량으로 인해 발생하는 공간의 휘어짐 때문에 생겨난다는 거야. 그런 이론들은 빛의 속도와는 그다지 관련이 없는 것이지.

그렇지만 중력은 하나의 기본 모델로서 여전히 제 기능을 발휘하고 있어. 그래서 앞서 설명했듯 우주선을 쏘아 올릴 때와 같은 많은 경우, 오늘날에도 여전히 계속해서 활용되고 있단다."

이모할머니는 차갑게 식은 감자 한 조각을 입에 넣고는 잠시 우물거렸다가 삼키며 말했다.

"그 밖의 것들은 설명하자면 아주 길고 복잡한 이야기가 될 거야. 무엇보다도 현재로서는 우리는 뉴턴의 설명이 옳다고 가정할 수 있지. 또, 일상적인 사용에 있어서는 어쨌든 가장 적절하고 이상적인 이론이기도 하고 말이다. 그런데…… 그에 관련된 이야기를 어디서 읽었다고 했더라?"

윌리엄은 얼굴을 붉히며, 재빨리 한입 가득 먹을 것을 입안에 밀어 넣었다.

"아, 그건 그냥 어디선가에서 읽은 거예요."

윌리엄은 우물거리며 그렇게 어물쩍 대답하고는, 아무렇지도 않은 척 넘어가려 애썼다.

"그랬구나. 나는 완전히 잊어버렸어……."

이모할머니가 그렇게 말하고는 다시 입을 다물었다. 윌리엄은 그런 이모할머니에게서 더는 아무것도 들을 수가 없었다. 이모할머니의 이야기 스위치가 다시 멈춤으로 전환된 것이다. 그렇다고 해서 평소 그와 이야기하고 싶지 않을 때 드러내 보이던 것 같은 모습은 아니었다. 그보다는 오히려 뭔가 꿈을 꾸듯 혼자만의 생각에 빠진 것처럼 보였다.

함께 설거지를 하는 동안에도 이모할머니는 여전히 생각에 잠겨있었다. 이모할머니는 혼자 노래를 흥얼거렸고, 설거지를 끝내고는 부엌을 나와 위층으로 올라갔다. 윌리엄은 그런 이모할머니를 바라보며 살래살래 고개를 저었다.

윌리엄은 자기 방으로 올라와 스케치북과 크레용을 가지고 놀며 저녁 시간을 보냈다. 머릿속에 떠오르는 수많은 생각들을 종이에 옮겨보니 기분이 한결 좋아졌다.

윌리엄은 제일 먼저 태양계를 그렸다. 그리고 아이패드를 사용하여 복사할 수 있는 행성의 이미지들을 검색했다. 또한 그는 방에서 오래된 지도 하나를 우연히 발견했는데, 그 지도에서 이모할머니가 지난 며칠 동안 언급했던 장소들을 찾아보기도 했다. 그 지도에는 그리스가 있었고 폴란드, 독일, 프랑스, 이탈리아, 미국도 있었다. 그리고 벤섬이라는 아주 작은 점도 있었다.

또, 아라비아반도도 있었다. 그곳은 아랍의 천문학자들이 살았던 지역임이 분명했다. 최초의 천문학자인 그들의 이름은 무엇이었더라? 수학과 십진법과는 다른 숫자 체계를 사용했던 이

들은? 수메르인이었던가? 지도에서는 그 같은 이름을 전혀 찾아
볼 수 없었다.

대신 윌리엄은 이모할머니가 말해주었던 여러 과학자들을 그
려보려고 시도했다. 그들의 사진 또한 인터넷에서 검색했다. 그
는 페이지보이 머리 스타일을 한 코페르니쿠스를 그렸다. 그리
고 그 옆에다 태양이 한가운데에 자리하고 있는 작은 태양계를
그렸다.

튀코 브라헤에게는 숱이 많은 수염과 은회색 코를 그려 넣었
다. 하지만 튀코 브라헤가 발견한 내용은 어떻게 그림으로 그려
야 할지 선뜻 좋은 생각이 떠오르지 않았다. 튀코 브라헤는 무엇
보다도 철두철미한 사람이었다. 그걸 그림으로 표현한다는 것은
쉽지 않았다. 그래서 윌리엄은 튀코 브라헤의 옆에다 여동생 소
피 브라헤와 이모할머니가 그에게 보여준 육분의를 그려 넣었다.

인터넷에는 케플러의 사진도 있었다. 윌리엄은 그의 모습이
아주 진지해 보인다고 생각했다. 윌리엄은 케플러가 행성의 타
원형 궤도를 발견했다는 것을 보여주기 위해 케플러 주위에 몇
개의 납작하게 찌부러진 타원을 그려 넣었다.

다음은 갈릴레이의 차례였다. 그의 얼굴은 진지하다기보다는
왠지 재미있어 보였다. 약간은 허황한 이야기를 꾸며내는 것을
즐기는 사람 같았다. 갈릴레이 옆에 무엇을 그릴지 결정하는 것

은 정말 어려운 일이었다. 무엇보다도 그려 넣을만한 것이 너무 많았기 때문이다. 윌리엄은 맨 먼저 망원경을 그려야겠다고 마음먹었다. 그런 다음에는 달을 그리기로 결심했지만 계속해서 교회와 피사의 사탑, 샹들리에로 마음이 바뀌었다. 그러다가 윌리엄은 마침내 빗물받이와 크리켓 공을 그려 넣었다.

올라우스 뢰메르의 그림에는 아름다운 긴 곱슬머리를 그려 넣었다. 그의 모습은 거의 공주님처럼 보였다. 윌리엄은 그의 옆에다 햇빛을 그렸다. 그리고 하위헌스와 진자시계도 그렸다.

뉴턴은 윗입술이 얇은 게 잔뜩 화가 난 사람처럼 보였다. 윌리엄은 뉴턴의 머리 위에 사과를 그렸다. 그리고 그 옆에는 높은 산과 산꼭대기에 작은 대포가 있는 지구본을 그렸다.

윌리엄은 그림을 그리는 데 잔뜩 몰두해서, 이모할머니가 다락방에서 내는 시끄러운 소리조차 의식하지 못했다. 얼마 후 윌리엄은 그림 그리기를 끝내고 자신이 그린 그림들을 한데 쌓아 놓았다. 그 모습이 마치 한 권의 작은 책처럼 보였다. 그때 갑자기 위쪽 다락방에서 아주 낯선 소리가 들려왔다.

그 소리는 윌리엄이 이모할머니의 집에서 이제껏 들었던 기이한 소리와는 완전히 달랐다. 처음에는 무언가를 긁는 듯한 소리가 났고, 다음에는 깊고 부드러운 남자 목소리 같은 게 들려왔다. 그 목소리는 별을 노래하고 있었고, 마치 다른 시간에서 온 소리처럼 들렸다. 윌리엄은 벌떡 일어나 좁은 나무 사다리를 올라갔고, 다락방 바닥에 있는 출입문으로 불쑥 머리를 들이밀었다.

이모할머니는 천창 아래 상자에 앉아 하늘을 올려다보고 있었다. 이모할머니는 아주 고요히 앉아있었다. 윌리엄은 이제껏 그런 모습을 본 적이 없다는 것을 새삼 깨달았다. 평소 같으면 항상 무언가로 바빴던 이모할머니는 그 정도로 고요히 앉아있었다.

그냥 그렇게 그곳에 앉아있는 이모할머니 옆에는 윌리엄이 올라우스 뢰메르의 이야기를 발견했던 편지가 들어있던 보물 상자가 놓여있었다. 윌리엄은 아직 그 편지들을 제자리에 돌려 놓지 않았고, 그렇기에 이모할머니가 그 편지들을 찾고 있었다면 당연히 헛수고에 그치고 말았을 터였다.

그러나 이모할머니는 처음 보는 망원경도 설치해 놓고 있었다. 이모할머니 뒤편에는 커다란 금빛 깔때기가 달린 낯설고 오래되어 보이는 기계가 있었고, 그 위에서는 검은색 판이 빙글빙글 돌아가고 있었다. 그리고 그 기계에서 조금 전 윌리엄이 들었던 노래가 흘러나오고 있었다. 그렇다면 그 기계는 아주아주 오래된 전축인 게 틀림없다고 윌리엄은 생각했다.

윌리엄은 조심스럽게 다가갔다. 바닥에는 음반이 들어있던 재킷이 놓여있었다. 그리고 재킷 위에는 '별의 노래'라고 적혀있었다. 윌리엄은 그 노래도, 또 그 노래를 부른 가수도 알지 못했다. 그는 음반 재킷을 한쪽으로 치우고, 가만히 이모할머니 옆에 앉았다. 두 사람은 한동안 그렇게 앉아 음악을 들으며 하늘을 바라보았다. 노래가 끝나자 윌리엄이 물었다.

"맨눈으로는 얼마나 멀리까지 볼 수 있을까요?"

"얼마나 잘 보느냐에 따라 조금씩은 다르지. 그리고 빛이 얼마나 강한가 등에 따라서 달라지기도 하고."

이모할머니가 나직한 목소리로 대답했다.

"하지만 망원경 같은 게 있으면 훨씬 더 멀리 볼 수 있는 거죠?"

"물론이지. 망원경이 있으면 그다지 밝게 빛나지 않거나 너무 멀리 떨어져 있다 싶은 것들도 충분히 볼 수 있단다. 그리고 망원경의 성능이 좋을수록 더 많은 것을 볼 수 있지."

이모할머니가 옆에 있는 망원경을 가리키며 말했다.

"예를 들어 여기 있는 이 망원경은 이른바 반사망원경이라고 불리는 최신식 망원경이야. 이 망원경은 갈릴레이의 망원경과는 다른 방식으로 만들어졌어. 이런 망원경을 만든다는 아이디어를 제일 먼저 가졌던 사람은 뉴턴이었고, 그래서 너한테 보여주려 했었어. 그런데 내가 좀 다른 데 신경을 쓰느라······.

사실은 다른 많은 이들도 비슷한 생각을 갖고 있었지만, 어쨌거나 그 생각을 실행에 옮긴 사람은 뉴턴이었어. 뉴턴은 렌즈 대신 거울을 사용함으로써 망원경의 성능을 좀 더 향상시킬 수 있다는 것을 발견했어."

"무슨 말인지 잘 모르겠어요."

윌리엄이 말했다.

"뉴턴은 오랫동안 빛에 관해 연구했고, 그 과정에서 햇빛과 같은 백색광이 무지개의 모든 색으로 구성되어 있음을 발견했어."

"그게 정말이에요?"

"그렇단다. 그는 프리즘을 통해 태양 광선을 굴절시킴으로써 그 같은 사실을 알아냈지. 너도 학교에서 프리즘 실험을 해본 적 있지?"

윌리엄은 고개를 저었다.

"프리즘이 뭐예요?"

"광학 프리즘은 일종의 삼각 렌즈야. 물론 지금은 해가 지고 없지만, 햇빛이 프리즘을 통과하면 색이 서로 분리되고 반대편에 무지개가 나타나. 비가 오고 난 뒤 하늘에서 무지개를 보는 것도 마찬가지 원리이지. 햇빛이 비치고 동시에 대기 중에 빗방울이 떠있으면, 빗방울이 백색광을 굴절시켜 여러 가지 색으로 펼쳐 보이게 하는 작은 프리즘과 같은 역할을 하는 거야."

"와!"

윌리엄의 입에서 절로 감탄사가 새어 나왔다.

"뉴턴은 그것이 유리 렌즈를 사용한 초기의 망원경에 나타났던 몇 가지 결함의 원인이었음을 깨달았어. 렌즈는 이미 설명했듯 볼록한 표면에 빛을 모았다가 다시 분산시키는 방식을 통해 작동하기 때문이야. 그러나 바깥쪽 가장자리에서 렌즈는 실제로 작은 프리즘과 같은 역할을 해. 그 말은 렌즈가 그곳에서 삼각형이 된다는 것을 의미하고, 그래서 빛이 그곳에서 굴절되어 무언가를 관찰할 때 잘못된 색상으로 나타날 수 있는 거야. 그런 단점을 보완하기 위해 뉴턴은 볼록렌즈 대신 망원경에 오목거울을 설치하는 아이디어를 내게 된 거지.

그렇게 하면 빛은 전면에 있는 망원경의 입구를 통해 비쳐 들어오고, 바닥에 있는 오목거울에 와 닿아. 거울은 렌즈와 마찬가지로 보고자 하는 물체의 빛을 휘어진 표면을 통해 모을 수가 있어. 그러나 이제 빛은 프리즘처럼 빛을 부채꼴로 펼쳐 보이는 볼록렌즈를 통과할 필요가 없어. 그 대신 망원경을 통해 반사되고, 이번에는 두 번째 평평한 작은 거울에 포착되었다가, 거기서 우리가 눈을 대고 보는 접안렌즈로 보내지게 되는 거야.

그러나 뉴턴 당시에는 품질이 좋은 거울을 만드는 기술이 아직 없었어. 이러한 유형의 반사망원경은 그로부터 약 100년이 지나서야 완성될 수 있었지. 오늘날에도 여전히 천문학에서 사용되고 있고 말이다."

월리엄은 자리에서 일어나 신기하단 듯 망원경을 바라보았다. 그는 작은 접안렌즈에 한쪽 눈을 대고 달을 관찰했다. 그의 눈앞에 달의 신비한 분화구가 선명하게 떠올랐다. 갈릴레이의 망원경으로 보았을 때보다 훨씬 더 선명하게 보였다. 거울을 이용해 그처럼 훨씬 더 선명하게 볼 수 있다는 사실이 월리엄은 좀처럼 믿어지지 않았다.

월리엄이 물었다.

"물론 망원경이 훨씬 더 좋아졌지만, 여전히 망원경으로 모든 것을 다 볼 수 있는 건 아니지요?"

"당연하지! 예를 들어 연구자들은 우리 태양계에는 명왕성 말고도 그 뒤로 또 다른 행성들과 왜행성들이 존재할 수 있다고 가정하고 있어. 왜행성은 태양을 공전하는 태양계 내 천체의 일종으로, 행성의 정의는 충족하지 못하지만 소행성보다는 행성에 가까운 중간적 지위에 있는 천체를 가리키는 말이야. 우리가 비록 그것들을 볼 수는 없지만, 행성처럼 행동하는 무언가가 그곳 어딘가에 있는 것을 알 수 있다는 것이지. 또 우리가 볼 수 없는 암흑 물질도 있어. 쉽게 말해 우주에는 우리가 아직 예감조차 못하는 아주 많은 것들이 존재한다는 것이지."

"네. 그런 거군요."

윌리엄은 그렇게 대답하며 잠시 생각에 잠겼다. 그가 좀처럼 이해할 수 없는 무언가가 있었다. 하지만 그게 정확히 무엇인지 알지 못했고, 말로 표현하기가 쉽지 않았다.

"하지만 그래도 과학이 옳을 가능성이 더 큰 거지요?"

"그럼. 무슨 생각에서 그렇게 묻는 건데?"

이모할머니가 되물으며, 윌리엄을 가만히 바라보았다.

"그러니까 과학이 교회보다 더 똑똑하지 않느냐고 묻는 거예요. 그렇지 않은가요?"

이모할머니가 한숨을 쉬며 말했다.

"휴, 그거야말로 사실 뭐가 정답이라고 딱 잘라 말할 수 없는 질문이구나. 신과 관련된 모든 것을 의미하는 종교와 과학이 하나였던 시대가 있었단다. 종교와 과학은 모두가 세상을 이해하고 설명하려고 노력하지. 하지만 오늘날에는 그 방식이 서로 너무 달라서, 둘을 비교하는 것은 더 이상 의미가 없게 되었어."

윌리엄이 다시 뭔가를 잠시 생각하더니 물었다.

"하지만 과학은 종교가 틀렸다는 것을 증명했잖아요. 그렇지 않은가요?"

"과학은 적어도 많은 것들이 종교가 주장했던 것과는 다르다는 사실을 입증했지. 그러나 신에 관해서라면, 사람들이 그 신을 예수, 부처, 알라, 야훼, 크리슈나, 오딘 등 뭐라 부르든 상관 없어. 누구를 믿는지도 마찬가지고. 중요한 것은 바로 믿음이야. 무슨 말인지 이해하겠니? 종교는 세상이 왜 지금 같은 모습으로 존재하냐는 질문을 던져. 그리고 삶의 의미를 묻고 있고. 하지만 과학은 그 같은 질문에 대해서는 아무런 답도 제시할 수 없단다.

그 대신 과학은 자연과 우주가 작동하는 방식에 훨씬 더 관심이 많아. 이처럼 종교와 과학은 세상을 바라보는 두 가지 서로 다른 방식이고, 그래서 이 둘 가운데 어느 하나를 다른 하나로 설명하려 한다면 심각한 문제가 발생하게 되는 거야.

르네상스 시대에 자연과학을 변화시켰던 많은 과학자들이 무척이나 믿음이 깊은 종교인이었다고 말했던 거 기억하니?"

윌리엄은 고개를 끄덕였다.

"뉴턴의 목표는 사실 신이 존재한다는 것을 증명하는 것이었어."

이모할머니가 말했다.

"하지만 하필이면 그의 책 『프린키피아』는 르네상스의 종말과 신의 역할이 눈에 띄게 줄어드는 시대인 계몽주의의 시작을 예고하는 신호탄이 되었어. 그 이유는 이제 중력이 우주를 지배하는 상호 연관성의 토대를 확립했고, 과학자들은 그러한 것들을 설명하기 위해 더 이상 신을 필요로 하지 않았기 때문이지."

"하지만……."

윌리엄은 마음속에 들었던 의문을 제대로 묻는 데에 여전히 어려움을 겪고 있었다.

"만약 우리가 많은 것들을 전혀 볼 수 없다면, 우리가 알고 있는 것이 틀리지 않다는 것을 어떻게 확신할 수 있는 건가요? 만약 그렇다면 우리가 보지 못하는 것이 훨씬 더 많은 거 아닌가요? 그리고 우리가 보지 못한다는 것조차 알지 못하는 것들이 어쩌면 우리가 지금 알고 있는 모든 것을 바꿀 수도 있잖아요. 갈릴레이가 당시 보았던 것이 그때까지 우리가 알고 있던 모든 것을 바꾸어 놓았듯이 말이에요. 제 말은 어쩌면 우리가 전혀 올바르게 보지 못할 수도 있는 건데, 우리가 완전히 잘못 생각하고 있는 게 아니라는 것을 어떻게 알 수 있냐는 거예요."

이모할머니가 눈썹을 치켜올렸다.

"정말 좋은 질문이구나."

이모할머니가 안경을 고쳐 쓰며 말했다.

"실제로 우리는 우리가 알고 있는 것이 확실하다고 말할 수는 없단다. 자연과학에서는 '지식'이라는 용어를 우리가 경험한 세계를 가장 잘 설명하는 것으로 이해하고 있어. 이론과 실제에서 옳은 것으로 밝혀지고, 다양한 다른 과정을 예측할 수 있는 것으로 말이다.

그러나 진리는 고정되어 변하지 않는 게 아니야. 세계를 탐구할 때면 우리는 우리의 신체와 기술적 수단에 의해 제약을 받아. 우리는 인간의 눈이 볼 수 있는 것보다 더 멀리 있거나 지각할 수 없는 색을 보여줄 수 있는 장치를 발명했어. 하지만 네 말이 전적으로 맞다."

이모할머니는 생각에 잠긴 채 고개를 끄덕였다.

"우리 인간의 제한된 감각은 전체 그림의 일부만을 우리에게 보여주고, 그래서 우리가 모든 것을 잘못 알고 있는 게 아니라고 확신할 수는 없어."

윌리엄이 좀 더 집중하려 애쓰며 물었다.

"그렇다면 우리는 세계상이나 우주와 관련해 우리가 알고 있는 것이 정말로 맞는 것인지 전혀 알지 못한다는 건가요?"

"흠."

이모할머니는 고개를 끄덕이며 뭔가를 생각하는 듯 보였다. 이모할머니가 말했다.

"사실 오늘날의 자연과학은 코페르니쿠스나 뉴턴이 대표하는 것보다 훨씬 더 발전된 세계상을 토대로 연구를 진행하고 있어. 하지만 우리가 아는 한도 내에서 태양계는 케플러가 상상했던 것과 거의 비슷해 보여. 그리고 뉴턴의 자연법칙 또한 우주선을 우주로 보낼 때에도 여전히 적절히 활용되고 있고. 결국 그것들은 틀리지 않았다는 말이지.

그러나 우리가 우주를 정말로 이해하고자 한다면, 무엇보다도 아인슈타인과 상대성이론에 대해 더 많은 것을 알아야만 해. 하지만 너도 알다시피 그런 상대성이론조차도 모든 것을 다 설명하지는 못 해."

이모할머니는 너무 집중한 나머지 눈썹을 찌푸렸고, 그 모습을 보며 윌리엄은 저도 모르게 미소 지었다.

이모할머니가 계속해서 말했다.

"그러나 적어도 우리는 예전 사람들이 분명히 잘못된 것을 믿었다는 것을 알고 있어. 우리는 지구의 나이가 약 46억 년쯤 된다는 것을 어느 정도 확신을 갖고 말할 수 있어. 그런데 이 같은 숫자는 르네상스 시대에 생각했던 것보다 약 100만 배나 더 오래된 것이야. 르네상스 때만 해도 사람들은 지구가 생겨난 지 5600년 정도밖에 안 된다고 믿었거든. 그리고 우리는 지구의 크기가 얼마나 되는지 알고 있어. 태양으로부터 얼마나 멀리 떨어져 있는지도 알고 있고, 또 지구가 태양의 둘레를 돌고 있다는 것도 알고 있지. 그건 그 같은 사실을 입증할 수 있는 증거를 그동안 꾸준히 수집했던 덕분이란다.

자연과학이 발견한 몇 가지 사실은 매우 확실해. 그리고 다른 몇 가지는 비록 확실하다고 말할 수는 없지만, 철저한 연구를 통해 알아낸 것이기 때문에 사실일 가능성이 상당히 높지. 과학자들이 사실 여부를 놓고 여전히 논쟁을 벌이고 있는 것들도 있고. 사실 오늘날까지도 우리는 우리가 왜 여기에 존재하고 있는지 그 이유를 몰라. 삶의 의미가 무엇인지도 알지 못하고. 과학은 그런 것들에 대해서는 답을 줄 수 없거든. 그래서 우리는 그저 추측할 수 있을 뿐이야."

"그럼 이모할머니는 왜 우리가 여기 존재한다고 생각하세요?"

윌리엄이 궁금하단 듯 대뜸 물었다. 이모할머니는 그런 윌리엄을 빤히 바라볼 뿐 선뜻 대답하지 못했다.

"글쎄…… 어쩌면 꼭 그래야 할만한 이유는 없을지도 몰라. 우리가 여기 존재하는 것은 그냥 순전한 우연의 결과일지도 모르는 거지."

"아니면, 삶이 아름다워서 우리가 여기 있는 건 아닐까요?"

윌리엄이 물었다. 이모할머니는 살짝 미소 지었다.

"어쩌면 그럴지도 모르지. 그러나 발전해 나가기 위해 과학적 모델이 반드시 정확해야 할 필요는 없을 때도 종종 있어. 그런 사실을 우리는 코페르니쿠스에게서 배웠지. 그의 모델에는 많은 결함이 있었지만 그럼에도 불구하고 우리에게 아주 큰 발전을 가져다 주었거든. 그리고 세계를 이해하려는 우리의 노력을 발전시키는 것은 과학만이 아니야."

이모할머니가 윌리엄을 바라보며 계속해서 말했다.

"과학과 수많은 발명이 서로 밀고 당기며 앞을 향해 나아갔던 것처럼, 종교와 예술 그리고 책 속에 담긴 환상적인 이야기들은 많은 과학자들에게 새로운 발견과 발명으로 이끄는 아이디어와 영감을 주었어.

쥘 베른Jules Verne의 소설이 아마도 가장 대표적인 사례일 거야. 쥘 베른이 이야기를 썼을 때만 해도 그의 작품 속에 나오는 거의 모든 발명품은 상상조차 할 수 없는 것들이었지만, 오늘날에는 실제로 존재하게 되었거든. 또, 네가 찾던 『나니아 연대기』 속 마법의 옷장도 예로 들 수 있겠구나. 일부 이론은 마법의 세계로 들어가는 통로 역할을 하는 마법의 옷장과 비슷한 일종의 입구들이 우주에 실제로 존재한다고 가정하고 있거든. 이른바 '웜홀'이라고 부르는 건데, 이는 세계와 세계 사이를 연결해 주는 일종의 지름길 역할을 하는 것으로 알려져 있어.

또는 피타고라스와 케플러에게 우주에서 조화로운 형태를 찾도록 영감을 주었던 음악도 마찬가지고 말이다. 그리고 갈릴레이와……."

"과학에는 아주 많은 음악이 들어있다? 그게 가능한 건가요?"

윌리엄이 물었다. 이모할머니가 몸을 돌려 윌리엄의 눈을 똑바로 쳐다보았다. 윌리엄은 그런 이모할머니의 표정이 무엇을 의미하는지 판단이 서질 않았다.

"약 200년 전까지만 해도 음악은 자연과학의 일부였지."

이모할머니가 말했다.

"하지만 시간이 지나며, 음악은 예술이고 예술과 과학은 서로 짝을 이루는 관계가 없다고 생각하기 시작했어. 하지만 한번 생각해 보자. 윌리엄, 너는 음악이 무엇이라고 생각하니?"

"음, 노래하고…… 또 노래에 맞춰 춤추는 거요?"

윌리엄이 자신 없는 목소리로 대답했다.

"어쩌면 네가 말한 것들은 그저 마음에서 비롯되는 심리적인 현상일 수도 있어."

이모할머니는 차분히 설명했다.

"기본적으로 음악은 진동, 리듬, 소리, 소음에 불과해. 그것들을 듣기 좋은 소리가 나게끔 배치하는 것인데, 이 배치 방식은 수학적으로 설명할 수 있지. 그런데 음악은 왜 있는 걸까?"

"이모할머니도 모르시는 거예요?"

"응. 그러나 모든 사람은 음악과 관계를 맺고 있다는 사실만큼은 분명히 알고 있단다. 음악은 우리 내면의 깊숙한 곳에 있는 무언가를 움직이고 감동시켜. 아주 어린 아이들도 음악을 이해하거든. 예를 들어 노래를 불러주면 아이들은 금세 안정을 되찾아. 또 어린아이들이 배우는 첫 단어는 가-가, 바-바, 다-다처럼 늘 리듬감 있게 표현되는 것들이야. 심장은 동맥을 통해 콩닥콩닥 리드미컬하게 펌프질을 하고, 우리는 걸을 때도 리듬을 타.

움직임은 소리야. 그리고 소리는 움직임이고. 결국, 소리는 파동으로 구성되어 있어. 공기 중의 입자를 움직이게 만드는 파동은 차례로 다른 입자를 움직이게 하고, 너와 나를 감동시켜. 우리는 목소리의 울림만으로도 서로 통할 수 있고, 감동을 줄 수 있지.

모든 것에는 소리가 있어. 단지 우리가 그 소리를 들을 수 있느냐 없느냐의 차이가 있을 뿐이야. 그리고 어떤 소리는 다른 소리보다 우리를 더욱 감동시키기도 하고. 결국 삶에 소리가 있다면, 그게 바로 음악이라고 생각하면 어떨까?"

윌리엄은 이모할머니가 하는 이야기를 놓치지 않기 위해 정신을 바짝 차렸다. 삶에 소리가 있었나? 그러나 윌리엄이 미처 그에 대해 생각하기도 전에 이모할머니는 이야기의 주제를 바꾸었다.

"간단히 말하자면, 모든 것은 어떤 방식으로든 서로 연관되어 있다는 거야. 그래서 튀코 브라헤와 갈릴레오 갈릴레이의 시대에는 과학과 신앙, 환상과 발명 사이의 이러한 차이가 적어도 오늘날과 같은 형태로 존재하지는 않았어. 진정한 르네상스인은 하늘과 땅 사이의 모든 것에 관심을 가졌지."

"이모할머니처럼요?"

윌리엄이 물었다.

"뭐라고?"

"이모할머니가 방금 말했잖아요. 모든 것은 서로 연결되어 있다고요. 게다가 책장에는 오래된 동화책이 꽂혀있고……. 그래서 이모할머니도 르네상스인 같다는 거예요."

"흠. 나는 나 자신을 항상 매우 자연과학적인 사람이라고 생각했다. 하지만 어쩌면 네 말이 맞을지도 모르겠구나."

이모할머니는 잠시 뭔가를 생각했다.

"어쨌거나 나는 그렇게 희한한 옷차림은 절대로 하지 않을 거란다."

"꼭 그런 건 아니지만……. 그래요, 입지 마세요."

윌리엄이 싱긋 웃으며 대답했다.

그러나 윌리엄은 금세 다시 진지해졌다. 그는 사람들이 실제로 알 수 있는 것이 대체 무엇일까라는 궁금증을 억누를 수가 없었다. 또, 진리란 무엇일까? 윌리엄은 위대한 과학자들이 발견한 모든 것을 떠올렸다. 그리고 예전 사람들이 의심할 여지가 없는 진리라고 믿었던 것이 오늘날의 사람들에게는 그저 웃음거리일 뿐이라는 사실에 대해서도 생각했다.

이제는 누구도 더 이상 기억하지 못하고, 오히려 예전 사람들이 더 많은 지식을 가지고 있었던 것들도 있을까?

미래 사람들은 또 우리의 무엇을 보며 웃음 짓게 될까? 100년 후에는 어떤 것들이 완전히 터무니없는 것으로 대접받게 될까? 그런 의문들은 생각이라기보다 오히려 감정이었고, 윌리엄은 그 감정에서 벗어날 수 없었다. 그리고 그 감정은 불확실하면서도 동시에 어쩐지 흥미롭고 아름다운 느낌이었다.

턴테이블 위의 음반은 두 사람 뒤에서 여전히 돌아가고 있었지만, 노래는 이미 끝났고, 들려오는 것은 리드미컬한 칙칙 소리뿐이었다. 이모할머니가 일어나서 턴테이블의 바늘을 다시 음반의 맨 앞에 내려놓았다. 이윽고 자그마한 다락방은 부드러운 남성의 목소리와 느리고 한들거리는 멜로디로 가득 찼다.

윌리엄은 원을 그리며 돌아가는 작고 검은 음반을 유심히 바라보았다. 그 음반은 다락방을 부드럽고 바스락거리는 소리로 채우고 있었다.

"이건 무슨 노래예요?"

이모할머니가 대답했다.

"아, 이 노래는 그냥 내가 젊어서 즐겨 듣던 유행가야. 아주 오랫동안 잊고 있었는데, 그 노래가…… 네가…… 아니 그 노래가 갑자기 다시 생각났어."

이모할머니는 다시 조용해졌다.

"별들이 노래한다고 생각하세요?"

윌리엄이 물었다.

"물론이지."

이모할머니가 자신 있게 대답했다.

"그럼 왜 우리는 별들이 부르는 노래를 듣지 못하는 거예요?"

"음파는 진공에서는 이동할 수 없기 때문이야. 텅 빈 공간에는 노래를 진동으로 바꿔줄 수 있는 입자가 없거든."

윌리엄은 이모할머니가 방금 한 말이 좀 이상하다고 느껴졌다. 그가 물었다.

"별들의 빛도 파동으로 이루어진 거 아닌가요? 그런데도 별빛은 아무 문제 없이 우리한테까지 오잖아요."

"그래, 맞다. 하지만 빛의 파동은 음파와는 다른 종류의 파동이야."

"어떤 종류인데요?"

"전자기파."

"그건 또 뭐예요?"

"전자기파에 대해서는 다음번에 설명해주마."

윌리엄은 고개를 끄덕였다. 그러면서 이모할머니를 곁눈질로 쳐다보았다. 그리고 오래된 편지가 들어있는 보물 상자도.

"그런데 그 한스라는 분은 누구예요?"

윌리엄이 조심스레 물었다.

"한스?"

"그…… 그…….'

그제야 윌리엄은 자기가 어떻게 해서 올라우스 뢰메르의 이야기를 알게 되었는지 아직까지 고백하지 않았으며, 그래서 이모할머니는 그가 옛날 편지를 몰래 훔쳐보았다는 사실을 전혀 알지 못하고 있다는 게 떠올랐다. 윌리엄은 이모할머니에게 단지 그 이야기가 그의 방에 있었다고만 말했을 뿐이었다.

윌리엄은 지나가는 말투로 애매하게 말했다.

"음, 제가 말했던 그 올라우스 뢰메르 이야기는 한스라는 사람이 쓴 것이었어요."

이모할머니는 눈썹을 치켜뜨고 안경 너머로 윌리엄을 바라보았다.

"정말이니? 그런데 그 이야기를 어디서 찾았다고 했지?"

윌리엄은 한숨을 쉬었다.

"제 방에서요. 그리고 저기 저 상자에서요."

윌리엄은 그렇게 말하며 고갯짓으로 편지 쪽을 가리켰다.

"벽장 속을 둘러보다가 저 상자를 발견했는데, 너무 예뻐 보였어요. 하지만 아주 잠깐 상자 속을 들여다보았을 뿐이에요. 그러다 이모할머니가 빛에 관해 이야기할 때, 문득 올라우스 뢰메르라는 이름을 전에 어디선가 본 적이 있다는 게 기억났어요. 그래서……."

이모할머니는 물끄러미 윌리엄을 바라보았고, 윌리엄은 순간 쥐구멍에라도 들어가고 싶었다.

"남의 편지는 함부로 읽어서는 안 되는 걸로 나는 알고 있는데, 그게 아닌가?"

"아니에요. 아니, 맞아요! 그러니까요, 저는 그런 짓을 한 게 전혀 아니에요. 저는 단지 올라우스 뢰메르의 이야기만 읽었어요. 어쩌면 제일 위쪽에 있던 편지들도 읽었을지 모르겠네요. 하지만……."

"너야말로 진정 호기심 많은 꼬마 탐정이로구나."

이모할머니가 고개를 살래살래 저으며 말했다.

"네, 그 이야기는 정말 흥미로웠어요. 그런데 그 한스라는 사람은 누구예요?"

"한스? 그분은 네 할아버지야."

"우리 할아버지를 아셨어요?"

"그럼! 당연히 알고말고."

"아! 맞다. 당연히 아시겠네요. 그런데 어떻게 해서 서로 편지를 주고받게 된 거예요?"

"우리는 같은 학과 친구였는데, 내가 볼로냐에서 공부하게 되면서 서로 편지를 주고받곤 했어."

"그러다 할아버지는 우리 할머니와 결혼한 거고요?"

"그렇지."

"그럼 우리 할머니도 같은 학과 친구였나요?"

"아니. 네 할머니는 나보다 조금 어렸고, 처음에는 첼로를 전공했어. 그러다 물리학으로 전공을 바꾼 거야. 하기야 나 같은 경우에도 철학을 먼저 공부했었지. 글쎄다, 지금은 어땠었는지 정확히 기억나지 않지만, 적어도 우리는 함께 공부를 한 적은 없어. 하지만 내가 그 두 사람을 서로 소개해 준 건 분명하다."

"그런데 이모할머니는 왜 여태 결혼을 안 하신 거예요?"

이모할머니는 실눈을 뜨고 윌리엄을 바라보았다.

"오늘따라 정말 궁금한 게 많구나."

그러고는 이모할머니는 잠시 생각에 잠겼다.

"이모할머니도 우리 할아버지를 좋아했나요?"

이모할머니는 놀란 눈으로 그렇게 묻는 윌리엄을 바라보았다.

"좋아했냐고? 아니다! 어째서 그런 생각을 하게 된 거냐?"

"이모할머니가 할아버지의 편지를 예쁜 보물 상자에 보관하고 있었으니까요. 그리고 조금 전에는 콧노래를 흥얼거리며 오래된 노래를 듣고 있어서 그런 생각을 하게 된 거예요."

이모할머니는 한숨을 쉬었다. 그러고는 조금은 애매한 미소를 지었다.

"그 당시를 떠올린 건 정말 오랜만이구나. 솔직히 말해서 나는 이 편지들을 완전히 잊고 있었단다. 그러다 네가 올라우스 뢰메르에 대한 기사를 읽었다고 말하는 것을 듣는 순간, 그 편지들이 다시 기억난 거야.

당시 우리는 함께 어린이 책을 쓰자는 생각을 했었어. 그리고 이 음반을 함께 듣곤 했었지. 그 당시에도 이미 아주 오래된 노래였지만, 우리 둘 모두는 별과 음악 같은 것들에 흠뻑 빠져있었어. 흠⋯⋯, 어쩌면 우리가 조금은 사랑에 빠졌을 수도 있었겠구나."

"그러다가 우리 할아버지가 우리 할머니와 결혼한 거예요? 그때 화나고 속상하지 않았어요?"

이모할머니는 여전히 미소 지은 채, 그저 앞만 바라보았다.

"우리는 서로 아무런 약속도 하지 않았고, 더구나 나는 이탈리아의 볼로냐 대학을 다니며 몇 년 동안 그곳에서 공부했어. 만약 네 할아버지에게 물었다면, 그는 아마 내가 그를 떠났다고 말했을 거야. 그 반대의 경우가 아니라 말이다."

"그런데 왜 그러셨던 거예요?"

"내게는 할 일이 있었거든. 물론 그 일이 우리 두 사람을 연결해 주기도 했지. 하지만 나한테는 내 일에만 몰두하는 경향이 있어서, 때로는 내 주변의 모든 것을 잊어버리곤 해."

"그럼 우리 할머니는 그렇지 않았나요?"

"응. 내 동생과 나는 많이 달랐단다. 그리고 그 점이 바로 그 아이가 가졌던 아름다움이었어."

"좀 이상하지 않았어요?"

"뭐가? 우리 둘이 너무 달랐다는 거?"

"아니, 그 두 사람이 결혼했다는 거요."

"아니, 전혀. 두 사람은 미친 듯이 사랑에 빠졌어. 그리고 나는 내가 하고 싶은 일을 할 수 있을 때 가장 행복하거든. 내가 스스로 결정할 수 있다면 말이다. 나는 사실 내 동생과 내 가장 친한 친구가 결혼했고, 그래서 우리 모두가 한 가족이 되었다는 걸 더없이 만족스럽게 받아들였어. 더구나 밤마다 잠도 제대로 못 자며 기저귀를 갈아주어야 하는 번거로움도 겪지 않고, 세상 더없이 예쁜 조카도 생겼잖아."

"조카요?"

윌리엄이 물었다.

"네 엄마 말이다."

"하지만 이모할머니는 우리를 별로 좋아하지 않잖아요?"

"뭐라고?"

"그러니까 이모할머니는……."

윌리엄은 더듬거릴 뿐, 더 이상 말을 잇지 못했다. 이모할머니는 완전히 당황한 것처럼 보였다. 하지만 이모할머니는 항상 그랬었다. 늘 기분이 안 좋아 보였고, 짜증을 냈고, 누가 찾아오는 것을 반가워하지 않았다.

"너는 내가 너희들을 좋아하지 않는다고 생각하니?"

윌리엄은 고개를 끄덕였고, 이모할머니의 눈빛은 어두워졌다. 이모할머니는 허공을 응시했다. 그리고 잠시 후, 목을 가다듬고는 말했다.

"물론 누가 찾아오는 게 그다지 좋지만은 않지. 어쩌면 내가 나이가 들며 조금은 변덕스러워졌는지도 모르겠다. 흠, 그래. 아무래도 그랬던 것 같구나. 게다가 아이와 잘 어울렸던 적도 없고. 나는 아이가 더 커서 그들과 제대로 된 대화를 나눌 수 있을 때까지 기다리는 스타일이거든."

"아이와 이야기하기가 쉽지 않다고 생각하시는 건가요?"

"흠, 아무래도 그런 편이지."

"하지만 저랑은 이야기도 많이 하셨잖아요?"

"그건 경우가 조금 다르지."

이모할머니는 그렇게 말하며 윌리엄을 물끄러미 바라보았다.

"하지만 어쩌면 그동안 아이에 대해 갖고 있던 내 생각이 완전히 잘못됐던 것일지도 모르겠구나."

"제 생각에도 그런 것 같아요."

윌리엄은 단호한 얼굴로 그렇게 말했지만, 이내 한마디를 덧붙였다.

"그리고 저도 이모할머니에 대해 완전히 잘못된 생각을 가졌었고요."

"그래. 아마도 그런 것 같구나."

이모할머니가 말했다. 그러고는 잠시 무언가를 생각하다 다시 말했다.

"하지만 아닐 수도 있고."

그렇게 말하며 이모할머니는 윌리엄에게 눈을 찡긋해 보였다. 두 사람은 한동안 아무 말 없이 별 아래에 앉아있었다.

침묵을 깬 것은 윌리엄이었다.

"그 두 분이 보고 싶으세요?"

윌리엄의 목소리는 밤을 방해하는 것이 두려운 듯 나직했다.

"응. 가끔은. 때때로 그들과 만나 대화를 나누는 상상을 하곤 하지. 너는?"

"저는 아니에요. 저는 할아버지를 만나 뵌 적도 없거든요."

"그래, 네가 태어나기 전에 돌아가셨으니까."

"그리고 할머니 얼굴은 더 이상 기억이 나지 않아요. 하지만 그래도 가끔은 할아버지 할머니가 계셨으면 좋았을 텐데 하고 생각할 때가 있어요."

"두 사람이 살아있었다면 너도 할아버지 할머니를 무척이나 좋아하고 잘 따랐을 거야."

"그랬을까요?"

"당연하지. 네 할머니는 누구보다도 너를 사랑했단다. 아프기 전에 너를 만날 수 있어서 정말 좋다고 틈만 나면 말하곤 했지."

윌리엄은 하늘에 떠있는 별들을 올려다보았고, 별들은 그런 그를 내려다보고 있었다.

별들이 부르는 노래를 실제로 들을 수 있다면 어떨까? 그는 별들의 노래가 우주를 가로질러 여행할 수 있다면, 그 소리가 지구까지 오는 데 얼마나 시간이 걸리는지 알고 싶었다. 그리고 빛은 저 위에서 여기 아래까지 오는 데 얼마나 걸렸을까?

윌리엄의 머릿속에 아이디어 하나가 떠올랐다. 윌리엄은 반사 망원경을 유심히 바라보았다.

"이모할머니!"

"왜?"

"만약에 지구를 향해 있는 엄청나게 큰 반사망원경을 만든다면요, 그러면……."

"그러면 뭐?"

"그러니까 지구를 볼 수 있는 천체망원경을요. 하지만 그러려면 그 망원경은 여기에서 저 별에 가 닿을 만큼 정말 거대해야만 할 거예요. 그리고 그 망원경에는 볼록거울이 들어가 있어야만 해요. 또, 이미지를 반사하는 거울은 저 위 별에 있어야 할 거고요."

"그래서?"

이모할머니가 윌리엄을 신기하단 듯 바라보았다.

"그리고 저 위에서 빛이 여기 이곳으로 다시 들어오게 된다면, 여기 이곳의 들여다보는 장치를 뭐라 부른다 했지요?"

"접안렌즈."

이모할머니가 대답하고는 한마디 덧붙였다.

"영어로는 오큘러Ocular라고 하는데, 이는 눈을 뜻하는 라틴어 오쿨루스Oculus에서 온 말이야."

"맞다! 접안렌즈. 그러니까 만약 제가 접안렌즈를 들여다본다면, 제가 그 안에서 보게 되는 것은 이미 오래전에 지나간 일일 거예요. 왜냐하면 빛은 먼저 별까지 왔다가 다시 되돌아가야 하니까요. 그렇다면 저는 실제로는 과거의 지구 모습을 보게 되는 것이지요. 그렇지 않은가요? 그러면…… 할아버지 할머니를 볼 수 있지 않을까요?"

이모할머니는 아무 말도 없이 가만히 앉아 윌리엄을 바라보았다.

"네가 방금 타임머신을 발명했구나! 물론 우리가 네가 말한 것과 같은 거대한 천체망원경을 실제로 만들 수 있을지는 잘 모르겠다. 하지만 과학은 우리에게 매일매일 새롭고 놀라운 가능성을 보여주지. 그리고 네 아이디어는 어쨌거나 정말 기발한 생각이고 말이다."

이모할머니가 얼굴 가득 환한 미소를 지으며 계속 말했다.

"덧붙여 말하자면 빛의 지연이 또한 우리가 지난 과거를 볼 수 있으며, 그만큼 더 멀리 볼 수 있다는 것을 의미한다는 사실을 처음으로 이해한 사람 중 한 명은 윌리엄 허셜William Herschel이라는 천문학자였어. 그는 본래 작곡가였지만, 최초의 여성 천문학자 중 한 명으로 인정받는 여동생 캐롤라인 허셜Caroline Herschel과 함께 거대한 망원경을 만들어 별을 관측하는 데 모든 시간과 돈을 바쳤지.

그는 거울의 거친 표면을 좀 더 매끄럽게 다듬는 기술을 개발했고, 그로 인해 반사망원경의 성능을 혁신적으로 발전시켰어. 그리고 그 망원경으로 천왕성을 발견했고. 또, 태양이 태양계의 중심이지만 우주의 중심은 아니라는 사실도 발견했지."

"그래서 제 이름이 윌리엄인 건가요?"

바로 그때, 전축의 딱딱거리던 리듬이 집 안 다른 곳에서 들려오는 진동에 의해 중단되었다. 아래층에서 나직이 울려 퍼지는 댕댕 소리가 들려왔다.

시계 종소리는 계속되었고, 모두 열한 번 울리고서야 끝이 났다. 어느새 잠자리에 들 시간이 한참이나 지나있었다. 이모할머니는 윌리엄에게 아무 말도 할 필요가 없었다. 윌리엄은 하품을 하며 일어섰다.

"안녕히 주무세요, 이모할머니."

"그래. 너도 잘 자거라."

아이작 뉴턴

1642년 잉글랜드(현재 영국) 울즈소프에서 출생

1727년 잉글랜드 런던에서 사망

전공 신학과 수학

저서 『자연철학의 수학적 원리(프린키피아)』

연구 분야 빛의 굴절과 중력

과학계에 남긴 주요 업적 중력의 법칙, 운동의 법칙,

그리고 백색광이 무지개의 모든 색으로 구성되어 있음을 증명함. 그 밖에도 많은 연구 결과를 발표함.

기타 사과가 머리 위로 떨어진 것으로 인해 중력을 발견했다고 말했던 1665년을 '기적의 해' 내지 '생산적인 해'라고 불렀음. 화를 잘 내는 성급한 성격의 소유자였고, 동료나 경쟁자들과 자주 말다툼을 벌였던 것으로 알려져 있음.

중력의 법칙

두 물체 사이의 중력은 각각의 질량과 둘 사이의 떨어진 거리에 따라 달라진다. 다시 말하면 질량이 있는 우주의 모든 물체는 물체의 중심을 통과하는 선을 따라 다른 모든 물체를 끌어당기며, 그 힘은 물체들의 질량의 곱에 비례하고, 물체 사이의 거리의 제곱에 반비례한다.

뉴턴의 세 가지 운동 법칙

1. 제1법칙(관성의 법칙): 물체는 외부의 힘이 작용하지 않는 한, 정지 상태 또는 직선 운동 상태를 유지한다.

2. 제2법칙(가속도의 법칙): 물체에 작용하는 힘(F)은 물체의 질량(m)에 물체의 가속도(a)를 곱한 것과 같다. $F = m \times a$

3. 제3법칙(작용과 반작용의 법칙): 모든 작용에는 항상 그와 동등하고 반대되는 반작용이 따른다.

핼리 그리고 혜성

뉴턴에게 『자연철학의 수학적 원리』라는 책을 쓰도록 적극 권했던 사람은 동료였던 영국의 천문학자 에드먼드 핼리(Edmund Halley)였다. '핼리혜성'은 76.2년을 주기로 지구에 접근하는데, 그 주기와 다음 접근 시기를 예측한 에드먼드 핼리의 이름을 따서 붙인 혜성이다.

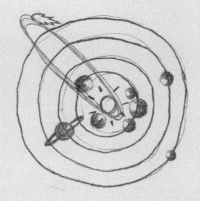

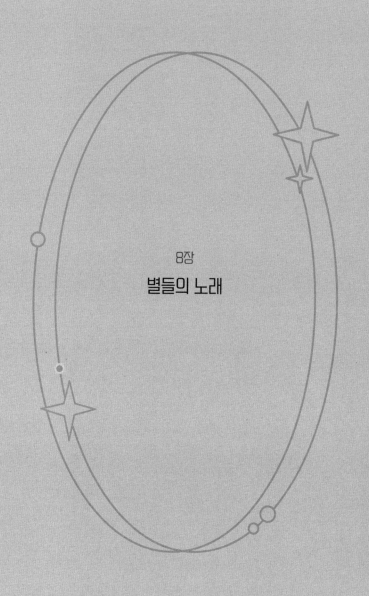

8장

별들의 노래

"커피 더 줄까?"

이모할머니가 직접 만든 커피 메이커에서 커피를 내리며 물었다.

윌리엄은 입에 오트밀을 한가득 문 채로 "네." 하고 대답했다.

오늘은 이모할머니네 집에서 보내는 마지막 날이었다. 결코 끝이 날 것 같지 않아 보이던 일주일이 이렇게 지나갔다는 사실이 윌리엄 자신도 믿어지지 않았다.

이모할머니가 윌리엄의 컵에 커피를 다시 채워주며 물었다.

"커피가 과학혁명을 일으켰을 수도 있다는 사실을 아니?"

"과학혁명이요?"

"응. 코페르니쿠스에서 뉴턴에 이르기까지 내가 너에게 말한 모든 것은 어떤 면에서 자연과학에 혁명적이라 할만한 변화를 가져왔어. 달리 말해 과학을 근본적으로 바꿔놓은 거야."

"어떻게 해서요?"

윌리엄이 물었다.

"유럽에서는 완전히 새로운 눈으로 세상을 바라보았어. 그리고 완전히 다른 방식으로 과학에 접근했고……."

"네, 그건 알겠어요. 그런데 그게 커피랑 무슨 상관이에요?"

윌리엄이 이모할머니의 말을 가로막으며 물었다.

"그 당시 유럽의 식수는 맛이 끔찍했어. 많은 곳에서는 아예 물을 마실 수가 없을 정도였지. 심지어 그 물로 씻을 수조차 없었고. 그래서 사람들은 대부분 맥주나 포도주를 마셨어."

이모할머니가 설명했다.

"아이들도요?"

"응, 아이들도. 예를 들어, 덴마크의 왕이었던 크리스티안 4세의 병사들은 자신들의 계약서에 하루에 몇 리터의 맥주가 제공되는지까지도 분명하게 밝힐 것을 요구했어."

"와. 그럼 당시 병사들은 하루 종일 술에 취해있던 거예요?"

"다행히 그때는 맥주의 알코올 도수가 지금처럼 강하지 않았어. 하지만 그렇다고 해서 맥주가 사람들을 더 똑똑하게 만들지는 않았겠지. 그러다 상인들은 아프리카에서 유럽으로 커피를 가져왔고, 시간이 지나면서 유럽의 주요 도시 대부분에 오늘날과 비슷한 커피숍들이 생겨났어.

그리고 사람들은 예전처럼 술을 마시기 위해 모이는 대신, 함께 커피숍에 앉아 커피를 마시며 중력과 같은 중요한 주제에 관해 토론을 벌였어. 술이 사람들을 취하게 만들고 어리석고 피곤하게 만들었다면, 커피는 사람들의 정신을 맑게 해주었고, 그만큼 일하고 생각하는 속도도 빨라졌어. 그리고 나머지 효과는 너도 충분히 알고 있을 거다."

윌리엄은 신기하단 듯 자신의 커피잔을 바라보았다.

"그럼 저도 이제부터 그저 커피만 많이 마시면 되는 건가요?"

이모할머니가 그런 그를 어이없다는 듯 바라보았다.

"흠, 과학혁명이 커피 덕분에 가능했다고 한 말은 아무래도 내가 좀 지나치게 과장해 표현한 것 같구나. 뭐든지 적당한 것이 항상 최고이니까. 너도 그렇게 생각하지? 커피를 너무 많이 마시면 심장이 마구 뛰어, 맥박이 1분당 100회 이상을 기록하는 잦은맥박이 나타날 수 있어. 또, 위장에 문제가 생길 수도 있고. 그리고 잘 알다시피 화장실에만 쪼그리고 앉아있다고 해서 혁명이 일어나는 것은 아니지."

이모할머니는 커피 한 모금을 맛있게 마셨다.

"그러나 뉴턴이 중력을 설명하기 위해 『프린키피아』를 쓰게 된 것은 실제로 그런 커피숍에서 벌였던 토론 덕분이었어."

아침 식사 후 이모할머니는 일을 하러 방으로 들어갔고, 윌리엄은 정원으로 나갔다. 윌리엄은 망가진 크리켓 경기장을 손보려고 했다. 그때 뒤에서 이상한 소리가 들렸다. 윌리엄은 돌아보았고, 나무 울타리 뒤에서 미라의 검은 머리가 쑥 올라왔다.

"안녕, 목성. 우리 함께 놀까?"

미라가 인사했다. 윌리엄이 미처 대답하기도 전에 미라는 나무 울타리 위로 몸을 던졌다. 담장을 훌쩍 뛰어넘어 쿵! 소리와 함께 풀밭에 내려선 미라가 주위를 둘러보더니 물었다.

"그런데 여기서 뭐 하고 있는 거야?"

"음."

윌리엄은 뭐라 말을 해야 좋을지 떠오르지 않았다. 어쨌든 다짜고짜 나무 울타리를 넘은 것은 윌리엄이 아니라 미라였다.

미라가 말했다.

"룬드 아주머니에게 손자가 있는 줄은 전혀 몰랐어."

"룬드 아주머니? 아! 이모할머니를 말하는 거구나. 우리 엄마의 이모인데, 이모할머니한테는 손자가 없어. 그리고 나는 이번 주에만 여기 있는 거야. 엄마가 세미나에 참석 중이라 집에 아무도 없거든. 오늘, 나는 집으로 돌아갈 거야."

"그래? 아쉽다!"

미라가 말했다.

"아쉽다고?"

"응. 네가 여기 더 있었으면 좋았을 테니까 말이야. 우리 무얼

하며 놀까?"

미라가 그렇게 묻던 순간, 열린 부엌문을 통해 커다란 소리가 들렸다. 그러고는 두 아이의 발 바로 아래 땅 깊은 곳에서 들려오는 듯한 굉음이 울렸고, 뒤이어 개가 치는 듯한 피아노 소리가 들려왔다. 아니, 그보다는 동물 오케스트라 전체가 연주하는 소리라고 말하는 게 오히려 적절할 듯싶었다. 윌리엄과 미라는 멍하니 풀밭을 바라보았다.

그러고는 집 쪽을 바라보았다.

"이 이상한 음악 소리는 대체 무슨 소리일까?"

미라가 물었고, 윌리엄은 전혀 모르겠다며 두 어깨를 으쓱해 보였다.

"아빠가 그러는데 너희 이모할머니네 집 보일러에 문제가 있는 것 같대. 그러나 나는 그렇게 생각하지 않아. 이리 와봐."

미라가 그렇게 말하고는 부엌문 쪽으로 걸어갔다. 윌리엄은 자기가 다른 아이를 데리고 집에 오는 것을 이모할머니가 어떻게 생각할지 자신이 없었다. 하지만 윌리엄은 미라를 따라갔다.

"안녕하세요!"

미라는 부엌에 들어서자마자 큰 소리로 인사했다. 하지만 아무 대답이 없었다.

윌리엄은 조심스레 침실 쪽과 거실 쪽을 살폈다. 하지만 거기에서도 이모할머니는 보이지 않았다.

"지하실 문은 어때?"

미라가 윌리엄을 바라보며 물었다.

"무슨 지하실 문?"

윌리엄이 놀라 되물었다.

"지하실로 내려가는 문 말이야."

미라가 계단 밑의 붙박이 신발장을 가리키며 말했다.

"저건 지하실 문이 아니야."

윌리엄이 대답하며, 미라에게 보여주기 위해 신발장 문을 열었다.

"이게 지하실 문이 아니면 뭔데?"

미라가 따지듯 물었고, 그제야 윌리엄은 이제껏 수도 없이 보아왔던 신발장 안을 들여다보았다. 그러고 미라가 무슨 말을 하는 건지 이해했다. 그것은 신발장이 아니었다.

물론 신발이 놓여있는 선반은 그대로였지만, 지금은 뒤로 젖혀져 있었다. 마치 비밀의 문처럼. 그리고 그 뒤편에는 계단이 있었다.

윌리엄은 숨을 멈췄다. 이 집에 비밀 지하실이 있을 거라는 생각은 해본 적이 전혀 없었다.

바로 그때 아래쪽 어디선가 거칠게 숨을 몰아쉬는 소리가 들려왔고, 윌리엄은 서둘러 신발장 문을 닫았다. 윌리엄은 미라와 함께 부엌으로 달려 들어갔고, 얼마 지나지 않아 이모할머니가 모습을 나타냈다. 이모할머니는 미라를 보고는 조금 놀란 듯 보였다.

"안녕하세요, 룬드 아주머니. 우리는 쾅 소리를 듣고 달려왔어요. 괜찮으신 거예요?"

"그래, 미라구나. 나야 아주 잘 지내지."

이모할머니는 주름진 이마에서 흐르는 땀을 닦았다.

"단지 아직 처리하지 못한 일이 있어서……. 하지만 너희들이 걱정할 필요는 없어. 차라리 나가서 놀지 그러니? 해도 뜨고 날씨도 너무 좋은데 말이다."

이모할머니는 아이들을 정원으로 밀어냈다. 그러나 두 아이가 조금 전 보았던 것에 대해 서로 이야기를 나누기도 전, 미라의 어머니는 다시 한번 저녁 식사가 준비되었다며 미라를 소리쳐 불렀다.

"어떻게든 지하실에 한번 내려가 봐."

미라가 속삭였다. 그러고는 다시 나무 울타리를 넘어갔고, 윌리엄은 정원에 혼자 남았다.

윌리엄은 자기가 함부로 지하실로 내려가는 것을 이모할머니가 절대 좋아하지 않을 것이란 사실을 잘 알고 있었다. 따라서 그렇게 하면 안 되었다.

정원에서는 이모할머니가 부엌 옆의 방에 있는 것이 보였다. 하지만 윌리엄이 아무 소리도 나지 않게 조심만 한다면, 들키지 않고도 이모할머니의 방 앞을 지나칠 수 있을 것이었다.

복도에 다다른 윌리엄은 조심스럽게 신발장을 열고 선반을 눌렀다. 들릴 듯 말 듯 삐거덕거리는 소리가 나며, 낡은 나무 선반이 뒤로 젖혀졌다. 윌리엄은 한번 숨을 크게 들이마신 후, 한 걸음 안으로 들어서며 신발장 문을 다시 닫았다.

갑자기 주위가 칠흑처럼 어두워졌고, 윌리엄은 손가락을 더듬어 전등 스위치가 어디 있는지부터 찾았다. 윌리엄은 마침내 스위치를 찾아 눌렀고, 딸깍 소리가 나며 천장에 매달린 작은 등에 불이 켜졌다. 치지직 소리가 나며 전구가 두어 번 깜박거렸다. 그리고 윌리엄은 조심조심 계단을 내려갔다.

지하실 안의 공기는 후덥지근하니 답답했다. 윌리엄은 문이 두 개 있는 공간으로 들어섰다. 첫 번째 문 뒤에는 보일러실이 있었다. 그리고 두 번째 문은 또 다른 공간으로 이어졌는데, 처음에는 아무것도 볼 수 없을 만큼 어두웠다. 안에서는 작은 불빛이 여기저기서 깜박였고, 윌리엄의 귓가에 윙윙거리는 소리가 계속해서 들려왔다.

윌리엄은 이내 전등 스위치를 발견했고, 아주 많은 전등불이 켜지며 윌리엄이 예상했던 것보다 훨씬 더 큰 지하실이 모습을 드러냈다. 그곳은 윌리엄이 지금껏 이모할머니의 집에서 마주했던 그 어떤 곳보다도 훨씬 더 기이하고 낯설었다.

공간 전체는 거대한 기계 하나와 스위치 및 전선들 그리고 그에 딸린 모든 것들로 거의 완전히 채워져 있었다.

통로는 그 기계의 한가운데를 지나 길게 이어져 있었고, 윌리엄은 놀란 눈으로 그 통로를 따라 걸어갔다. 몇 미터쯤 지나 기계가 끝나고, 그 대신 플레이스테이션 콘솔처럼 보이는 것들이 가득 들어있는 선반이 나타났다.

플레이를 할 수 있을 모니터는 보이지 않았다. 솔직히 말하면 윌리엄은 이모할머니가 지하실에 앉아 하루 종일 플레이스테이션 게임을 하는 모습을 상상할 수 없었다. 그렇다면 이모할머니는 왜 이렇게 많은 콘솔을 가지고 있는 걸까?

윌리엄은 멈춰 서서 주위를 둘러보았다. 윌리엄의 맨발에 닿은 바닥은 차갑고 축축하게 느껴졌다. 그리고 어쩐지 끈적끈적했다. 윌리엄은 아래쪽을 내려다보았다. 방바닥은 전혀 없고, 흙만 보였다. 천장은 나무 기둥으로 받쳐있었고 사방의 벽은 나무 판자로 덮여있었다. 한쪽 벽에는 굵은 나무뿌리 몇 개가 틈 사이를 뚫고 삐져나와 있었다.

윌리엄은 계속해서 통로를 따라가며, 벽을 좀 더 자세히 살펴보았다. 그곳은 지하실이라기보다 그저 땅을 파내서 만든 공간이었다.

지하 공간은 지상에 세워진 집의 바닥 면적보다 훨씬 넓었고, 윌리엄은 아마도 정원 아래 어딘가에 서있는 것 같았다. 윌리엄은 벽을 따라가다 모니터가 있는 제어판으로 보이는 무언가를 발견했다. 그 모니터는 단지 기계와만 연결된 것이 아니었다.

그 옆의 벽에는 커다란 상자 하나가 걸려있었고, 그 상자는 여러 개의 케이블을 통해 기계에 연결된 다양한 길이의 현들이 매어져 있었다. 그리고 그 옆에는 북 가죽이 팽팽하게 당겨져 펼쳐져 있었다. 기계 위에는 거대한 종이 걸려있었고, 그 옆에는 다른 악기들이 둘러서 있었다. 첼로와 전자기타, 하프, 튜바 그리고 윌리엄이 이미 몇 차례 들어본 적이 있는 피아노가 있었다. 하지만 서투른 피아노 연주 소리를 설명해 줄 개는 없었다.

그 대신 완전히 이상해 보이는 악기가 하나 더 있었다. 윌리엄이 이제껏 한 번도 본 적이 없는 그 악기는 다양한 크기의 유리 접시로 구성되어 있었는데, 그 접시들은 작은 물통 위에서 회전할 수 있는 하나의 막대기 위에 고정되어 있었다.

"여기 있는 것에 절대 손을 대서는 안 돼!"

윌리엄은 깜짝 놀라 고개를 돌렸고, 주름진 이마 아래에서 번뜩이는 눈빛으로 노려보는 이모할머니의 눈과 마주쳤다. 양심의 가책과 함께 발바닥의 차가움이 갑자기 온몸으로 퍼졌다. 윌리엄은 차마 고개를 들지 못한 채, 바닥만 내려다보았다.

마음 같아서는 쥐로라도 변하고 싶었다. 그렇게 할 수만 있다면 기계 아래로 숨어 들어가 다시는 밖으로 나오지 않을 생각이었다. 윌리엄과 이모할머니는 이제 막 친구가 되었다. 그런데 윌리엄이 그 모든 것을 다시 망쳐놓고 만 것이다.

"죄송해요."

윌리엄이 말을 더듬었다.

"저는…… 그냥…… 궁금했어요."

윌리엄의 목소리는 모기 소리처럼 아주 작았다.

이모할머니는 가타부타 아무 말도 하지 않았고, 두 사람은 그렇게 한마디 말도 없이 한참을 그곳에 서있었다. 마침내 윌리엄이 아주 조심스럽게 고개를 들었다.

놀랍게도 이모할머니의 얼굴에서는 분노가 연기처럼 사라지고 없었다. 이모할머니는 단지 뭔가 생각하듯 큰 안경을 통해 윌리엄을 바라보며 한숨을 내쉬었다.

"물론 잘한 일은 아니지만, 궁금한 건 절대 못 참는 게 바로 너잖아. 그리고 이 세상에 어른들 말이라고 무조건 순종하지만은 않는 호기심 많은 아이들이 없었다면, 오늘날 우리는 어떤 모습이었을까?"

윌리엄은 눈을 깜박였다. 그러고는 용기를 내 물었다.

"저게 뭐예요?"

윌리엄은 기계 쪽을 바라보았다. 그의 목소리는 고양이 앞의 쥐처럼 여전히 위축되어 있었다.

"컴퓨터."

"컴퓨터요? 그런데 왜 저렇게 커요?"

"그래, 많이 큰 편이지. 저 컴퓨터는 수십억 명의 케플러에 해당해."

이모할머니가 자랑스럽게 웃으며 말했다.

"튀코 브라헤에게는 필요한 계산 능력이 없었고, 그래서 그의 수많은 관측 결과를 평가하고 정리할 수 있는 기회가 없었다는 것은 너도 기억할 거야. 그래서 튀코 브라헤는 수학자 케플러를 고용했는데, 케플러는 행성의 궤도가 타원 모양을 하고 있다는 것을 계산해 내는 데 꼬박 10년이 걸렸어. 그러나 네가 가진 아이패드라면 케플러가 했던 것과 같은 계산을 1초도 안 걸려 해 냈을 거야. 무엇을 계산해야 할지 알려만 주면, 여기 있는 스텔라는 그런 아이패드하고는 비교할 수 없을 만큼 더 빠르지."

"스텔라?"

"응. 우리는 이 컴퓨터를 그렇게 불렀어."

"우리라고요?"

"아, 그러니까⋯⋯. 네 할아버지하고 할머니 그리고 나, 이렇게 세 사람을 말하는 거야. 우리는 이 컴퓨터를 조립하기 시작하면서 그 이름을 붙였어. 그리고 지금까지도 '별'이라는 의미의 이탈리아어인 스텔라라 부르고 있는 거고."

"그럼 세 분이 이 컴퓨터를 직접 만드신 건가요?"

"당연하지. 아니면 이 컴퓨터가 어떻게 여기 아래에 있겠니? 너처럼 혼자서 몰래 계단을 걸어 내려왔을까?"

"에이 참, 그건 아니지요."

윌리엄은 감탄하며 주위를 둘러보았다.

"그런데 이 컴퓨터로는 무슨 일을 하시는 거예요?"

"계산을 하는 거야."

"무엇을 계산하는데요?"

"우리가 우주에서 수집하는 데이터를 정리하고 평가하는 알고리즘을 만들려고 하는 거야. 알고리즘은 어떤 문제의 해결을 위하여, 입력된 자료를 토대로 원하는 결과를 유도해내는 규칙의 집합이야. 설명하기가 쉽지는 않은데, 그냥 일종의 공식이라고 이해하면 될 거야."

윌리엄은 이모할머니를 쳐다보았다. 방금 질문은 이모할머니의 대화 버튼을 누를 만한 질문이 아니었나?

하지만 이모할머니는 자신의 설명이 부족했다는 점을 만회하려는 듯, 계속해서 말을 이어나갔다.

"처음에는 정말 재미 삼아 실험을 시작했어. 그때는 1960년대 후반이었고, 컴퓨터 기술은 아직 상당히 새로운 분야에 속했지. 그러나 시간이 지나면서 이 프로젝트는 우리에게 점점 더 중요해졌어. 물론 우리가 연구한 분야는 아직껏 제대로 인정받지 못하고 있지. 우리는 연구비도 후원받지 못했고, 프로젝트 수행을 위해 대학의 대형컴퓨터를 사용할 수 있는 권한도 허락받지 못했어."

"세 분이 연구한 게 뭐였는데요? 그리고 왜 컴퓨터 사용조차 허락해 주지 않은 거예요?"

윌리엄이 물었다.

"태양진동학. 하지만 사람들은 태양진동학을 진지한 연구 주제가 아니라고 생각했어. 이를 연구해 얻을 수 있는 실질적인 이익도 없을 뿐만 아니라, 그 연구 결과조차도 믿을 수 없다고 생각했던 거야."

"태양진동학이 뭐예요?"

"태양진동학은 천체물리학의 한 분야야. 하지만 학교의 과학교육에서는 아직껏 언급조차 되고 있지 않지."

이모할머니는 윌리엄을 의미심장한 눈으로 바라보았다.

"간단히 말하면 태양의 진동을 측정하는 일이야."

"태양에도 진동이 있나요?"

"응. 때로는 태양의 노래라고도 불러."

"태양이 정말로 노래를 부르는 걸까요?"

별들이 노래하고 있다고 이모할머니가 말했을 때만 해도 윌리엄은 그게 진심일 거라고는 생각하지 않았다.

"어떤 면에서는 그렇다고 할 수 있지."

"그럼 별들은 다 노래를 부르나요?"

"어떤 면에서는 그것도 그렇다고 말할 수 있겠구나. 그러나 빛과 달리, 소리는 진공을 통과할 수 없어. 그래서 우리는 노래는 듣지 못한 채, 단지 눈에 보이는 진동만 측정할 수 있지.

그 같은 진동이라는 관점에서 본다면, 우주 공간은 온갖 소리로 가득 차있어. 또는 음원들로 가득 차있다고 말할 수도 있고. 태양과 별들의 소리는 그들의 내부에서 생성된 열에 의해 생겨나. 그걸 가리켜 핵융합이라고 부르기도 하는데, 그 과정에서 열은 열기구처럼 표면으로 올라가. 이 같은 융합으로 인해 또한 별의 빛도 생성되는 거란다. 융합은 별의 표면을 마치 맥박이 뛰듯 진동시키지.

설사 태양의 소리를 지구에서 들을 수 있다 하더라도, 그 소리는 사람의 귀로 듣기에는 너무 낮은 저음이야. 그래서 우리는 소리 대신에 태양의 표면에서 관측되는 진동을 측정하고, 그 진동을 소리로 변환하려고 하는 거야. 그리고 그 진동을 좀 더 빨리 연주함으로써 그 소리를 우리 귀에 들리도록 만들 수 있지. 그러나 정확하게 말하면, 그것들은 진짜 노래는 아니란다."

"그 노래를 제게 들려주실 수 있나요?"

윌리엄이 눈을 반짝이며 물었다.

이모할머니는 잠시 망설였다. 하지만 이내 모니터 앞으로 가서, 키를 몇 개 누르고 스위치를 몇 개 돌렸다. 그러자 그 방은 금세 크고 둥글고 깊은 소리로 가득 찼다.

우웅, 우웅, 우웅.

"마치 거대한 심장이 뛰는 소리 같아요."

윌리엄이 흥분해 소리쳤다.

"멋진 비유로구나."

이모할머니가 다시 소리를 끄며 말했다.

그 소리에 반한 윌리엄이 궁금하단 듯 물었다.

"이 소리는 우주가 음악을 만든다고 케플러가 믿었던 것과 비슷한가요? 아니면……."

"응, 아마도."

잠시 침묵이 흘렀다.

"아직도 태양진동학을 진지하게 받아들이는 사람은 없나요?"

윌리엄이 물었다.

"그렇지는 않아. 그사이 태양진동학은 대학에 있는 일반적인 연구 영역에 속하게 되었어. 사람들은 이제 태양의 진동에 관한 지식이 다른 면에서도 매우 유용할 수 있다는 것을 알게 된 거야. 예를 들어 초기의 태양이나 생명이 처음 탄생하던 순간의 이곳 지구의 모습에 대해 좀 더 많은 것을 알아보고자 할 때 말이다. 또는 우주에서 우리 지구와 유사한 별과 행성을 찾거나, 심지어는 생명체를 발견하는 데에도 큰 도움을 받을 수 있지.

별이 작든 크든, 우리는 그 별을 '들을' 수 있어. 그리고 시차 방법이 통하지 않는 경우라면, 진동을 이용해 그 별이 얼마나 멀리 떨어져 있는지 측정할 수도 있고."

"그런데 이모할머니의 컴퓨터는 왜 이렇게 비밀스러운 거예요?"

윌리엄이 물었다.

"누가 내 컴퓨터를 비밀스럽다고 하는데?"

"비밀의 문 뒤에 숨어있잖아요!"

"그건 그렇구나. 네 말이 맞다. 하지만……."

이모할머니는 잠시 머뭇거렸다.

"그건 내가 정원 아래에 지하실을 파도 된다는 건축 허가를 정식으로 받지 못했기 때문이야. 그리고 그런 일에 관해서라면 시청 사람들은 그다지 적극적으로 나서서 도와주지 않거든."

"지하실에 컴퓨터가 있는 이유가 그게 다예요?"

윌리엄은 사실 조금 실망했다.

"응, 그게 다야."

이모할머니가 목을 가다듬으며 말했다. 하지만 윌리엄은 이모할머니가 그에게 말하지 않은 다른 무언가가 있다는 느낌을 받았다.

"그런데 왜 여기 올 때면 늘 그렇게 서두르세요?"

"서두른다고?"

"네. 항상 컴퓨터에만 빠져있고, 또 여기 내려올 때면 정말 순식간에 사라지거든요."

"흠…… 그건 아마 내가 일에 몰두하는 편이라서 그런 걸 거야. 우리에게 남아있는 시간이 얼마나 되는지 우리는 알지 못해. 게다가 나는 이제 더 이상 젊지도 않고. 그런데 내게는 죽기 전에 꼭 마무리하고 싶은 것이 몇 가지 있단다."

"그게 뭔데요?"

"그냥 일들이지."

이모할머니가 말했다.

"그나저나 이제는 다시 올라가야겠다."

이모할머니는 윌리엄을 계단 쪽으로 슬쩍 밀었다.

"그런데 여기 있는 악기들은 다 어디에 필요한 거예요? 이걸로 무얼 하는 거예요?"

윌리엄이 물으며 첼로 앞에 멈춰 섰다.

이모할머니는 윌리엄을 바라보았지만 아무 말도 하지 않았다.

"그리고 그 신기한 소리는 또 뭐예요? 제가 들었던 소리는 조금 전 거대한 심장이 뛰는 것 같은 소리와는 전혀 달랐어요."

윌리엄은 하던 말을 멈추고 이모할머니를 바라보았다. 방금 한 가지 생각이 떠올랐지만, 그게 타당한 생각인지 확신이 서지 않았다.

"그게 어제 저한테 들려준 것들과 관련이 있는 건가요? 음악과 물리학 그리고…… 생명의 소리랑요! 그게 이모할머니의 비밀인 거예요?"

이모할머니는 헛기침을 했다.

하지만 윌리엄은 늦추지 않고 계속해서 물었다.

"뉴턴과 그가 좋아하지 않았던 다른 사람과의 사이에서처럼, 누군가가 이모할머니의 발견을 훔칠까 두려운 거예요?"

"아니야. 나는 그런 건 하나도 두렵지 않아. 그러나 우리는 때로 우리 연구의 전체적인 범위나 윤곽조차 정확히 파악하고 있지 못해. 근본적으로 우리의 발견이 어떤 결과를 가져올지도 모르고 있고. 또, 우리의 연구가 어느 날 중요한 것으로 인정받게될 것인지도 알지 못하지. 간단한 예를 하나 들자면, 생명의 기원과 관련된 특정한 소리가 있다는 것을 알게 된다면, 음…….
그 결과는 엄청날 정도로 큰 영향을 불러일으킬 수도 있을 거야.

그러나 그 같은 아이디어는 큰 소리로 떠벌이기 전에, 먼저 관측과 계산을 토대로 한 연구에 의해 아주 철저하게 검증부터 받아야 해. 그렇지 않으면 사람들은 그런 주장을 하는 사람을 그저 미쳤다고 생각할 테니까 말이다."

그 순간 두 사람의 머리 위쪽에서 전기가 충전된 입자의 파동이 전선을 타고 보내지는 하나의 움직임이 일어났고, 그 결과 작은 종이 진동했다.

딩동.

이번에 그들 두 사람을 방해한 것은 괘종시계가 아니었다. 초인종이었다.

"이런! 얘가 벌써 왔나 보다."

"누구요? 엄마요?"

윌리엄이 움찔하며 물었다.

"응. 네 엄마 말고 달리 올 사람이 또 있니?"

윌리엄은 계단을 뛰어 올라갔고, 이모할머니는 그런 그를 따라 올라갔다.

"윌리엄?"

두 사람이 위로 올라와 비밀 지하실 문을 닫자마자, 이모할머니가 말했다.

"네 엄마에게는 스텔라에 대해 말하지 않을 거지? 그걸 말하면, 아마도 네 엄마는 내가 허가도 받지 않고 지하실을 팠다며 공연히 걱정부터 할 거야."

윌리엄은 이모할머니가 말하려는 바를 즉시 알아차리고는 씩 웃었다.

"네, 걱정하지 마세요."

그리고 두 사람은 문을 열었고, 윌리엄은 엄마의 품에 안겼다. 그 순간 윌리엄은 문득 자기가 엄마를 얼마나 그리워했는지 깨달았다. 윌리엄은 팔이 아플 정도로 엄마를 꼭 껴안았고, 엄마 역시 활짝 웃으며 그런 윌리엄을 꼭 안아주었다.

세 사람은 부엌에 둘러앉아 커피를 마시며 그동안 있었던 일들을 정답게 주고받았다. 엄마는 창밖을 내다보다 크리켓 경기장을 발견했고, 그게 무엇인지 궁금해했다. 이윽고 세 사람은 함께 밖으로 나갔고, 힘을 모아 크리켓 경기장을 다시 정비했다. 잠시 후 미라가 나무 울타리 앞에 나타나 윌리엄을 불렀고, 자기도 같이 놀아도 되는지 물었다. 그렇게 해서 네 사람은 함께 재미있게 놀았다. 해는 밝게 빛났고, 네 사람의 웃음소리는 정원을 가득 채웠으며, 모처럼 진짜 여름방학다운 시간이 이어졌다.

한바탕 즐겁게 크리켓을 하고 난 뒤, 이모할머니와 엄마는 다시 집 안으로 들어갔고, 윌리엄과 미라 둘만이 그곳에 남았다. 미라가 윌리엄의 귀에 대고 속삭였다.

"지하실엔 들어가 봤어?"

윌리엄은 고개를 끄덕였다.

"뭐가 있었는데?"

윌리엄은 잠시 생각했다. 이모할머니는 단지 엄마에게만 지하실에 관해 말하지 말라고 부탁했었다. 더구나 미라는 그 지하실에 대해 이미 어느 정도는 알고 있었다. 윌리엄은 미라를 바라보며 속삭였다.

"하지만 다른 사람한테는 절대 이야기해서는 안 돼!"

미라는 기대감에 부풀어 고개를 끄덕였다.

"알았어. 맹세할게!"

"지하실에는 이모할머니가 직접 만든 정말 정말 거대한 컴퓨터가 있었어."

미라의 눈이 왕방울만큼 커졌다.

"컴퓨터?"

"응. 별들의 노래를 들을 수 있는 컴퓨터야."

"우아. 룬드 아주머니가 그런 걸 할 수 있으리라고는 미처 생각도 못 했네."

그날 저녁, 윌리엄은 이를 닦고 잠옷으로 갈아입은 뒤, 침대 위 포근한 스타워즈 이불 아래로 파고들었다.

윌리엄은 안도의 한숨을 내쉬었고, 그런 그를 바라보며 엄마는 환하게 웃었다.

"엄마, 노래 불러주세요."

윌리엄이 말했다.

"노래? 아주 오랜만에 자장가를 불러달라고 하는구나. 그래 어떤 노래를 불러줄까?"

엄마가 미소 지으며 말했다.

"별에 사는 소년들에 관한 노래요."

엄마는 고개를 끄덕였다. 그러고는 이불을 윌리엄의 턱까지 끌어올려 덮어준 뒤, 그의 이마를 쓰다듬으며 노래를 부르기 시작했다.

하지만 윌리엄은 어느새 잠이 들었고, 그래서 그는 소년들과 별이 나오는 대목은 더 이상 듣지 못했다.

감사의 말

❖

많은 응원 덕분에 이 책을 마침내 완성할 수 있었습니다. 먼저, 나에게 지식을 아낌없이 전수해 준 과학자들에게 감사드립니다. 혹시 있을지도 모르는 모든 오류와 실수는 순전히 나의 책임임을 무엇보다도 강조하고 싶습니다.

그동안 소중한 조언과 철저한 피드백을 주신 한스 볼에게 감사의 말을 전합니다. 영감 가득한 강의와 과학적 질문에 대한 명확한 답을 준 라르스 오키오네로에게 감사를 전합니다. 대화와 영감, 아낌없는 지원과 헌신을 준 벤트 린도우, 태양진동학을 설명하려고 노력한 크리스토퍼 카로프, 아인슈타인에 관한 의견과 정보를 준 파비안 힐렌, 초기 단계에 적극적으로 의견을 공유한 아담 벤카드, 아이디어 전개에 도움을 준 타이스 달과 톰 웨버, 컴퓨터에 대한 아이디어를 제공한 라스무스 파그에게 감사드립니다. 튀코 브라헤 천문관, 오르후스대학교 박물관, 뇌레브로 도서관에도 깊이 감사드립니다.

호기심을 불러일으켜 준 키르스텐, 리제, 비가, 리누스, 오토, 올루프에게 감사드립니다. 조용한 작업 공간을 제공해준 마리아와 몬 공동체 그리고 전망 및 장작 난로를 위해 애써 준 리에와 마틴에게 감사드립니다. 늘 믿고 이해해 준 가족과 친구들에게 감사드립니다. 그리고 나의 사랑 미켈, 당신과 나눈 수많은 대화와 토론, 당신의 지혜로운 질문과 통찰력, 이해와 지지, 끝없는 인내심에 대해 감사드립니다.

게르트루데 킬

추천의 말

───◆◆◆───

할머니도 이해할 수 있게 설명해야 진짜 아는 것이라는 말이 있다. 하지만 이 책에서는 오히려 할머니가 천문학과 물리학의 역사에 대해 일주일 동안 아이에게 설명해준다. 참 기발한 설정이다.

그렇다고 할머니가 아이에게 설명하는 것이라며 얕잡아보면 안 된다. 중요한 과학적 발견의 역사적인 맥락을 두루 다루는 것은 물론, 과학적 내용도 상당히 깊은 수준까지 거침없이 뚫고 들어간다.

아무리 어려운 과학이라도 할머니가 자상하게 설명해 준다면, 한번 도전해볼 마음이 생기지 않을까?

아이뿐 아니라 어른에게도 추천하고 싶은 책이다.

경희대 물리학과 교수 김상욱

즐거운지식

별을 읽는 시간

1판 1쇄 찍음 - 2024년 4월 15일
1판 1쇄 펴냄 - 2024년 4월 25일
지은이 게르트루데 킬 **옮긴이** 김완균
펴낸이 박상희 **편집장** 전지선 **편집** 최민정 **디자인** 정다울
펴낸곳 (주)비룡소 **출판등록** 1994. 3. 17.(제16-849호)
주소 06027 서울시 강남구 도산대로1길 62 강남출판문화센터 4층
전화 02)515-2000 **팩스** 02)515-2007 **홈페이지** www.bir.co.kr
제품명 어린이용 반양장 도서 **제조자명** (주)비룡소 **제조국명** 대한민국 **사용연령** 3세 이상

HVAD HIMLEN KAN FORTAELLE OS
Copyright © Gertrude Kiel & Character Publishing, 2018
Translated from Friederike Buchinger's German translation of the original Danish,
published by Carl Hanser Verlag GmbH & Co. KG, Germany.
All rights reserved.
Korean Translation Copyright © 2024 by BIR Publishing Co., Ltd.
Korean edition is published by arrangement with Babel-Bridge Literary Agency
through EYA Co., Ltd.

이 책의 한국어판 저작권은 EYA Co., Ltd를 통해 저작권사와 독점 계약한 (주)비룡소에 있습니다.
저작권법에 의해 한국 내에서 보호를 받는 저작물이므로 무단 전재와 무단 복제를 금합니다.

ISBN 978-89-491-8737-2 44400/ ISBN 978-89-491-9000-6 (세트)

즐거운지식

수학 귀신 한스 엔첸스베르거 글·로트라우트 수잔네 베르너 그림/ 고영아 옮김
어린이도서연구회 권장 도서, 열린어린이 선정 좋은 어린이책, 전교조 권장 도서, 중앙독서교육 추천 도서, 쥬니버 오늘의 책, 책교실 권장 도서

펠릭스는 돈을 사랑해 니콜라우스 피퍼 글/ 고영아 옮김
아침햇살 선정 좋은 어린이책, 어린이도서연구회 권장 도서, 책교실 권장 도서

청소년을 위한 경제의 역사 니콜라우스 피퍼 글·알요샤 블라우 그림/ 유혜자 옮김
2003년 독일 청소년 문학상 논픽션 부문 수상작, 한국간행물윤리위원회 청소년 권장 도서, 대한출판문화협회 선정 올해의 청소년 도서, 책따세 추천 도서, 전국독서새물결모임, 한우리독서운동본부 추천 도서

거짓말을 하면 얼굴이 빨개진다 라이너 에를링어 글/ 박민수 옮김
한국간행물윤리위원회 청소년 권장 도서, 책따세 추천 도서

왜 학교에 가야 하나요? 하르트무트 폰 헨티히 글/ 강혜경 옮김
어린이도서연구회 권장 도서, 책교실 권장 도서

음악에 미쳐서 울리히 룰레 글/ 강혜경·이헌석 옮김
네이버 오늘의 책, 열린어린이 선정 좋은 어린이책, 책교실 권장 도서

회계사 아빠가 딸에게 보내는 32+1통의 편지 야마다 유 글/ 오유리 옮김

대통령이 된 통나무집 소년 링컨 러셀 프리드먼 글/ 손정숙 옮김
뉴베리 상 수상작, 경기도학교도서관사서협의회 추천 도서

세상에서 가장 쉬운 철학책 우에무라 미츠오 글·그림/ 고선윤 옮김
한국간행물윤리위원회 청소년 권장 도서, 아침독서 추천 도서

달의 뒤편으로 간 사람 베아 우스마 쉬페르트 글·그림/ 이원경 옮김
어린이도서연구회 권장 도서, 학교도서관저널 추천 도서

청소년을 위한 뇌과학 니콜라우스 뉘첼·위르겐 안드리히 글/ 김완균 옮김
아침독서 추천 도서, 학교도서관저널 추천 도서

클래식 음악의 괴짜들 스티븐 이설리스 글·애덤 스토어 그림/ 고정아 옮김
학교도서관저널 추천 도서

곰브리치 세계사 에른스트 H. 곰브리치 글·클리퍼드 하퍼 그림/ 박민수 옮김
《가디언》 선정 2010 청소년을 위한 좋은 책, 《로스앤젤레스 타임스》 선정 2005 올해의 책, 미국 대학 출판부 협회(AAUP) 선정 도서, 학교도서관사서협의회 추천 도서, 학교도서관저널 추천 도서, 어린이문화진흥회 추천 도서

가르쳐 주세요!-성이 궁금한 사춘기 아이들이 던진 진짜 질문 99개 카타리나 폰 데어 가텐 글·앙케 쿨 그림/ 전은경 옮김

이것이 완전한 국가다 만프레트 마이 글·아메바피쉬 그림/ 박민수 옮김
한국간행물윤리위원회 청소년 권장 도서

클래식 음악의 괴짜들 2 스티븐 이설리스 글·수전 헬러드 그림/ 고정아 옮김
아침독서 추천 도서

뜨거운 지구촌 정의길 글·임익종 그림
대한출판문화협회 올해의 청소년 도서, 경기도학교도서관사서협의회 추천 도서

아인슈타인의 청소년을 위한 물리학 위르겐 타이히만 글·틸로 크라프 그림/ 전은경 옮김
한국과학창의재단 선정 우수과학도서, 학교도서관저널 추천 도서

미스터리 철학 클럽 로버트 그랜트 글/ 강나은 옮김

하리하라의 과학 24시 이은희 글·김명호 그림
한국과학창의재단 선정 우수과학도서, 어린이도서연구회 권장 도서

하리하라의 과학 배틀 이은희 글·구희 그림

별을 읽는 시간 게르트루데 킬 글/ 김완균 옮김

★ 계속 출간됩니다.